电工电子技术实验教程

EXPERIMENTATION

● 主　编　章小宝　陈　巍　万　彬
● 副主编　朱海宽　谭菊华

重庆大学出版社

内容提要

本书共分为4部分，共38个电路实验和14仿真实验。第1部分为电路与电工技术实验，包括基尔霍夫定律的验证，戴维南定理，叠加原理的验证，最大功率传输条件的测定，单相交流电路，三相交流电路电压、电流的测量，RC一阶电路的响应测试，R、L、C元件阻抗特性的测定，RLC串联谐振电路的研究，RC串并联选频网络特性测试、继电接触控制电路，单相铁芯变压器特性的测试等。第2部分为模拟电路实验，包括常用电子仪器的使用，二极管整流、滤波和稳压电源，晶体管共射极单管放大电路，负反馈放大器，差动放大器，集成运算放大器的应用(一)——模拟运算电路，集成运算放大器的应用(二)——电压比较器，RC正弦波振荡器，OTL低频功率放大器等。第3部分为数字电路实验，包括组合逻辑电路的设计与测试，译码器及其应用，数据选择器及其应用，触发器及其应用，计数器及其应用，移位寄存器及其应用，555时基电路及其应用，智力竞赛抢答装置。第4部分为仿真部分，包括模拟运算电路仿真实验，Multisim12.0数字电路仿真等。

本书实验丰富、结构清晰、步骤详细，可作为高等院校本专科通用的电子信息、通信、自动化、机电一体化、计算机应用、机制、车辆、过控等理工科类的实验教材，也可供从事电工、机电、电子技术的工程技术人员参考。

图书在版编目(CIP)数据

电工电子技术实验教程 / 章小宝，陈巍，万彬主编
. -- 重庆 : 重庆大学出版社，2019.7
ISBN 978-7-5689-1571-7

Ⅰ. ①电… Ⅱ. ①章… ②陈… ③万… Ⅲ. ①电工技术—实验—高等学校—教材②电子技术—实验—高等学校—教材 Ⅳ. ①TM-33②TN-33

中国版本图书馆CIP数据核字(2019)第109410号

电工电子技术实验教程

主 编 章小宝 陈 巍 万 彬
副主编 朱海宽 谭菊华
策划编辑:杨粮菊
责任编辑:陈 力 版式设计:杨粮菊
责任校对:王 倩 责任印制:张 策

*

重庆大学出版社出版发行
出版人:饶帮华
社址:重庆市沙坪坝区大学城西路21号
邮编:401331
电话:(023)88617190 88617185(中小学)
传真:(023)88617186 88617166
网址:http://www.cqup.com.cn
邮箱:fxk@cqup.com.cn(营销中心)
全国新华书店经销
重庆华林天美印务有限公司印刷

*

开本:787mm×1092mm 1/16 印张:10.75 字数:268千
2019年7月第1版 2019年7月第1次印刷
印数:1—3 000
ISBN 978-7-5689-1571-7 定价:32.00元

前言

“电工电子技术教程”是一门实践性很强的课程，编写《电工电子技术实验教程》一书的目的，不仅是要帮助学生巩固和加深理解所学的理论知识，更重要的是训练学生的实验技能，树立工程实际观念和严谨的科学作风，培养学生的动手能力和创新能力。

编者汇集了多年来的实验教学成果和经验，充分考虑到教师指导实验的难点以及学生在做实验的过程中可能遇到的困难和问题编写完成本书。

本书实验内容分为电路与电工技术实验、模拟电路实验、数字电路实验和仿真实验 4 个部分，实验内容完善、充实，增加了一些反映新技术的内容，并对学生实验技能提出了具体要求。每个实验的相关理论都尽量使用精练的语言阐述清楚。实验仿真部分应用的是 Multisim 电路仿真软件，对其中的部分实验项目进行了仿真设计，为学生更好地学习和掌握实验理论知识提供了一种新的方法与思路。

本书由南昌大学科学技术学院章小宝、陈巍和南昌职业大学万彬老师任主编，南昌大学科学技术学院朱海宽，谭菊华任副主编。其中，章小宝编写了第 1 部分电路与电工技术实验；万彬编写了第 2 部分模拟电路实验；陈巍编写了第 3 部分数字电路实验；朱海宽编写了第 4 部分仿真实验；谭菊华编写了附录部分。全书由章小宝统稿。本书得到了南昌大学科学技术学院万晓凤、黄仁如、吴静进、沈放等老师的帮助，在此表示感谢。

由于编者水平所限，加之编写时间仓促，书中疏漏之处在所难免，敬请广大读者批评指正。

编　者

2019 年 3 月

目录

第 1 部分 电路与电工技术实验

实验一　电路元件伏安特性的测绘

【实验目的】

(1)学会识别常用电路元件的方法。

(2)掌握线性电阻、非线性电阻元件伏安特性的测绘。

(3)掌握实验台上直流电工仪表和设备的使用方法。

【相关理论】

任何一个二端元件的特性可用该元件上的端电压 U 与通过该元件的电流 I 之间的函数关系 $I=f(U)$ 来表示,即用 I-U 平面上的一条曲线来表征,这条曲线称为该元件的伏安特性曲线。

①线性电阻器的伏安特性曲线是一条通过坐标原点的直线,如图 1-1 中 a 曲线所示,该直线的斜率等于该电阻器的电阻值。

②一般的白炽灯在工作时灯丝处于高温状态,其灯丝电阻随着温度的升高而增大,通过白炽灯的电流越大,其温度越高,阻值也越大,一般灯泡的"冷电阻"与"热电阻"的阻值可相差几倍甚至十几倍,所以其伏安特性如图 1-1 中 b 曲线所示。

③一般的半导体二极管是一个非线性电阻元件,其伏安特性如图 1-1 中 c 曲线所示。

正向压降很小(一般的锗管为 0.2 ~0.3 V,硅管为 0.5 ~0.7 V),正向电流随正向压降的升高而急剧上升,而反向电压从零一直增加为十至几十伏时,其反向电流增加很小,粗略地可视为零。可见,二极管具有单向导电性,但反向电压加得过高,超过管子的极限值,则会导致管子击穿损坏。

④稳压二极管是一种特殊的半导体二极管,其正向特性与普通二极管类似,但其反向特性较特别,如图1-1中d曲线所示。在反向电压开始增加时,其反向电流几乎为零,但当电压增加到某一数值时(称为管子的稳压值,有各种不同稳压值的稳压管),电流将突然增加,以后其端电压将基本维持恒定,当外加的反向电压继续升高时其端电压仅有少量增加。

注意:流过二极管或稳压二极管的电流不能超过管子的极限值,否则管子会被烧坏。

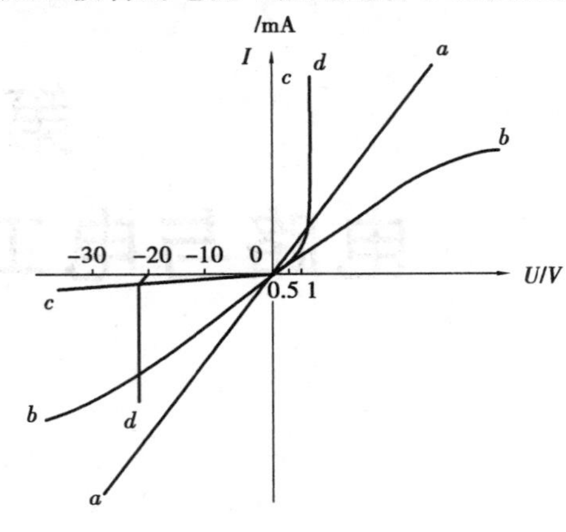

图1-1　伏安特性

【实验设备与器材】

①可调直流稳压电源　0～30 V　1

②万用表　FM-47或其他　1　自备

③直流数字毫安表　0～200 mA　1

④直流数字电压表　0～200 V　1

⑤二极管　1N4007　1　DGJ-05

⑥稳压管　2CW51　1　DGJ-05

⑦白炽灯　12 V,0.1 A　1　DGJ-05

⑧线性电阻器　200 Ω,1 kΩ/8 W　1　DGJ-05

【实验内容与步骤】

①测定线性电阻器的伏安特性。按图1-2所示接线,调节稳压电源的输出电压U,从0 V开始缓慢增加,一直增加到10 V,记下相应的电压表和电流表的读数U_R、I,数据填入表1-1中。

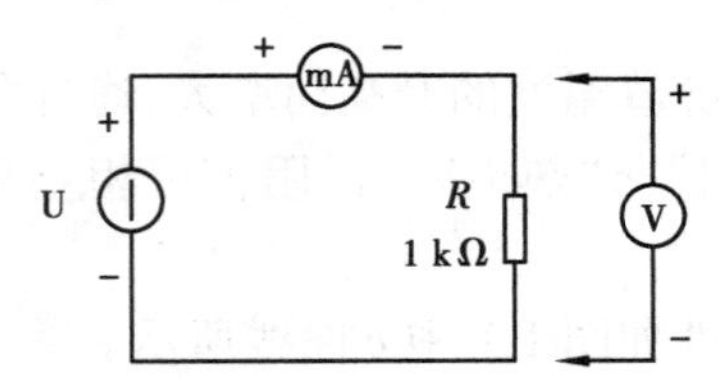

图1-2　线性电阻的伏安特性

表1-1

U_R/V	0	2	4	6	8	10
I/mA						

②测定非线性白炽灯泡的伏安特性。将图1-2中所示的电阻R换成一只12 V,0.1 A的灯泡,重复步骤1。U_L为灯泡的端电压,数据填入表1-2中。

表 1-2

U_L/V	0.1	0.5	1	2	3	4	5
I/mA							

③测定半导体二极管的伏安特性。按图 1-3 所示接线，R 为限流电阻器。测二极管的正向特性时，其正向电流不得超过35 mA，二极管 VD 的正向施压 U_{D+} 可在 0 ~ 0.75 V 范围内取值。在 0.5 ~ 0.75 V 范围内应多取几个测量点。测反向特性时，只需将图 1-3 中的二极管 VD 反接，且其反向施压 U_{D-} 可达 30 V。

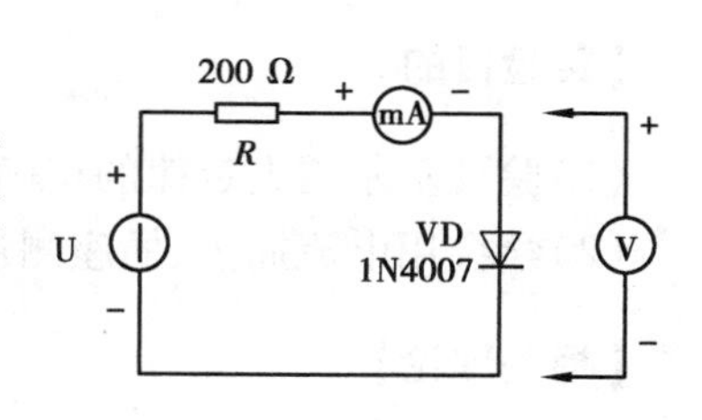

图 1-3　半导体二极管的伏安特性

正向特性实验数据填入表 1-3 中。

表 1-3

U_{D+}/V	0.10	0.30	0.50	0.55	0.60	0.65	0.70	0.75
I/mA								

反向特性实验数据填入表 1-4 中。

表 1-4

U_{D-}/V	0	-5	-10	-15	-20	-25	-30
I/mA							

④测定稳压二极管的伏安特性。

a. 正向特性实验：将图 1-3 中的二极管换成稳压二极管 2CW51，重复实验内容③中的正向测量。U_{Z+} 为 2CW51 的正向施压，数据填入表 1-5 中。

表 1-5

U_{Z+}/V	
I/mA	

b. 反向特性实验：将图 1-3 中的 R 换成 1 kΩ，2CW51 反接，测量 2CW51 的反向特性。稳压电源的输出电压 U_o 为 0 ~ 20 V，测量 2CW51 两端的电压 U_{Z-} 及电流 I，由 U_{Z-} 可看出其稳压特性，数据填入表 1-6 中。

表 1-6

U_o/V	
U_{Z-}/V	
I/mA	

实验二　基尔霍夫定律的验证

【实验目的】

(1)验证基尔霍夫定律的正确性,以加深对基尔霍夫定律的理解。
(2)学会用电流插头、插座测量各支路电流。

【相关理论】

基尔霍夫定律是电路的基本定律。用以测量某电路的各支路电流及每个元件两端的电压,应能分别满足基尔霍夫电流定律(KCL)和电压定律(KVL)。即对电路中的任一个节点而言,应有 $\sum I = 0$;对任何一个闭合回路而言,应有 $\sum U = 0$。

运用上述定律时必须注意各支路或闭合回路中电流的正方向,此方向可预先任意设定。

【实验设备与器材】

①直流可调稳压电源　0~30 V　二路
②万用表　1　自备
③直流数字电压表　0~200 V　1
④电位、电压测定实验电路板　1　DGJ-03

【实验内容与步骤】

实验线路如图 2-1 所示,使用 DGJ-03 挂箱的“基尔霍夫定律/叠加原理”线路。

①实验前先任意设定 3 条支路和 3 条闭合回路的电流正方向。图 2-1 中的 I_1,I_2,I_3 方向已设定。3 条闭合回路的电流正方向可设为 *ADEFA*、*BADCB* 和 *FBCEF*。

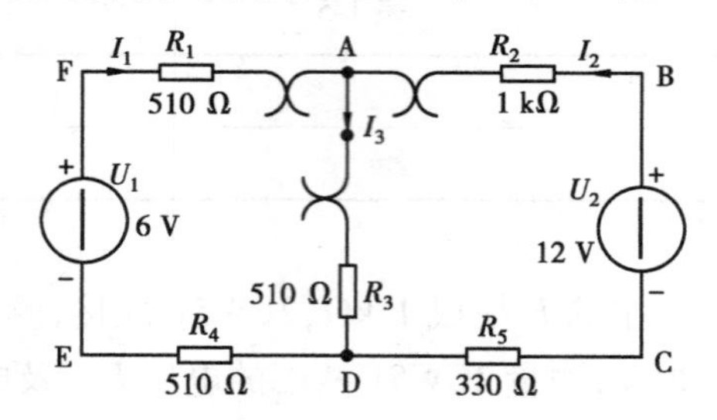

图 2-1　基尔霍夫定律电路图

②分别将两路直流稳压源接入电路,令 $U_1 = 6$ V,$U_2 = 12$ V。
③熟悉电流插头的结构,将电流插头的两端接至数字毫安表的“+、-”两端。
④将电流插头分别插入 3 条支路的 3 个电流插座中,读出并记录电流值。
⑤用直流数字电压表分别测量两路电源及电阻元件上的电压值同表 2-1,并记录。

表 2-1

被测量	I_1/mA	I_2/mA	I_3/mA	U_1/V	U_2/V	U_{FA}/V	U_{AB}/V	U_{AD}/V	U_{CD}/V	U_{DE}/V
计算值										
测量值										
相对误差										

实验三　叠加原理的验证

【实验目的】

验证线性电路叠加原理的正确性,加深对线性电路的叠加性和齐次性的认识和理解。

【相关理论】

叠加原理指出,在有多个独立源共同作用下的线性电路中,通过每一个元件的电流或其两端的电压,可以看成由每一个独立源单独作用时在该元件上所产生的电流或电压的代数和。

线性电路的齐次性是指当激励信号(某独立源的值)增加或减小 K 倍时,电路的响应(即在电路中各电阻元件上所建立的电流和电压值)也将增加或减小 K 倍。

【实验设备与器材】

①直流稳压电源　0~30 V 可调　二路

②万用表　1　自备

③直流数字电压表　0~200 V　1

④直流数字毫安表　0~200 mV　1

⑤叠加原理实验电路板　1　DGJ-03

【实验内容与步骤】

实验线路如图 3-1 所示,使用 DGJ-03 挂箱的"基尔夫定律/叠加原理"线路。

①将两路稳压源的输出分别调节为 12 V 和 6 V,接入 U_1 和 U_2 处。

②令 U_1 电源单独作用(将开关 S_1 投向 U_1 侧,开关 S_2 投向短路侧)。用直流数字电压表和毫安表(接电流插头)测量各支路电流及各电阻元件两端的电压,数据记入表 3-1。

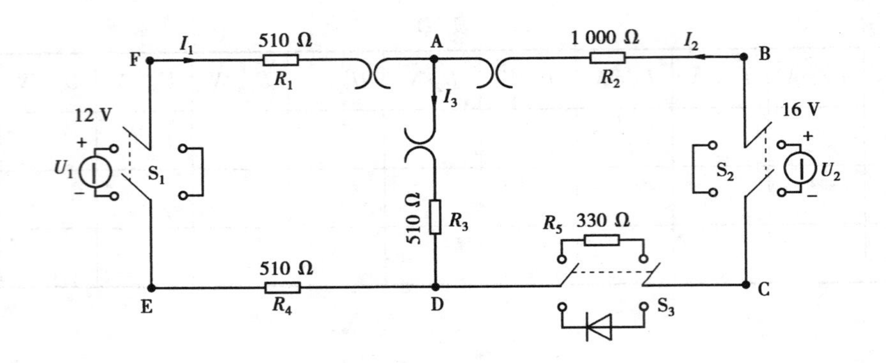

图 3-1 叠加原理电路图

表 3-1

测量项目 实验内容	U_1 /V	U_2 /V	I_1 /mA	I_2 /mA	I_3 /mA	U_{AB} /V	U_{CD} /V	U_{AD} /V	U_{DE} /V	U_{FA} /V
U_1 单独作用										
U_2 单独作用										
U_1、U_2 共同作用										
$2U_2$ 单独作用										

③令 U_2 电源单独作用(将开关 S_1 投向短路侧,开关 S_2 投向 U_2 侧),重复实验步骤 2 的测量和记录,数据记入表 3-1。

④令 U_1 和 U_2 共同作用(开关 S_1 和 S_2 分别投向 U_1 和 U_2 侧),重复上述的测量和记录,数据记入表 3-1。

⑤将 U_2 的数值调至 +12 V,重复上述第 3 项的测量并记录,数据记入表 3-1。

⑥将 R_5(330 Ω)换成二极管 1N4007(即将开关 S_3 投向二极管 1N4007 侧),重复 1 ~ 5 的测量过程,数据记入表 3-2。

表 3-2

测量项目 实验内容	U_1 /V	U_2 /V	I_1 /mA	I_2 /mA	I_3 /mA	U_{AB} /V	U_{CD} /V	U_{AD} /V	U_{DE} /V	U_{FA} /V
U_1 单独作用										
U_2 单独作用										
U_1、U_2 共同作用										
$2U_2$ 单独作用										

⑦任意按下某个故障设置按键,重复前述测量和记录,再根据测量结果判断出故障的性质。

实验四　戴维南定理

【实验目的】

(1)验证戴维南定理,加深理解其原理。

(2)掌握有源二端网络戴维南等效电路参数的测量方法。

【相关理论】

(1)任何一个线性含源网络,如果仅研究其中任何一条支路的电压和电流,则可将电路的其余部分看作一个有源二端网络(或称为含源一端口网络)。

戴维南定理指出:一个有源二端网络,对外电路来说,可以用一个恒压源和内阻的串联组合,即电压源等效置换。其恒压源的电压等于二端网络的开路电压,内阻等于二端网络的全部电源置零后的输入电阻,这种等效变换仅对外电路等效。

有源二端网络的等效参数主要有 U_{oc}(U_s)和 R_0。

(2)有源二端网络等效参数的测量方法。

1)开路电压、短路电流法测 R_0

在有源二端网络输出端开路时,用电压表直接测其输出端的开路电压 U_{oc},然后再将其输出端短路,用电流表测其短路电流 I_{sc},则等效内阻为

$$R_0 = \frac{U_{oc}}{I_{sc}}$$

如果二端网络的内阻很小,若将其输出端口短路则易损坏其内部元件,因此不宜用此法。

2)伏安法测 R_0

用电压表、电流表测出有源二端网络的外特性曲线,如图4-1所示。根据外特性曲线求出斜率 tan ϕ,则内阻

$$R_0 = \tan\phi = \frac{\Delta U}{\Delta I} = \frac{U_{oc}}{I_{sc}}$$

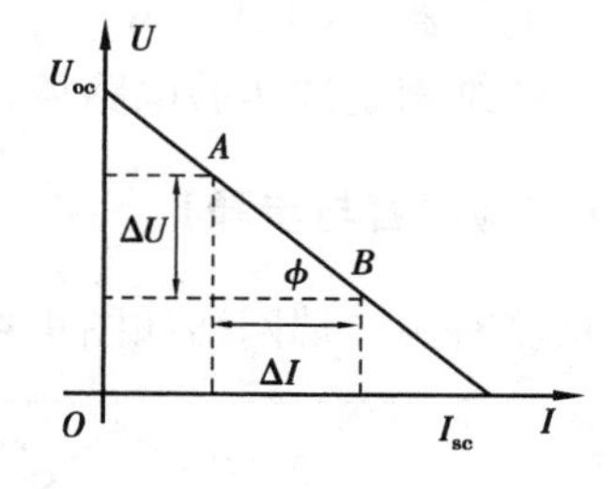

图4-1　有源二端网络外特性线

也可以先测量开路电压 U_{oc},再测量电流为额定值 I_N 时的输出端电压值 U_N,则内阻为

$$R_0 = \frac{U_{oc} - U_N}{I_{sc}}$$

3)半电压法测 R_0

如图4-2所示,当负载电压为被测网络开路电压的一半时,负载电阻(由电阻箱的读数确定)即为被测有源二端网络的等效内阻值。

4）零示法测 U_{oc}

在测量具有高内阻有源二端网络的开路电压时，用电压表直接测量会造成较大的误差。为了消除电压表内阻的影响，往往采用零示测量法，如图 4-3 所示。

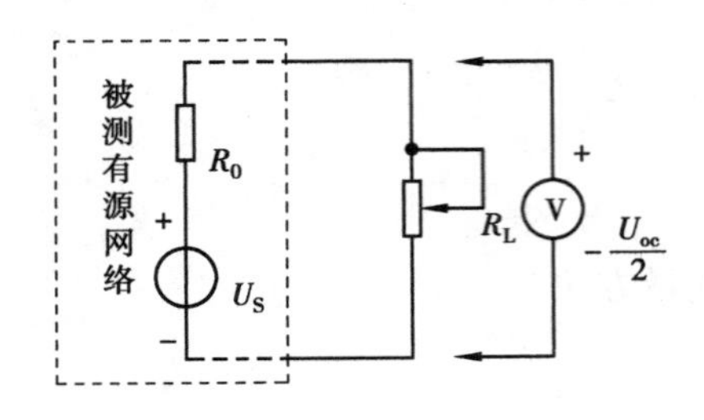

图 4-2　半电压法

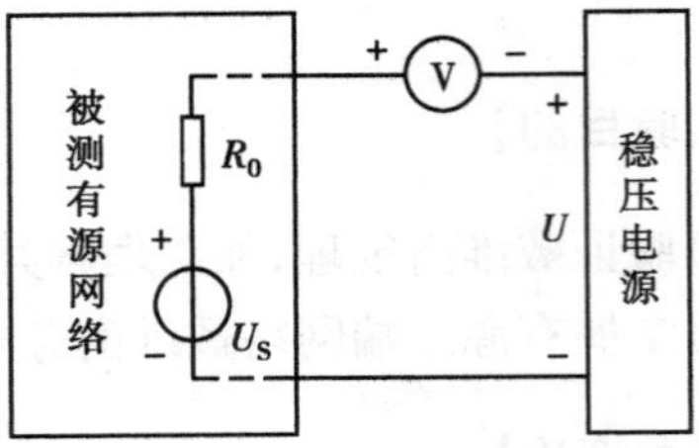

图 4-3　零示法

零示法测量原理是用一低内阻的稳压电源与被测有源二端网络进行比较，当稳压电源的输出电压与有源二端网络的开路电压相等时，电压表的读数将为“0”。然后将电路断开，测量此时稳压电源的输出电压，即为被测有源二端网络的开路电压。

【实验设备与器材】

①可调直流稳压电源　0 ~ 30 V　1

②可调直流恒流源　0 ~ 500 mA　1

③直流数字电压表　0 ~ 200 V　1

④直流数字毫安表　0 ~ 200 mA　1

⑤万用表　1

⑥可调电阻箱　0 ~ 99 999.9 Ω　1

⑦电位器　1 kΩ/2 W　1

⑧戴维南定理实验电路板　1

【实验内容与步骤】

被测有源二端网络如图 4-4(a)所示。

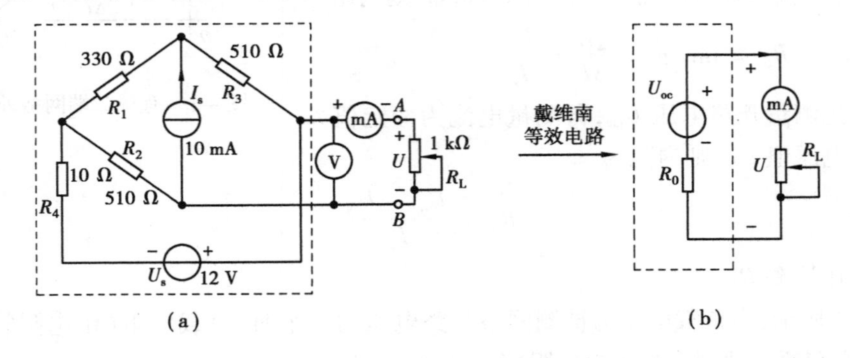

图 4-4　有源二端网络戴维南等效电路

（1）用开路电压、短路电流法测定戴维南等效电路的 U_{oc}、R_0。按图 4-4（a）所示接入稳压电源 $U_s=12$ V 和恒流源 $I_s=10$ mA，不接入 R_L。测出 U_{oc} 和 I_{sc}，并计算出 R_0（测 U_{oc} 时，不接入毫安表），数据填入表 4-1 中。

表 4-1

U_{oc} /V	I_{sc} /mA	$R_0=U_{oc}/I_{sc}$ /Ω

（2）负载实验。

按图 4-4（a）所示接入 R_L。改变 R_L 阻值，测量有源二端网络的外特性曲线，数据填入表 4-2中。

表 4-2

U/V									
I/mA									

（3）验证戴维南定理：从电阻箱上取得按步骤“1”所得的等效电阻 R_0 之值，然后令其与直流稳压电源（调到步骤“1”时所测得的开路电压 U_{oc} 之值）相串联，如图 4-4（b）所示，仿照步骤“2”测其外特性，对戴氏定理进行验证，数据填入表 4-3 中。

表 4-3

U/V									
I/mA									

（4）有源二端网络等效电阻（又称入端电阻）的直接测量法。如图 4-4（a）所示，将被测有源网络内的所有独立源置零（去掉恒电流源 I_s 和恒压源 U_s，即在原恒压源 U_s 所接的两点用一根短路导线相连，并移去 I_s），然后用伏安法或者直接用万用表的欧姆挡去测定负载 R_L 开路时 A、B 两点间的电阻，此即为被测网络的等效内阻 R_0，或称网络的入端电阻 R_i。

（5）用半电压法和零示法测量被测网络的等效内阻 R_0 及其开路电压 U_{oc}。线路及数据表格自拟。

实验五　最大功率传输条件的测定

【实验目的】

（1）掌握负载获得最大传输功率的条件。

（2）了解电源输出功率与效率的关系。

【相关理论】

1. 电源与负载功率的关系

图 5-1 可视为由一个电源向负载输送电能的模型，R_0 可视为电源内阻和传输线路电阻的总和，R_L 为可变负载电阻。负载 R_L 上消耗的功率 P 可由下式表示：

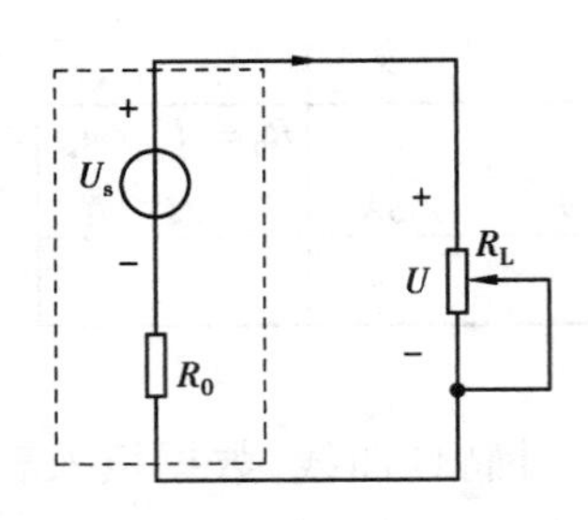

图 5-1 电源向负载输送电能的模型

$$P = I^2 R_L = \left(\frac{U}{R_0 + R_L}\right)^2 R_L$$

当 $R_L = 0$ 或 $R_L = \infty$ 时,电源输送给负载的功率均为零。而以不同的 R_L 值代入上式可求得不同的 P 值,其中必有一个 R_L 值,使负载能从电源处获得最大的功率。

2. 负载获得最大功率的条件

根据数学求最大值的方法,令负载功率表达式中的 R_L 为自变量,P 为因变量,并使 $dP/dR_L = 0$,即可求得最大功率传输的条件:

$$\frac{dP}{dR_L} = 0, 即\frac{dP}{dR_L} = \frac{\left[(R_0 + R_L)^2 - 2R_L(R_L + R_0)\right]U^2}{(R_0 + R_L)^4}$$

令 $(R_L + R_0)^2 - 2R_L(R_L + R_0) = 0$

解得:$R_L = R_0$

当满足 $R_L = R_0$ 时,负载从电源获得的最大功率为:

$$P_{max} = \left(\frac{U}{R_0 + R_L}\right)^2 R_L = \left(\frac{U}{2R_L}\right)^2 R_L = \frac{U^2}{4R_L}$$

这时,称此电路处于“匹配”工作状态。

3. 匹配电路的特点及应用

当电路处于“匹配”状态时,电源本身要消耗一半的功率。此时电源的效率只有 50%。显然,这对电力系统的能量传输过程是绝对不允许的。发电机的内阻很小,电路传输的最主要指标是要高效率送电,最好是 100% 的功率均传送给负载。为此负载电阻应远大于电源的内阻,即不允许运行在匹配状态。

而在电子技术领域里却完全不同,如在任何一个微波功率放大器设计中,错误的阻抗匹配将使电路不稳定,同时会使电路效率降低和非线性失真加大。在设计功率放大器匹配电路时,匹配电路应同时满足匹配、谐波衰减、带宽、小驻波、线性及实际尺寸等多项要求。当有源器件一旦确定后,可以被选用的匹配电路是相当多的,企图把可能采用的匹配电路列成完整的设计表格几乎是不现实的。设计单级功率放大器主要是设计输入匹配电路和输出匹配电路,设计两级功率放大器除了要设计输入匹配电路和输出匹配电路外,还需要设计级间匹配电路。

一般的信号源本身功率较小,且都有较大的内阻。而负载电阻(如扬声器等)往往是较小的定值,且希望能从电源获得最大的功率输出,而电源的效率往往不予考虑。通常设法改变负载电阻,或者在信号源与负载之间加阻抗变换器(如音频功放的输出级与扬声器之间的输出变压器),使电路处于工作匹配状态,以使负载能获得最大的输出功率。

【实验设备与器材】

①直流电流表　0~200 mA　1

②直流电压表　0~200 V　1

③直流稳压电源　0~30 V　1

④实验线路　1

⑤元件箱　1

【实验内容与步骤】

(1)按图5-2所示接线,负载 R_L 取自元件箱内的电阻箱。

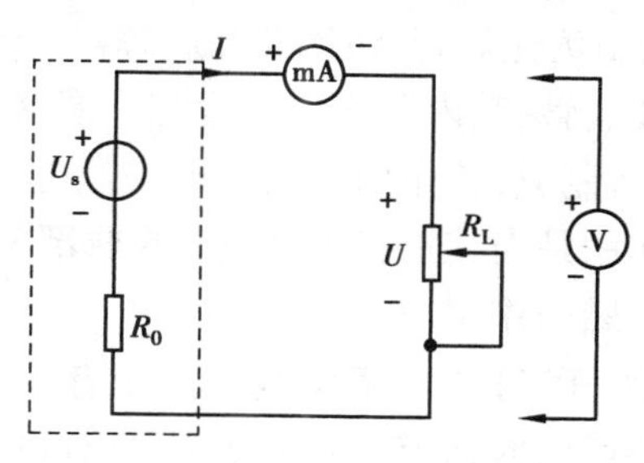

图5-2　实验电路图

(2)按表5-1所列内容,令 R_L 在0~1 kΩ范围内变化时,分别测出 U_L、I 及 P_L 的值,表中 U_L、P_L 分别为 R_L 两端的电压和功率,I 为电路的电流,在 P_L 最大值附近应多测几点。

表5-1　U_L、I、P_L 测量值

<table>
<tr><td rowspan="4">$U_s=6$ V
$R_0=51$ Ω</td><td>R_L/Ω</td><td></td><td></td><td></td><td></td><td></td><td></td><td></td><td></td><td>1 kΩ</td><td>∞</td></tr>
<tr><td>U_L/V</td><td></td><td></td><td></td><td></td><td></td><td></td><td></td><td></td><td></td><td></td></tr>
<tr><td>I/mA</td><td></td><td></td><td></td><td></td><td></td><td></td><td></td><td></td><td></td><td></td></tr>
<tr><td>P_L/W</td><td></td><td></td><td></td><td></td><td></td><td></td><td></td><td></td><td></td><td></td></tr>
<tr><td rowspan="4">$U_s=12$ V
$R_0=200$ Ω</td><td>R_L/Ω</td><td></td><td></td><td></td><td></td><td></td><td></td><td></td><td></td><td>1 kΩ</td><td>∞</td></tr>
<tr><td>U_L/V</td><td></td><td></td><td></td><td></td><td></td><td></td><td></td><td></td><td></td><td></td></tr>
<tr><td>I/mA</td><td></td><td></td><td></td><td></td><td></td><td></td><td></td><td></td><td></td><td></td></tr>
<tr><td>P_L/W</td><td></td><td></td><td></td><td></td><td></td><td></td><td></td><td></td><td></td><td></td></tr>
</table>

实验六　单相交流电路

【实验目的】

(1)明确交流电路中电压、电流和功率之间的关系。

(2)了解并联电容器提高感性交流电路功率因数的原理及电路现象,学习功率表的使用方法。

(3)了解日光灯工作原理和接线。

【相关理论】

电力系统中的负载大部分是感性负载,其功率因数较低,为提高电源的利用率和减少供电线路的损耗,往往采用在感性负载两端并联电容器的方法来进行无功补偿,以提高线路的功率因数。日光灯电路为感性负载，其功率因数一般为0.3～0.4，在本实验中，利用日光灯电路来模拟实际的感性负载观察交流电路的各种现象。

1. 日光灯的工作原理

如图6-1所示，日光灯电路由荧光灯管、镇流器和启辉器3部分组成。

①灯管：日光灯管是一根玻璃管，其内壁均匀地涂有一层薄薄的荧光粉，灯管两端各有一个电极和一根灯丝。灯丝由钨丝制成，其作用是发射电子。电极是两根镍丝，焊在灯丝上，与灯丝具有相同的电位，其主要作用是当其具有正电位时吸收部分电子，以减少电子对灯丝的撞击。此外，它还具有帮助灯管点燃的作用。

灯管内还充有惰性气体（如氮气）与水银蒸气。由于有水银蒸气，当管内产生辉光放电时，就会放射紫外线。这些紫外线照射到荧光粉上就会发出可见光。

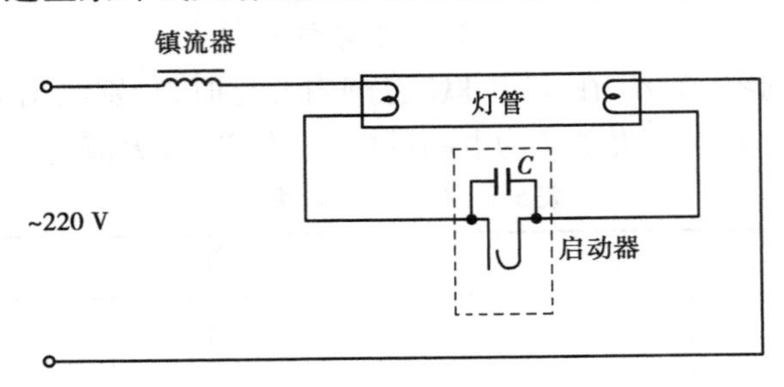

图6-1　日光灯电路

②镇流器：即是绕在硅钢片铁芯上的电感线圈，在电路中与灯管相串联。其作用为：在日光灯启动时，产生足够的自感电势，使灯管内的气体放电；在日光灯正常工作时，限制灯管电流。不同功率的灯管应配以相应的镇流器。

③启辉器：是一个小型的辉光管，管内充有惰性气体，并装有两个电极：一个是固定电极；一个是倒"U"形的可动电极，如图6-1所示。两电极上都焊接有触头。倒"U"形可动电极由热膨胀系数不同的两种金属片制成。

点燃过程：日光灯管、镇流器和启辉器的连接电路如图6-1所示。刚接通电源时，灯管内气体尚未放电，电源电压全部加在启辉器上，使其产生辉光放电并发热，倒"U"形的金属片受热膨胀，由于内层金属的热膨胀系数大，双金属片受热后趋于伸直，使金属片上的触点闭合，将电路接通。电流通过灯管两端的灯丝，灯丝受热后发射电子，而当启辉器的触点闭合后，两电极间的电压降为零，辉光放电停止，双金属片经冷却后恢复原来位置，两触点重新分开。为了避免启辉器断开时产生火花，将触点烧毁，通常在两电极间并联一只极小的电容器。

在双金属片冷却后触点断开瞬间，镇流器两端产生相当高的自感电势，这个自感电势与电源电压一起加到灯管两端，使灯管发生辉光放电，辉光放电所放射的紫外线照射到灯管的荧光粉上，就发出可见光。

灯管点亮后，较高的电压降落在镇流器上，灯管电压只有100 V左右，这个较低的电压不足以使启辉器放电。因此，其触点不能闭合。这时，日光灯电路因有镇流器的存在形成一个功率因数很低的感性电路。

2. *RL* 串联电路的分析

日光灯电路可以等效成如图6-2所示 R、r、L 串联的感性电路。其中，R 为日光灯管的等效电阻，r 和 L 分别为镇流器铁芯线圈的等效电阻和电感。以电流$\dot{I}$为参考相量，则电路的电量与参数的关系为

$$\dot{U}=\dot{U}_{r}+\dot{U}_{L}+\dot{U}_{R}=\dot{I}(r+jX_{L}+R)=\dot{I}Z$$

$$Z=(r+R)+jX_{L}=\sqrt{(r+R)^{2}+X_{L}^{2}}\angle\tan^{-1}\frac{X_{L}}{r+R}$$

$$P=UI\cos\varphi=S\cos\varphi$$

其相量图如图6-3所示。阻抗三角形、功率三角形与图6-3所示的电压三角形为相似三角形。

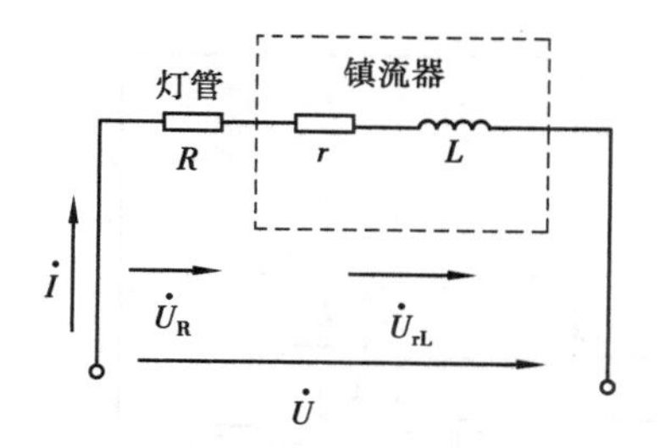

图6-2　日光灯等效电路

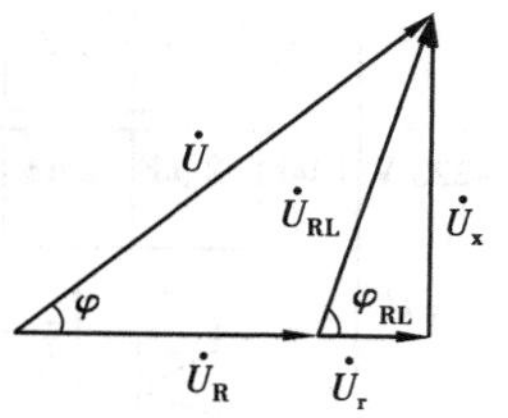

图6-3　RL串联电路的相量图

若用实验方法测得 U、U_R、U_{RL}、I、P，则可应用RL串联电路的分析方法，求取电路参数 R、r、L。

3. 功率因数的提高

如果负载功率因数低（例如日光灯电路的功率因数为0.3～0.4），一是电源利用率不高；二是供电线路损耗加大。因此供电部门规定，当负载（或单位供电）的功率因数低于0.85时，必须对其进行改善和提高。

提高感性负载线路的功率因数，常用的方法是在感性负载两端并联电容器，其原理电路和提高功率因数原理的相量如图6-4所示。

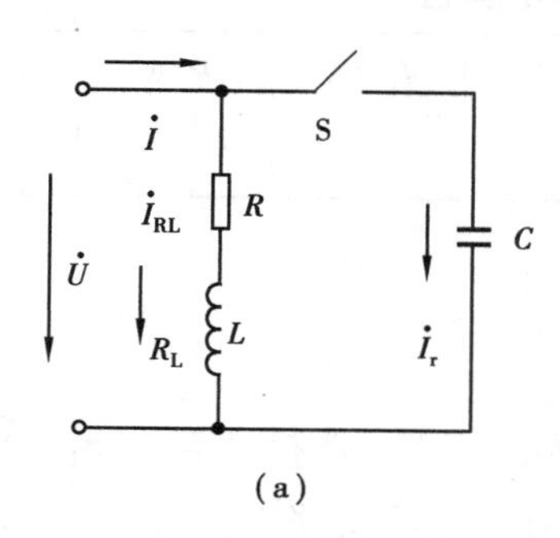

(a)

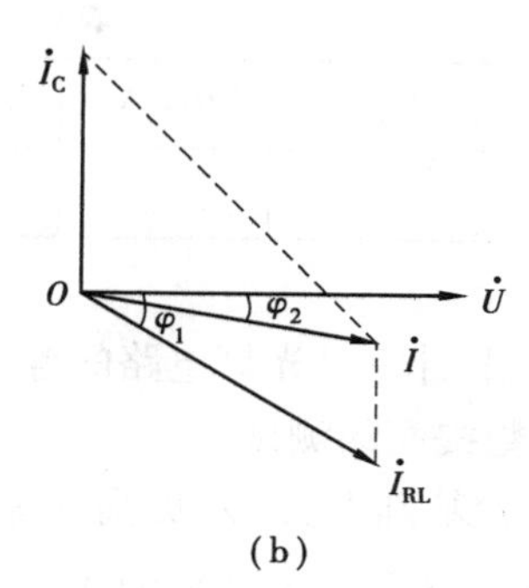

(b)

图6-4　提高功率因数原理的相量图

由图6-4(a)、(b)可知：并联电容器 C 后，不影响感性负载的正常工作，其参数和电量保持不变；电容器基本上不消耗有功功率，因此电路的有功功率 P 不变，但线路总电流 I 减小了，φ 亦减小了，功率因数 $\cos\varphi$ 提高了。

【实验设备与器材】

①交流电流表　T19-A　1
②交流电压表　D26-V　1
③功率表　D34-W　1
④单相交流实验板　1

【实验内容与步骤】

实验电路如图 6-5 所示。

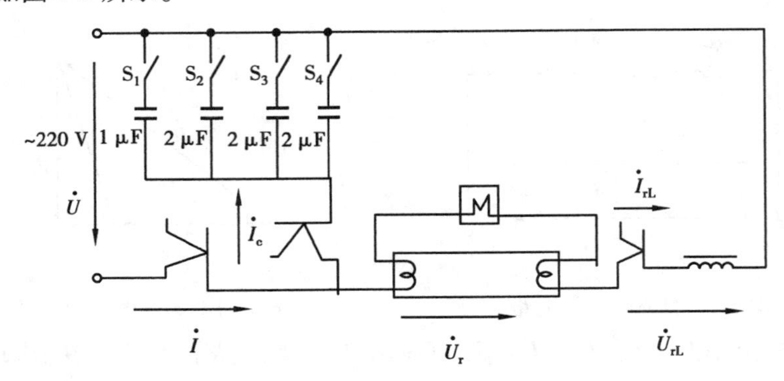

图 6-5　实验电路图

按图 6-5 接线正确后，接入 220 V 的交流电，进行以下实验。

1. RL **串联电路电量及参数的测量**

令 $C=0$，即断开 $S_1 \sim S_4$ 开关，不接入提高功率因数的补偿电容器。待日光灯点亮后，测量电源电压 U、灯管两端电压 U_R，镇流器两端电压 U_{rL}和电路电流 I、I_{rL}，测量电路的总功率 P，并计算 $\cos\varphi$。将测量值和计算值记入表 6-1。

表 6-1　电量及参数的测量值

U/V	U_R/V	U_{RL}/V	I/A	I_c/A	I_{RL}/A	P/W	$\cos\varphi$

由实验数据，计算日光灯电路的等效参数 R、r、L。

2. **功率因数提高的测试**

在上述实验基础上，接入提高功率因数的补偿电容器。选择性合上 $S_1 \sim S_4$，逐渐增大电容值（由 1 μF 逐次增大到 7 μF），分别测量总电流 I，电容支路电流 I_C，灯管支路电路 I_{RL}，总功率 P，并计算 $\cos\varphi$。将测量值和计算值填入表 6-2 中。观察上述电量的变化情况。

表6-2　功率因数提高的测试值

C/μF	I/A	I_C/A	I_{rL}/A	P/W	cos φ
1					
2					
3					
4					
5					
6					
7					

实验七　三相交流电路电压、电流的测量

【实验目的】

(1)掌握三相负载作星形连接、三角形连接的方法。

(2)验证三相对称负载在星形和三角形连接时的电量数值与相位的关系。

(3)了解三相四线供电系统中中线的作用。

【相关理论】

(1)三相电路的负载有两类:一类是对称的三相负载,如三相电动机;另一类是单相负载,如电灯、电炉、单相电机等各种单相用电器。

(2)三相负载可接成星形(又称"Y"连接),当三相对称负载作Y形连接时,线电压 U_L 是相电压 U_p 的$\sqrt{3}$倍,线电流 I_L 等于相电流 I_p,即 $U_L=\sqrt{3}U_P$,$I_L=I_p$。在这种情况下,流过中线的电流 $I_0=0$,所以可以省去中线。另外一种称为三角形(又称"△")连接。当对称三相负载作△连接时,有 $I_L=\sqrt{3}I_p$,$U_L=U_p$。

(3)不对称三相负载作Y连接时,必须采用三相四线制接法,即Y_0 接法。而且中线必须牢固连接,以保证三相不对称负载的每相电压维持对称不变。

无中线时:中性点位移,三相负载电压不对称。

加中线时:中性点强制等电位,三相负载电压对称,但中线电流不为零。

(4)当不对称负载作△连接时,$I_L\neq\sqrt{3}I_p$,但只要电源的线电压 U_L 对称,加在三相负载上的相电压仍是对称的,等于电源线电压,对各相负载工作没有影响。三相负载相电流不对称,线电流亦不对称。

【实验设备与器材】

①交流电压表　0～500 V　1
②交流电流表　0～5 A　1
③万用表　1
④三相自耦调压器　1
⑤三相灯组负载　220 V、15 W 白炽灯　9
⑥电门插座　3

【实验内容与步骤】

1. 三相负载星形连接(三相四线制供电)

按图 7-1 所示线路组接实验电路,即三相灯组负载经三相自耦调压器接通三相对称电源。将三相调压器的旋柄置于输出为 0 V 的位置(即逆时针旋到底)。经指导教师检查合格后,方可开启实验台电源,然后调节调压器的输出,使输出的三相线电压为 220 V,并按下述内容完成各项实验,分别测量三相负载的线电压、相电压、线电流、相电流、中线电流、电源与负载中点间的电压。将所测得的数据记入表 7-1 中,并观察各相灯组亮暗的变化程度,特别要注意观察中线的作用。表 7-1 中,Y_0 接法指三相四线制有中线接法,即接通中线;Y接法指无中线接法,即断开中线。

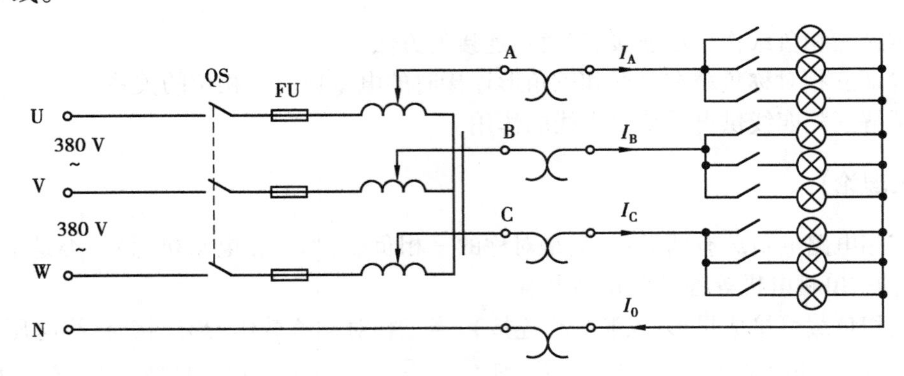

图 7-1　实验电路图

表 7-1　数据测量值

测量数据 实验内容 (负载情况)	开灯盏数			线电流/A			线电压/V			相电压/V			中线电流 I_0/A	中点电压 U_{N0}/V
	A相	B相	C相	I_A	I_B	I_C	U_{AB}	U_{BC}	U_{CA}	U_{A0}	U_{B0}	U_{C0}		
Y_0 接对称负载	3	3	3											
Y接对称负载	3	3	3											
Y_0 接不对称负载	1	2	3											
Y接不对称负载	1	2	3											

续表

测量数据 实验内容 (负载情况)	开灯盏数			线电流/A			线电压/V			相电压/V			中线电流 I_0/A	中点电压 U_{N0}/V
	A相	B相	C相	I_A	I_B	I_C	U_{AB}	U_{BC}	U_{CA}	U_{A0}	U_{B0}	U_{C0}		
Y_0接B相断开	1		3											
Y接B相断开	1		3											
Y接B相短路	1		3											

2. 负载三角形连接(三相三线制供电)

按如图7-2所示改接线路,经指导教师检查合格后接通三相电源,并调节调压器,使其输出线电压为220 V,并按表7-2的内容进行测试。

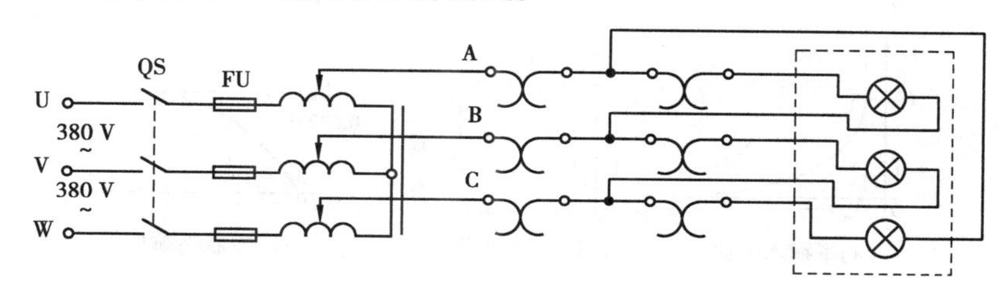

图7-2　负载三角形连接

表7-2　三角形连接测量值

测量数据 负载情况	开灯盏数			线电压=相电压/V			线电流/A			相电流/A		
	A-B相	B-C相	C-A相	U_{AB}	U_{BC}	U_{CA}	I_A	I_B	I_C	I_{AB}	I_{BC}	I_{CA}
三相平衡	3	3	3									
三相不平衡	1	2	3									

实验八　RC一阶电路的响应测试

【实验目的】

(1)学会使用示波器观测波形,并观察与测量微分电路和积分电路的响应。

(2)学习一阶RC电路的零状态响应和零输入响应的测量方法。

(3)学习一阶RC电路时间常数的测量方法。

(4)掌握有关微分电路和积分电路的概念,了解RC电路的应用。

【相关理论】

(1)动态网络的过渡过程是十分短暂的单次变化过程,要用普通示波器观察过渡过程和测量有关的参数,就必须使这种单次变化的过程重复出现。为此,我们利用信号发生器输出的方波来模拟阶跃激励信号,即利用方波输出的上升沿作为零状态响应的正阶跃激励信号;利用方波的下降沿作为零输入响应的负阶跃激励信号。只要选择方波的重复周期远大于电路的时间常数 τ,那么电路在这样的方波序列脉冲信号的激励下,它的响应就和直流电接通与断开的过渡过程是基本相同的。

(2)图 8-1(b)所示的 RC 一阶电路的零输入响应和零状态响应分别按指数规律衰减和增长,其变化的快慢取决于电路的时间常数 τ。

(3)时间常数 τ 的测定方法。

用示波器测量零输入响应的波形如图 8-1(a)所示。

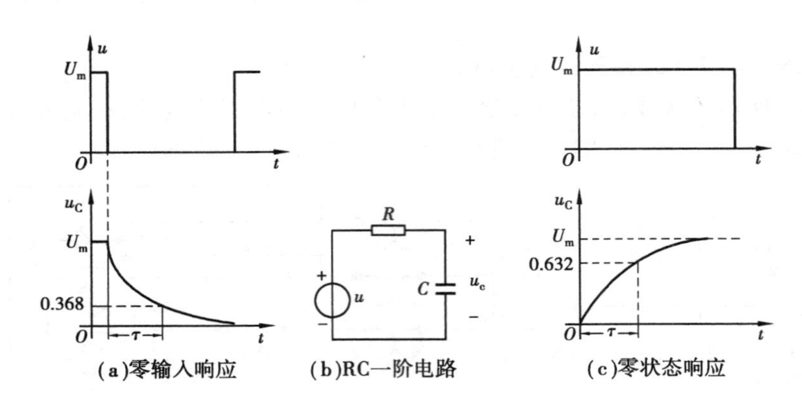

图 8-1 时间常数 τ 的测定

根据一阶微分方程的求解得知 $u_c = U_m e^{\frac{-t}{RC}} = U_m e^{\frac{-t}{\tau}}$。当 $t = \tau$ 时,$u_C(\tau) = 0.368U_m$。此时所对应的时间就等于 τ。也可用零状态响应波形增加到 $0.632U_m$ 所对应的时间测得,如图 8-1(c)所示。

(4)微分电路和积分电路是 RC 一阶电路中较典型的电路,它对电路元件参数和输入信号的周期有着特定的要求。一个简单的 RC 串联电路,在方波序列脉冲的重复激励下,当满足 $\tau = RC \ll T/2$ 时(T 为方波脉冲的重复周期),且由 R 两端的电压作为响应输出,则该电路就是一个微分电路。因为此时电路的输出信号电压与输入信号电压的微分成正比。如图8-2(a)所示。利用微分电路可以将方波转变成尖脉冲。

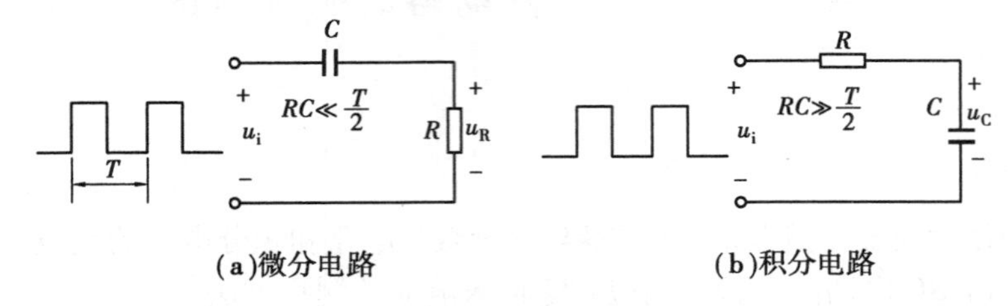

图 8-2 微分电路和积分电路

若将图 8-2(a)中的 R 与 C 位置调换一下,如图 8-2(b)所示,由 C 两端的电压作为响应输出,且当电路的参数满足 $\tau = RC \gg T/2$,则该 RC 电路称为积分电路。因为此时电路的输出信号电压与输入信号电压的积分成正比,利用积分电路可将方波转变成三角波。

从输入输出波形来看,上述两个电路均起着波形变换的作用,请在实验过程仔细观察与记录。

【实验设备与器材】

①函数信号发生器　1
②双踪示波器　1
③动态电路实验板　1　DGJ-03

【实验内容与步骤】

实验线路板的器件组件，如图8-3所示，请认清 R、C 元件的布局及其标称值，各开关的通断位置等。

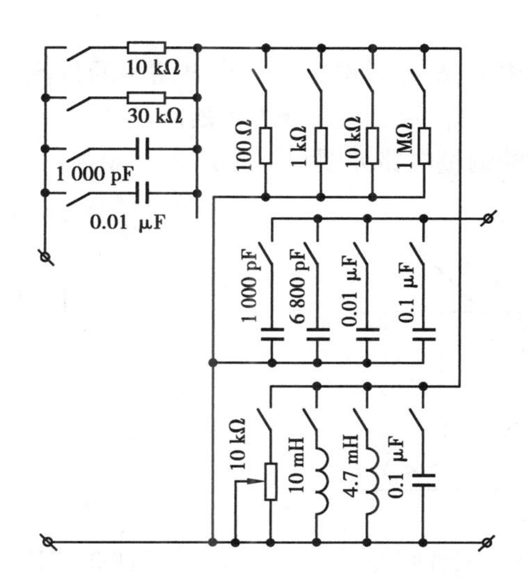

图8-3　动态电路、选频电路实验板

①从电路板上选 $R=10\ \text{k}\Omega$，$C=6\ 800\ \text{pF}$ 组成如图8-1(b)所示的RC充放电电路。u_i 为脉冲信号发生器输出的 $U_m=3\ \text{V}$，$f=1\ \text{kHz}$ 的方波电压信号，并通过两根同轴电缆线，将激励源 u_i 和响应 u_C 的信号分别连至示波器的两个输入口 Y_A 和 Y_B。这时可在示波器的屏幕上观察到激励与响应的变化规律，请测算出时间常数 τ，并用方格纸按1∶1的比例描绘波形。

少量地改变电容值或电阻值，定性地观察对响应的影响，记录观察到的现象。

②令 $R=10\ \text{k}\Omega$，$C=0.1\ \mu\text{F}$，观察并描绘响应的波形，继续增大 C 值，定性地观察其对响应的影响。

③令 $C=0.01\ \mu\text{F}$，$R=100\ \Omega$，组成如图8-2(a)所示的微分电路。在同样的方波激励信号($U_m=3\ \text{V}$，$f=1\ \text{kHz}$)作用下，观测并描绘激励与响应的波形。

增减 R 的值，定性地观察对响应的影响，并作记录。当 R 增至1 MΩ时，输入输出波形有何本质上的区别？

实验九　R、L、C 元件阻抗特性的测定

【实验目的】

(1)验证电阻、感抗、容抗与频率的关系,测定 $R \sim f$、$X_L \sim f$ 及 $X_C \sim f$ 特性曲线。

(2)加深理解 R、L、C 元件端电压与电流间的相位关系。

【相关理论】

(1)在正弦交变信号作用下,R、L、C 电路元件在电路中的抗流作用与信号的频率有关,它们的阻抗频率特性 $R \sim f, X_L \sim f, X_C \sim f$ 曲线如图 9-1 所示。

(2)元件阻抗频率特性的测量电路如图 9-2 所示。

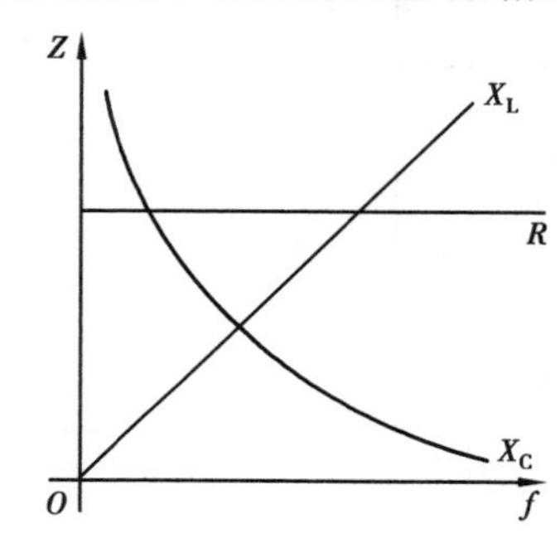

图 9-1　阻抗频率特性曲线

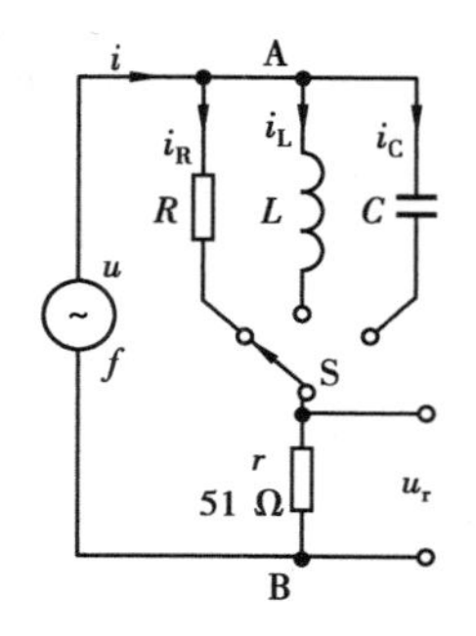

图 9-2　阻抗频率特性的测量电路

图中的 r 是提供测量回路电流用的标准小电阻,由于 r 的阻值远小于被测元件的阻抗值,因此可以认为 AB 之间的电压就是被测元件 R、L 或 C 两端的电压,流过被测元件的电流则可由 r 两端的电压除以 r 所得。

若用双踪示波器同时观察 r 与被测元件两端的电压，也就展现出被测元件两端的电压和流过该元件电流的波形,从而可在荧光屏上测出电压与电流的幅值及它们之间的相位差。

①将元件 R、L、C 串联或并联相接,也可用同样的方法测得 $Z_{串}$ 与 $Z_{并}$ 的阻抗频率特性Z-f,根据电压、电流的相位差可判断 $Z_{串}$ 或 $Z_{并}$ 是感性还是容性负载。

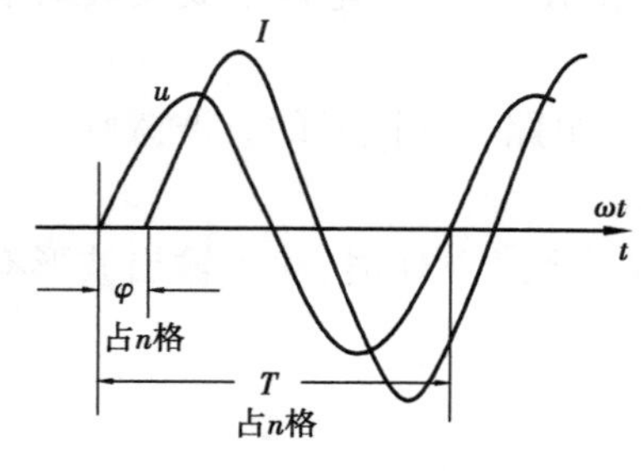

图 9-3　测量阻抗角

②元件的阻抗角(即相位差 φ)随输入信号的频率变化而改变,将各个不同频率下的相位差画在以频率 f 为横坐标、阻抗角 φ 为纵坐标的坐标纸上,并用光滑的曲线连接这些点,即得到阻抗角的频率特性曲线。

用双踪示波器测量阻抗角的方法如图 9-3 所示。从荧光屏上数得一个周期占 n 格,相位差占 m 格,则实际的相位差 φ(阻抗角)为

$$\varphi = m \times \frac{360^\circ}{n}$$

【实验设备与器材】

①函数信号发生器　1

②交流毫伏表　0～600 V　1

③双踪示波器　1　自备

④频率计　1

⑤实验线路元件　$R=1\ \text{k}\Omega$，$r=51\ \Omega$，$C=1\ \mu\text{F}$，L 约为 10 mH　1　DGJ-05

【实验内容与步骤】

(1)测量 R、L、C 元件的阻抗频率特性。

通过电缆线将函数信号发生器输出的正弦信号接至如图9-2的电路，作为激励源 u，并用交流毫伏表测量，使激励电压的有效值为 $U=3$ V，并保持不变。

使信号源的输出频率从200 Hz逐渐增至5 kHz(用频率计测量)，并使开关S分别接通 R、L、C 这3个元件，用交流毫伏表测量 U_r，并计算各频率点时的 I_R、I_L 和 I_C(即 U_r/r)以及 $R=U/I_R$、$X_L=U/I_U$ 及 $X_C=U/I_C$ 之值。

注意：在接通C测试时，信号源的频率应控制为200～2 500 Hz。

(2)用双踪示波器观察在不同频率下各元件阻抗角的变化情况，按图9-3记录 n 和 m，并计算出 φ。

(3)测量 R、L、C 元件串联的阻抗角频率特性。

实验十　RLC串联谐振电路的研究

【实验目的】

(1)学习用实验方法绘制 R、L、C 串联电路的幅频特性曲线。

(2)加深理解电路发生谐振的条件、特点，掌握电路品质因数(电路 Q 值)的物理意义及其测定方法。

(3)掌握根据谐振特点测量电路元件参数的方法。

【相关理论】

(1)在RLC串联电路中，由于电源频率的不同，电感和电容所呈现的电抗也不相同。当 $\omega L<1/\omega c$ 时，$U_L<U_C$，电路呈容性；$\omega L>1/\omega c$ 时，$U_L>U_C$，电路呈感性；$\omega L=1/\omega c$ 时，$U_L=U_C$，电路呈阻性。

(2)在图10-1所示的 R、L、C 串联电路中，当正弦交流信号源的频率 f 改变时，电路中的感抗、容抗随之而变，电路中的电流也随 f 而变。取电阻 R 上的电压 U_o 作为响应，当输入电压 U_i 的幅值维持不变时，在不同频率的信号激励下，测出 U_o 的值，然后以 f 为横坐标，以 U_o/U_i 为纵坐标(因 U_i 不变，故也可直接以 U_o 为纵坐标)，绘出光滑的曲线，此即为幅频特性曲线，也称谐振曲线，如图10-2所示。

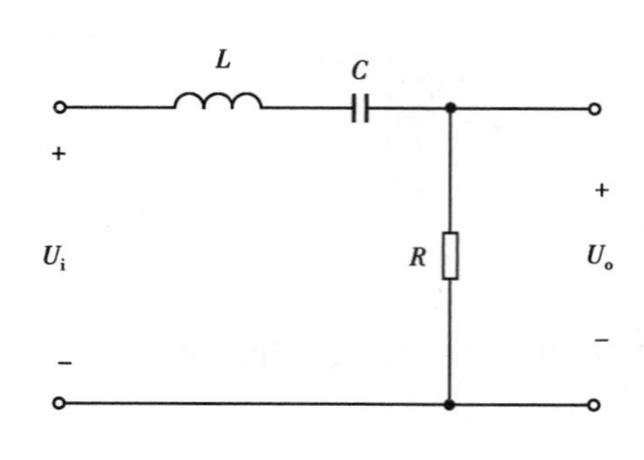

图 10-1　R、L、C 串联电路

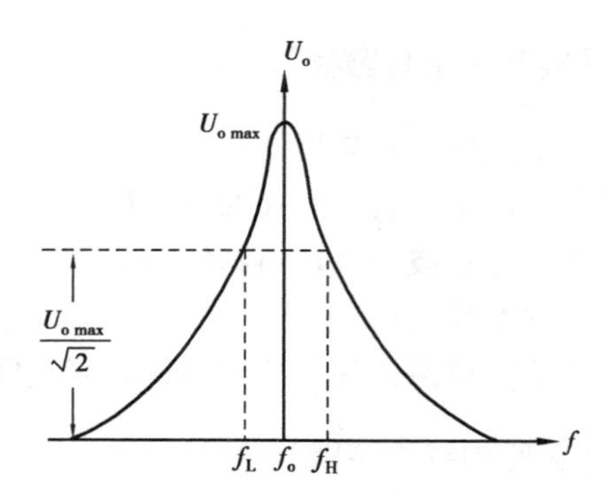

图 10-2　幅频特性曲线

(3)人们把 $\omega L = 1/\omega c$ 这一状态下的串联电路称为串联谐振电路或电压谐振电路。谐振频率为 $f = f_0 = \dfrac{1}{2\pi\sqrt{LC}}$,即幅频特性曲线尖峰所在的频率点称为谐振频率。串联谐振电路具有下述特点:

①电流与电压同相位,电路呈现电阻性。

②阻抗最小,电流最大。因为谐振时,电抗 $X = 0$,故 $Z = R + \mathrm{j}X = R$,其值最小,电路中的电流 $I = U/R = I_0$ 为最大。

③电感的端电压 U_L 与电容的端电压 U_C 大小相等,相位相反,相互补偿,外加电压与电阻上的电压相平衡,即 $\dot{U}_R = \dot{U}_i$。

④电感或电容的端电压可能大大超过外加电压,产生过电压。电容或电感的端电压与外电压之比为:$Q = \dfrac{U_L}{U} = \dfrac{X_L I}{RI} = \dfrac{X_L}{R} = \dfrac{\omega_0 L}{R}$,式中的 Q 称为电路的品质因数。Q 值越大,曲线越尖锐,电路的选频特性越好。

(4)电路品质因数 Q 值的两种测量方法。

一是根据公式 $Q = \dfrac{U_L}{U_o} = \dfrac{U_C}{U_o}$ 测定,U_C 与 U_L 分别为谐振时电容器 C 和电感线圈 L 上的电压;二是通过测量谐振曲线的通频带宽度 $\Delta f = f_2 - f_1$,再根据 $Q = \dfrac{f_o}{f_H - f_L}$ 求出 Q 值。

【实验设备与器材】

①函数信号发生器　1

②交流毫伏表　0 ~ 600 V　1

③双踪示波器　1

④频率计　1

⑤谐振电路实验电路板　$R_1 = 200\ \Omega$,$R_2 = 1\ \mathrm{k\Omega}$　$C_1 = 0.01\ \mu\mathrm{F}$,$C_2 = 0.1\ \mu\mathrm{F}$,$L$ 约为 30 mH

【实验内容与步骤】

(1)按如图 10-3 所示组成监视、测量电路。先选用 C_1、R_1。用交流毫伏表测电压,用示波器监视信号源输出。令信号源输出电压 $U_i = 4V_{P\text{-}P}$,并保持不变。

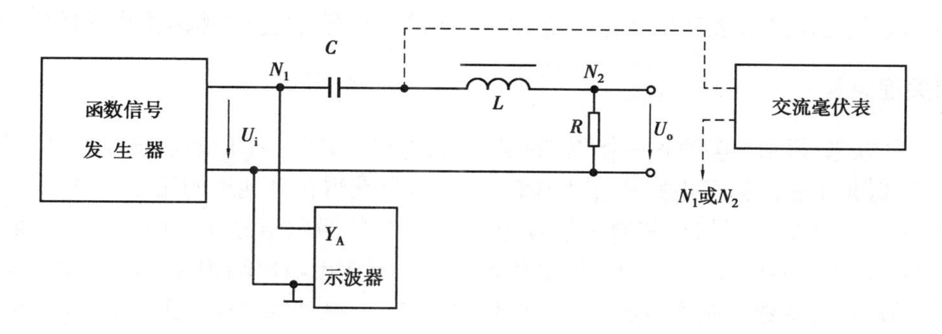

图 10-3　监视、测量电路

（2）测出电路的谐振频率f_0，其方法是先将毫伏表接在R（200 Ω）两端，令信号源的频率由小逐渐变大（注意要维持信号源的输出幅度不变），当U_o的读数为最大时，读得频率计上的频率值即为电路的谐振频率f_0，并测量U_C与U_L的值（注意及时更换毫伏表的量限）。

（3）在谐振点两侧，按频率递增或递减 500 Hz 或 1 kHz，依次各取 8 个测量点，逐点测出U_o，U_L，U_C的值，记入数据表格，将所测得的数据填入表 10-1 中。

表 10-1

f/kHz														
U_o/V														
U_L/V														
U_C/V														
$U_i=4V_{P\text{-}P}$，$C_1=0.01\ \mu F$，$R_1=200\ \Omega$，$f_0=$　　　，$f_H-f_L=$　　　，　$Q=$														

（4）将电阻改为R_2，重复步骤 2、3 的测量过程，将所测得的数据填入表 10-2 中。

表 10-2

f/kHz														
U_o/V														
U_L/V														
U_C/V														
$U_i=4V_{P\text{-}P}$，$C_1=0.01\ \mu F$，$R_2=1\ k\Omega$，$f_0=$　　　，$f_H-f_L=$　　　，$Q=$														

（5）选$C_2=0.1\ \mu F$，R分别为选 200 Ω、1 kΩ，重复步骤 2 至步骤 3（表格自制）。

实验十一　RC 串并联选频网络特性测试

【实验目的】

（1）熟悉 RC 串并联选频网络电路的结构特点及其选频特性。

(2)学会用交流毫伏表和示波器测定 RC 串并联选频网络电路的幅频特性和相频特性。

【相关理论】

RC 串并联选频网络电路是一个 RC 的串、并联电路,如图 11-1 所示。该电路结构简单,被广泛应用于低频正弦波振荡电路中作为选频环节,可以获得很高纯度的正弦波电压。

①用函数信号发生器的正弦输出信号作为图 11-1 的激励信号 u_i,并在保持 U_i 值不变的情况下,改变输入信号的频率f, 用交流毫伏表或示波器测出输出端相应于各个频率点下的输出电压 U_o 值,将这些数据画在以频率f为横轴,U_o/U_i 为纵轴的坐标纸上,用一条光滑的曲线连接这些点,该曲线就是上述电路的幅频特性曲线。

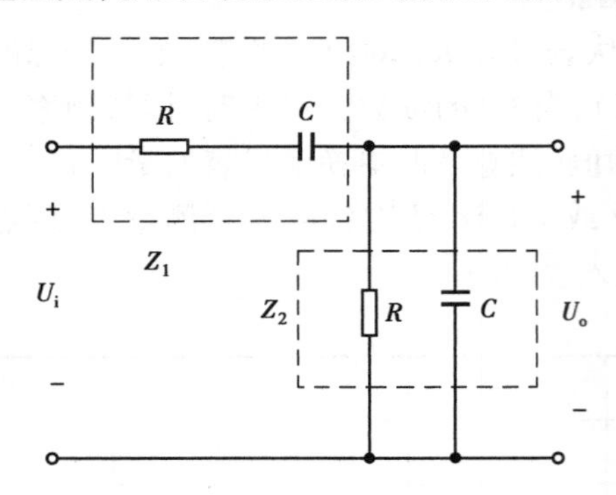

图 11-1　正弦输出信号图

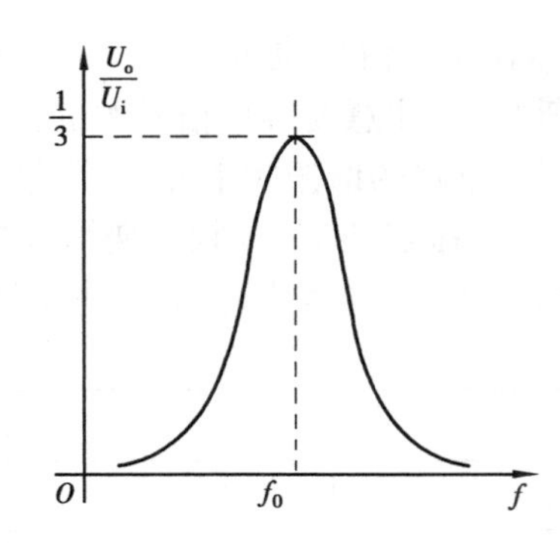

图 11-2　输出输入电压频率图

RC 串并联选频网络的一个特点是其输出电压幅度不仅会随输入信号的频率而变,而且还会出现一个与输入电压同相位的最大值,如图 11-2 所示。

由电路分析得知,该网络的传递函数为

$$\beta = \frac{1}{3 + j(\omega RC - 1/\omega RC)}$$

当角频率 $\omega = \omega_0 = 1/RC$ 时,$|\beta| = U_o/U_i = 1/3$,此时 U_o 与 U_i 同相。由图 11-2 可见 RC 串并联电路具有带通特性。

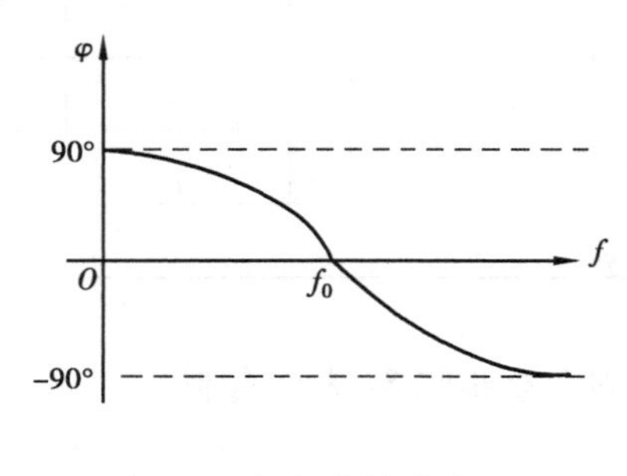

图 11-3　相频特性曲线图

②将上述电路的输入和输出分别接到双踪示波器的 Y_A 和 Y_B两个输入端,改变输入正弦信号的频率,观测相应的输入和输出波形间的时延 τ 及信号的周期 T,则两波形间的相位差为 $\varphi = \frac{\tau}{T} \times 360° = \varphi_0 - \varphi_i$(输出相位与输入相位之差)。将各个不同频率下的相位差 φ 画在以f为横轴,φ 为纵轴的坐标纸上,用光滑的曲线将这些点连接起来,即是被测电路的相频特性曲线,如图 11-3 所示。

由电路分析理论得知,当 $\omega = \omega_0 = 1/RC$,即 $f = f_0 = \frac{1}{2\pi RC}$时,$\varphi = 0$,即 U_o 与 U_i 同相位,且输出电压达到最大值 $U_o = 1/3\ U_i$,因而可用于实现选频。当然此电路也存在某些不足,因为内部的电阻是不能存放能量,它将电能转换成热能,浪费能量,能量传输能力差。RC 选频网络的固定频率不会达到很大,在高频下不能使用,其滤波性能也比较差。

【实验设备与器材】

①函数信号发生器及频率计　1
②双踪示波器　1
③交流毫伏表　0～600 V　1
④RC 选频网络实验板　1

【实验内容与步骤】

1. 测量 *RC* 串并联电路的幅频特性

①利用实验挂箱上“RC 串并联选频网络”线路，组成如图 11-1 所示线路。取 $R=1\ \text{k}\Omega$，$C=0.1\ \mu\text{F}$。

②调节信号源输出电压为 3 V 的正弦信号，接入图 11-1 所示的输入端。

③改变信号源的频率 f（由频率计读得），并保持 $U_i=3$ V 不变，测量输出电压 U_0（可先测量 $\beta=1/3$ 时的频率 f_0，然后再在 f_0 左右设置其他频率点测量）。

④取 $R=200\ \Omega$，$C=2.2\ \mu\text{F}$，重复上述测量，将所测得的数据填入表 11-1 中。

表 11-1

$R=1\ \text{k}\Omega$，$C=0.1\ \mu\text{F}$	f/Hz			
	U_o/V			
$R=200\ \Omega$，$C=2.2\ \mu\text{F}$	f/Hz			
	U_o/V			

2. 测量 *RC* 串并联电路的相频特性

将图 11-1 所示的输入 U_i 和输出 U_o 分别接至双踪示波器的 Y_A 和 Y_B 两个输入端，改变输入正弦信号的频率，观测不同频率点时，相应的输入与输出波形间的时延 τ 及信号的周期 T。两波形间的相位差为：$\varphi=\varphi_o-\varphi_i=\frac{\tau}{T}\times 360°$，将所测得的数据填入表 11-2 中。

表 11-2　RC 串并联电路的相频特性的测量

$R=1\ \text{k}\Omega$，$C=0.1\ \mu\text{F}$	f/Hz			
	T/ms			
	τ/ms			
	φ			
$R=200\ \Omega$，$C=2.2\ \mu\text{F}$	f/Hz			
	T/ms			
	τ/ms			
	φ			

实验十二　继电接触控制电路

【实验目的】

(1)了解有关按钮、接触器、继电器等电器设备的基本结构及使用方法。

(2)学习异步电动机点动控制电路、单向起—停控制电路、有电气联锁的正反转控制电路的接线及查线方法。

(3)理解并掌握点动、自锁、联锁典型控制环节的接法与工作原理,以及失(或零)压保护、过载保护、电气联锁保护的工作原理。

(4)学习应用电气原理图和万用表分析、检查控制电路的方法。

【相关理论】

1. 点动控制

当电动机容量较小时,可以采用直接启动的方法控制。图 12-1 所示为点动控制线路,主回路由刀闸开关 Q(或用转换开关)、接触器的主触点 KM 和电动机 M 组成。熔断器 FU 作短路保护用,刀闸开关 Q 用作电源引入开关。电动机的启动或停车由接触器 KM 的 3 个主触点来控制。控制回路由启动按钮 SB(只用了其常开触点)和接触器线圈 KM 串接而成。

线路的工作原理如下:按下启动按钮 SB 时,控制回路接通,接触器线圈 KM 得电,其主触点 KM 闭合,接通主回路,电动机 M 得电运转。当手松开时,由于按钮复位弹簧的作用,使得 SB 断开,接触器线圈 KM 断电,主触点断开,使电机主回路断电,电动机停转。这种用手按住按钮电机就转,手一松电机就停在的控制线路称为点动控制线路。

生产上有时需要电动机作点动运行。例如,在起重设备中常常需要电动机点动运行;在机床或自动线的调整工作时,也需要电动机作点动运行。所以点动控制线路是一种常见的控制线路,也是组成其他控制线路的基本线路。

2. 单向起—停控制

如需要电动机连续运行,则在点动控制线路中的启动按钮 SB_2 的两端并上接触器 KM 的辅助常开触点,并加串接于控制回路中的停止按钮 SB_1,如图 12-2 所示。按下按钮 SB_2 时,接触器线圈 KM 得电,在接通主回路的同时,也使接触器的辅助常开触点 KM 闭合。手松开后,虽然按钮 SB_2 断开,但电流从辅助常开触点 KM 上流过,保证接触器线圈 KM 继续得电,使电机能连续运行。辅助常开触点的这种作用称为自锁。起自锁作用的触点称为自锁触点。

按压停止按钮 SB_1,其常闭触点断开,接触器线圈 KM 断时,主触点断开,电机停止转动。

上述的自锁触点还具有失压保护作用。当线路突然断电时,接触器线圈 KM 失电,在断开主回路的同时,也断开了自锁触点,当电源重新恢复电压时,由于自锁触点已经断开,线路不再接通,这样就可以避免发生事故,起到保护作用。

为了防止长期过载烧毁电机,线路中还接了热继电器 FR。当电动机长期过载运行时,串接在主回路中的受热体膨胀引起动作,顶开串接在控制回路中的常闭触点。断开控制回路和主回路,从而保护了电动机。

将起、停按钮、接触器和热继电器组装在一起就构成所谓磁力启动器，其是一种专用于三相异步电动机起、停控制和长期过载保护的电器。

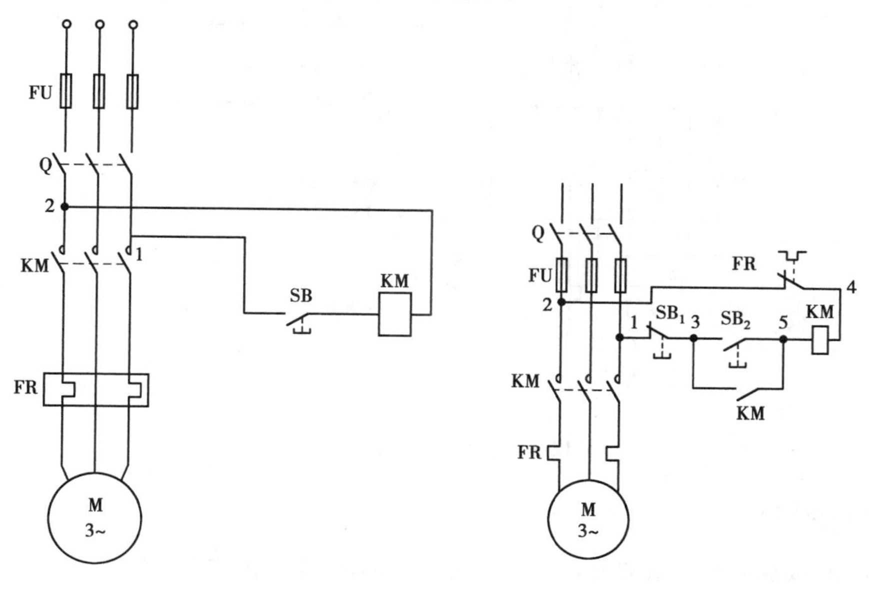

图 12-1　点动控制电路　　　　图 12-2　单向起—停控制电路

3. 正反转控制

许多生产机械的运动部件，根据工艺要求需要电机能正、反两个方向旋转。由三相异步电动机的工作原理可知，改变定子绕组中流过电流的相序就可使电机的旋转方向发生改变。为此，可控制两个接触器分别引入不同相序的电流到电机便可实现电机正反转控制。

图 12-3 为正、反转控制电路。图中 KM_F 为控制正转的接触器，KM_R 为控制反转的接触器。它们的主触点均接在主回路上。KM_F 的主触点闭合时，将 A、B、C 三相电流分别引进电机 U_1、V_1、W_1 绕组中，电机正转。当 KM_R 的主触点闭合时，A、C 相电流对调（即 A 相电流流入 W_1 绕组，C 相电流流入 U_1 绕组中），电机便反转。从主回路可以看出，如果 KM_F 和 KM_R 同时得电时，将造成线间短路。为避免事故发生，必须在 KM_F 和 KM_R 中的一个线圈得电时，迫使另一个线圈不可能得电，这种两线圈不能同时得电的互相制约的控制方式称为互锁。在实际控制线路中，只要将 KM_F 和 KM_R 的常闭辅助触点分别串入对方线圈的控制线路中就可达到互锁的目的，如图 12-3 所示。这种互锁方式称为电气互锁。这样，当线圈 KM_F 得电时。串接在线圈 KM_R 电路中的 KM_F 常闭触点断开，此时即使按下反转按钮 SB_R，KM_R 也不可能得电。只有先按停止按钮 SB_1 和 KM_F 线圈失电时，其常闭触点 KM_F 闭合后，再按下 SB_R 时，电机才能反转。同理可知电机在反转时也能达到互锁目的。

此线路正转或反转控制原理与连续运行控制相同，在此不再叙述。

【实验设备与器材】

①异步电动机控制板　1

②异步三相电动机　AD_2　1

③万用表　MF500　1

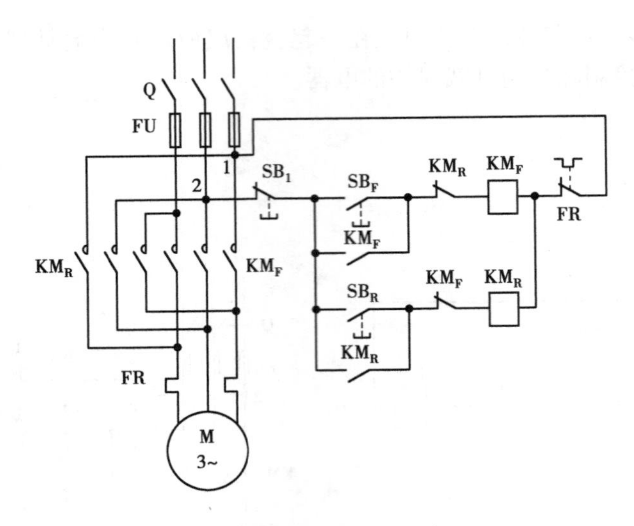

图 12-3　正反控制电路

【实验内容与步骤】

(1)熟悉按钮、接触器实物结构及其动作原理。实验板外接线柱作用、符号。

(2)点动与单向起、停控制电路。

点动控制电路按如图 12-1 所示接线和查线,由于其节点和回路数较少,接线和查线皆宜采用回路法。

在断开电源条件下,先接主回路,后接控制电路。查线方法同接线的顺序进行。然后用万用表欧姆挡分别测 3 根相线间的电阻应为∞,若发现短路应立即排除。再后将万用表置×1 kΩ挡,表笔接至 1、2 两点,按下起动按钮 SB_2,万用表反映 KM 线圈的直流电阻应为 1.2～2 kΩ即正确。按下停止按钮,电阻应为∞,否则有故障应排除。

单向起、停控制电路,按如图 12-2 所示接线和查线。查线方法与上述相同。

(3)正、反转控制电路

按如图 12-3 所示接线和查线,由于其节点和回路数比较多,接线和查线宜采用节点法。

①先接主电路,注意换相接线方法;然后接控制回路,注意自锁和电气联锁保护触头接线方法。

②检查。用万用表检查控制电路方法与前述类似,不同的是表笔接至 1、2 两点,用按、松 SB_F 检查正转控制回路是否正常,还需按、松 SB_R 检查反转控制回路是否正常。如有故障必须排除,并经指导教师检查后,才能通电实验。

③正、反控制操作:在控制电路工作正常的情况下,合上三相闸刀 Q,按下起动按钮 SB_F,观察电动机的运行情况;按下 SB_1,电动机应该停止运转。按下反转按钮 SB_R,观察电动机的运行情况下;按下 SB_1,电动机应该停止运转。在电动机正转时,按下反转启动按钮 SB_R,观察电动机运行情况。操作完毕,拉下三相闸刀,断开电源,最后拆线。

实验十三　单相铁芯变压器特性的测试

【实验目的】

(1)通过测量,计算变压器的各项参数。

(2)学会测绘变压器的空载特性与外特性。

【相关理论】

(1)图 13-1 所示为测试变压器参数的电路。由各仪表读得变压器原边(AX,低压侧)的 U_1、I_1、P_1 及副边(ax,高压侧)的 U_2、I_2,并用万用表 $R\times1$ 挡测出原、副绕组的电阻 R_1 和 R_2,即可算得变压器的以下各项参数值:

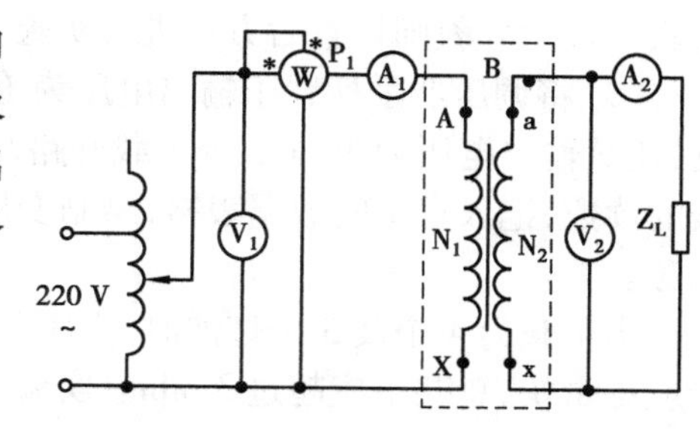

图 13-1　测试变压器参数电路图

电压比　$K_u=\dfrac{U_1}{U_2}$,　　　电流比　$K_I=\dfrac{I_2}{I_1}$,

原边阻抗　$Z_1=\dfrac{U_1}{I_1}$,　　　副边阻抗　$Z_2=\dfrac{U_2}{I_2}$,

阻抗比 $=\dfrac{Z_1}{Z_2}$,　　　负载功率 $P_2=U_2I_2\cos\varphi_2$,

损耗功率 $P_o=P_1-P_2$,

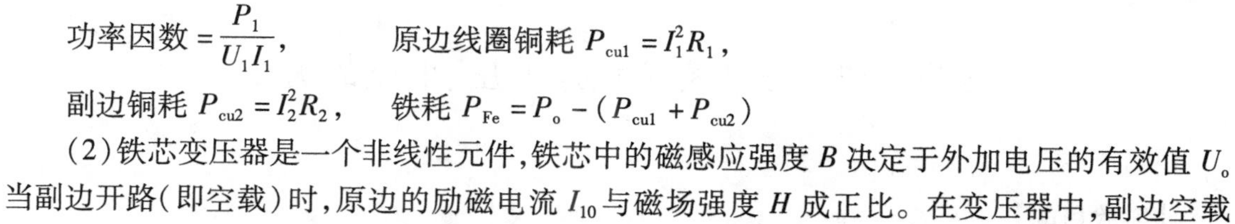

功率因数 $=\dfrac{P_1}{U_1I_1}$,　　　原边线圈铜耗 $P_{cu1}=I_1^2R_1$,

副边铜耗 $P_{cu2}=I_2^2R_2$,　　铁耗 $P_{Fe}=P_o-(P_{cu1}+P_{cu2})$

(2)铁芯变压器是一个非线性元件,铁芯中的磁感应强度 B 决定于外加电压的有效值 U。当副边开路(即空载)时,原边的励磁电流 I_{10} 与磁场强度 H 成正比。在变压器中,副边空载时,原边电压与电流的关系称为变压器的空载特性,这与铁芯的磁化曲线(B-H 曲线)是一致的。

空载实验通常是将高压侧开路,由低压侧通电进行测量,又因空载时功率因数很低,故测量功率时应采用低功率因数瓦特表。此外因变压器空载时阻抗很大,故电压表应接在电流表外侧。

(3)变压器外特性测试。为了满足 3 组灯泡负载额定电压为 220 V 的要求,故以变压器的低压(36 V)绕组作为原边,220 V 的高压绕组作为副边,即当作一台升压变压器使用。

在保持原边电压 U_1(36 V)不变时,逐次增加灯泡负载(每只灯为 15 W),测定 U_1、U_2、I_1 和 I_2,即可绘出变压器的外特性,即负载特性曲线 $U_2=f(I_2)$。

【实验设备与器材】

①交流电压表　0~450 V　2

②交流电流表　0～5 A　2

③单相功率表　1　DGJ-07

④试验变压器　220 V/36 V　50 VA　1　DGJ-04

⑤自耦调压器　1

⑥白炽灯　220 V,15 W　5　DGJ-04

【实验内容与步骤】

(1)用交流法判别变压器绕组的同名端。

(2)按如图12-1所示线路接线。其中A、X为变压器的低压绕组,a、x为变压器的高压绕组。即电源经屏内调压器接至低压绕组,高压绕组220 V接Z_L即15 W的灯组负载(3只灯泡并联),经指导教师检查后方可进行实验。

(3)将调压器手柄置于输出电压为零的位置(逆时针旋到底),合上电源开关,并调节调压器,使其输出电压为36 V。令负载开路及逐次增加负载(最多亮5个灯泡),分别记下5个仪表的读数,记入自拟的数据表格,绘制变压器外特性曲线。实验完毕将调压器调回零位,断开电源。

当负载为4个及5个灯泡时,变压器已处于超载运行状态,很容易烧坏。因此,测试和记录应尽量快,总共不应超过3 min。实验时,可先将5只灯泡并联安装好,断开控制每个灯泡的相应开关,通电且电压调至规定值后,再逐一打开各个灯的开关,并记录仪表读数。待开5灯的数据记录完毕后,立即用相应的开关断开各灯。

(4)将高压侧(副边)开路,确认调压器处在零位后,合上电源,调节调压器输出电压,使U_1从零逐次上升到1.2倍的额定电压(1.2×36 V),分别记下各次测得的U_1、U_{20}和I_{10}数据,记入自拟的数据表格,用U_1和I_{10}绘制变压器的空载特性曲线。

实验十四　三相交流电路电压、电流的测量

【实验目的】

(1)掌握三相负载作星形连接、三角形连接的方法,验证这两种接法下线、相电压及线、相电流之间的关系。

(2)充分理解三相四线供电系统中中线的作用。

【相关理论】

①三相负载可接成星形(又称“Y”接)或三角形(又称“△”接)。当三相对称负载作Y连接时,线电压U_L是相电压U_p的$\sqrt{3}$倍。线电流I_L等于相电流I_p,即

$$U_L=\sqrt{3}U_P,\qquad I_L=I_p$$

在这种情况下,流过中线的电流$I_0=0$,所以可以省去中线。

当对称三相负载作△形连接时,有$I_L=\sqrt{3}I_p$,$U_L=U_p$。

②不对称三相负载作Y连接时,必须采用三相四线制接法,即Y_0接法。而且中线必须牢固

连接，以保证三相不对称负载的每相电压维持对称不变。

倘若中线断开，会导致三相负载电压的不对称，致使负载轻的那一相的相电压过高，使负载遭受损坏；负载重的一相相电压又过低，使负载不能正常工作。尤其是对三相照明负载而言，应无条件地一律采用Y_0接法。

③当不对称负载作△形连接时，$I_L \neq \sqrt{3} I_p$，但只要电源的线电压 U_L 对称，加在三相负载上的电压仍是对称的，对各相负载工作没有影响。

【实验设备与器材】

①交流电压表　0～500 V　1
②交流电流表　0～5 A　1
③万用表　1　自备
④三相自耦调压器　1
⑤三相灯组负载　220 V，15 W 白炽灯　9　DGJ-04
⑥电门插座　3　DGJ-04

【实验内容与步骤】

1. 三相负载星形连接（三相四线制供电）

按图 14-1 所示线路组接实验电路，即三相灯组负载经三相自耦调压器接通三相对称电源。将三相自耦调压器的旋柄置于输出为 0 V 的位置（即逆时针旋到底）。经指导教师检查合格后，方可开启实验台电源，然后调节调压器的输出，使输出的三相线电压为 220 V，并按下述内容完成各项实验：分别测量三相负载的线电压、相电压、线电流、相电流、中线电流、电源与负载中点间的电压。将所测得的数据记入表 14-1 中，并观察各相灯组亮暗的变化程度，特别要注意观察中线的作用。

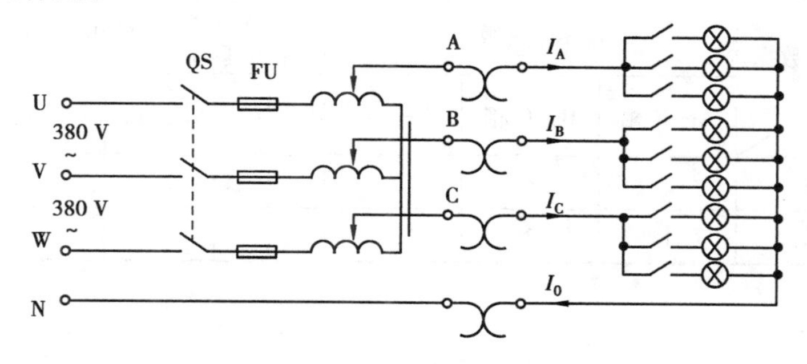

图 14-1　三相负载星形连接图

表 14-1

测量数据 / 实验内容（负载情况）	开灯盏数			线电流/A			线电压/V			相电压/V			中线电流 I_0/A	中点电压 U_{N0}/V
	A相	B相	C相	I_A	I_B	I_C	U_{AB}	U_{BC}	U_{CA}	U_{A0}	U_{B0}	U_{C0}		
Y_0接平衡负载	3	3	3											
Y接平衡负载	3	3	3											

续表

测量数据 实验内容 （负载情况）	开灯盏数			线电流/A			线电压/V			相电压/V			中线电流 I_0/A	中点电压 U_{N0}/V
	A相	B相	C相	I_A	I_B	I_C	U_{AB}	U_{BC}	U_{CA}	U_{A0}	U_{B0}	U_{C0}		
Y_0 接不平衡负载	1	2	3											
Y接不平衡负载	1	2	3											
Y_0 接 B 相断开	1		3											
Y接 B 相断开	1		3											
Y接 B 相短路	1		3											

2. 负载三角形连接（三相三线制供电）

按图 14-2 所示改接线路，检查合格后接通三相电源，并调节调压器，使其输出线电压为 220 V，并按表 14-2 的内容进行测试。将所测得的数据填入表 14-2 中。

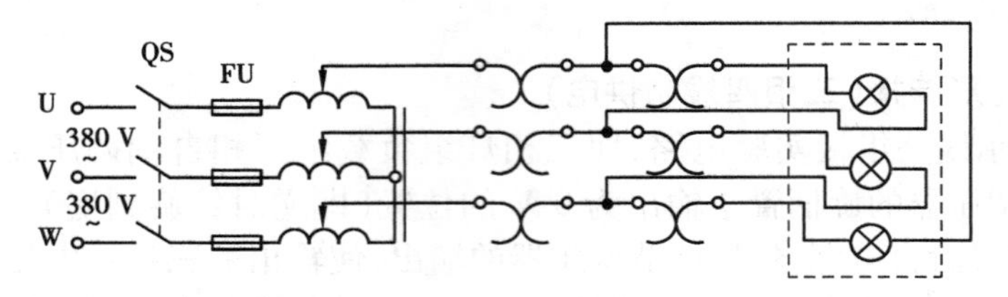

图 14-2 负载三角形连接图

表 14-2

测量数据 负载情况	开灯盏数			线电压＝相电压/V			线电流/A			相电流/A		
	A—B 相	B—C 相	C—A 相	U_{AB}	U_{BC}	U_{CA}	I_A	I_B	I_C	I_{AB}	I_{BC}	I_{CA}
三相平衡	3	3	3									
三相不平衡	1	2	3									

实验十五 三相电路功率的测量

【实验目的】

（1）掌握用一瓦特表法、二瓦特表法测量三相电路有功功率与无功功率的方法。

（2）进一步熟练掌握功率表的接线和使用方法。

【相关理论】

①对于三相四线制供电的三相星形连接的负载(即Y_0接法),可用1只功率表测量各相的有功功率P_A,P_B,P_C,则三相负载的总有功功率$\sum P = P_A + P_B + P_C$。这就是一瓦特表法,如图15-1所示。若三相负载是对称的,则只需测量一相的功率,再乘以3即得三相总的有功功率。

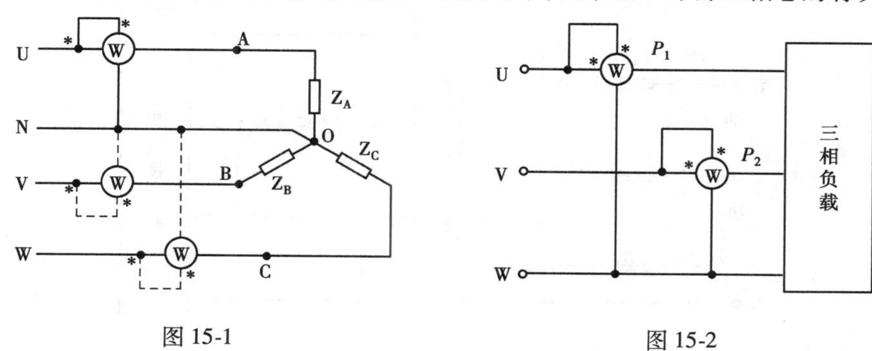

图15-1　　　　图15-2

②在三相三线制供电系统中,不论三相负载是否对称,也不论负载是Y接还是△接,都可用二瓦特表法测量三相负载的总有功功率。测量线路如图15-2所示。若负载为感性或容性,且当相位差$\phi>60°$时,线路中的1只功率表指针将反偏(数字式功率表将出现负读数),这时应将功率表电流线圈的两个端子调换(不能调换电压线圈端子),其读数应记为负值。而三相总功率$\sum P = P_1 + P_2$(P_1,P_2本身不含任何意义)。

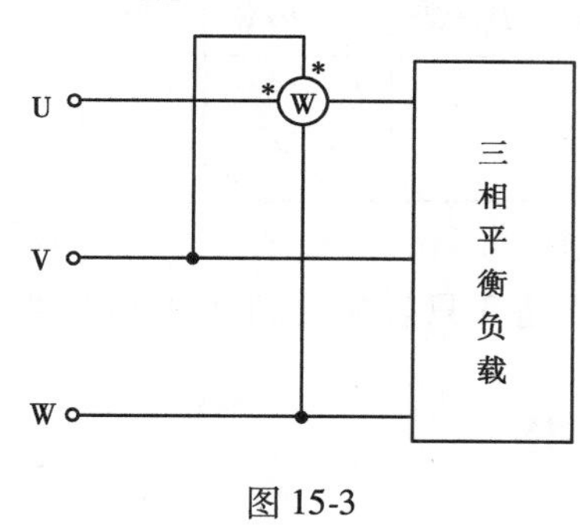

图15-3

除图15-2所示的I_A、U_{AC}与I_B、U_{BC}接法外,还有I_B、U_{AB}与I_C、U_{AC}以及I_A、U_{AB}与I_C、U_{BC}两种接法。

③对于三相三线制供电的三相对称负载,可用一瓦特表法测得三相负载的总无功功率Q,测试原理线路如图15-3所示。

图15-3所示功率表读数的$\sqrt{3}$倍,即为对称三相电路总无功功率。除了图15-3给出的一种连接法(I_U,U_{VW})外,还有另外两种连接法,即接成(I_V,U_{UW})或(I_W,U_{UV})。

【实验设备与器材】

①交流电压表　0~500 V　2

②交流电流表　0~5 A　2

③单相功率表　2　DGJ-07

④万用表　1　自备

⑤三相自耦调压器　1

⑥三相灯组负载　220 V,15 W　白炽灯　9　DGJ-04

⑦三相电容负载　1 μF,2.2 μF,4.7 μF/500 V　各3个　DGJ-05

【实验内容与步骤】

1. 用一瓦特表法测定三相负载的总功率

实验按图 15-4 所示线路接线。线路中的电流表和电压表用以监视该相的电流和电压，不要超过功率表电压和电流的量程。

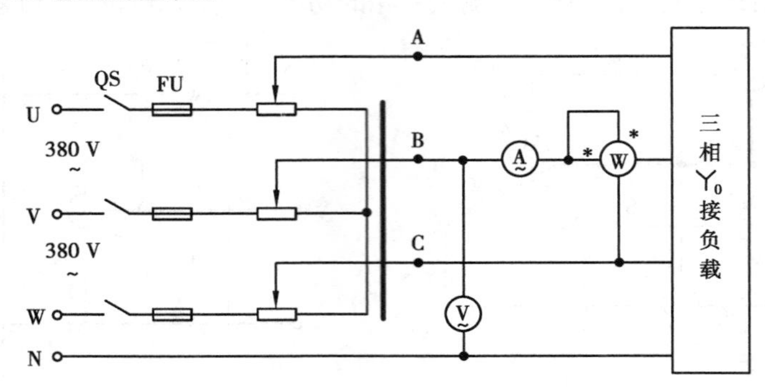

图 15-4

检查后，接通三相电源，调节调压器输出，使输出线电压为 220 V，按表 15-1 的要求进行测量及计算。

表 15-1

负载情况	开灯盏数			测量数据			计算值
	A 相	B 相	C 相	P_A/W	P_B/W	P_C/W	$\sum P$/W
Y_0 接对称负载	3	3	3				
Y_0 接不对称负载	1	2	3				

首先将 3 只表按图 15-4 所示接入 B 相进行测量，然后分别将 3 只表换接到 A 相和 C 相，再进行测量。

2. 用二瓦特表法测定三相负载的总功率

(1)按图 15-5 所示接线，将三相灯组负载接成Y形接法。

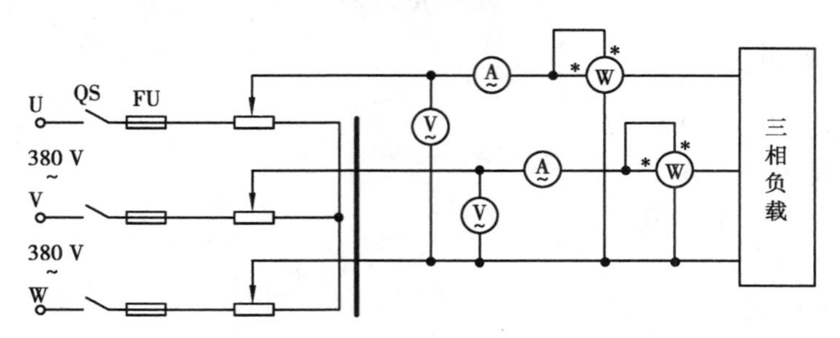

图 15-5

检查后，接通三相电源，调节调压器的输出线电压为 220 V，按表 15-2 的内容进行测量。

表 15-2

负载情况	开灯盏数			测量数据		计算值
	A相	B相	C相	P_1/W	P_2/W	$\sum P$/W
Y接平衡负载	3	3	3			
Y接不平衡负载	1	2	3			
△接不平衡负载	1	2	3			
△接平衡负载	3	3	3			

(2)将三相灯组负载改成△形接法,重复(1)的测量步骤,并将数据记入表 15-2 中。

(3)将两只瓦特表依次按另外两种接法接入线路。

重复(1)、(2)的测量(表格自拟)。

3. 用一瓦特表法测定三相对称星形负载的无功功率

用一瓦特表法测定三相对称星形负载的无功功率,按图 15-6 所示的电路接线。

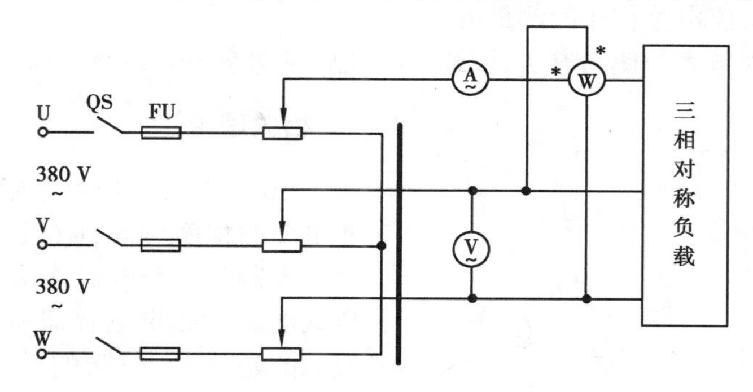

图 15-6

(1)每相负载由白炽灯和电容器并联而成,并由开关控制其接入。检查接线无误后,接通三相电源,将调压器的输出线电压调到 220 V,读取三表的读数,并计算无功功率 $\sum Q$,记入表 15-3 中。

(2)分别按 I_V,U_{UW}和 I_W,U_{UV}接法,重复①的测量,并比较各自的 $\sum Q$ 值。

表 15-3

接　法	负载情况	测量值			计算值
		U/V	I/A	Q/var	$\sum Q=\sqrt{3}Q$
I_U, U_{VW}	①三相对称灯组(每相开 3 盏)				
	②三相对称电容器(每相 4.7 μF)				
	③①、②的并联负载				
I_V, U_{VW}	①三相对称灯组(每相开 3 盏)				
	②三相对称电容器(每相 4.7 μF)				
	③①、②的并联负载				

续表

接　法	负载情况	测量值			计算值
		U/V	I/A	Q/var	$\sum Q=\sqrt{3}Q$
I_W，U_{VW}	①三相对称灯组(每相开3盏)				
	②三相对称电容器(每相4.7 μF)				
	③①、②的并联负载				

实验十六　功率因数及相序的测量

【实验目的】

(1)掌握三相交流电路相序的测量方法。

(2)熟悉功率因数表的使用方法，了解负载性质对功率因数的影响。

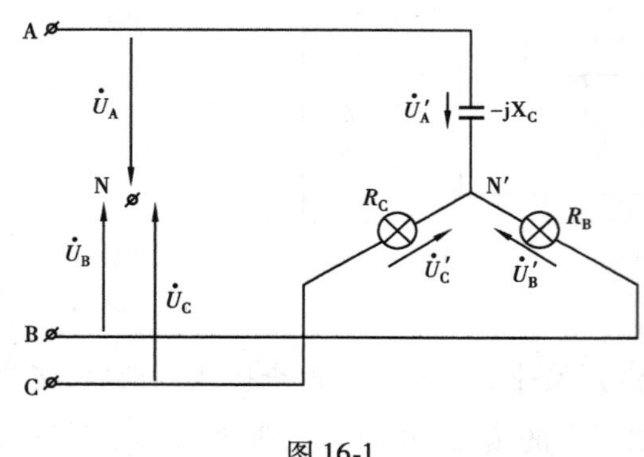

图 16-1

【相关理论】

图16-1所示为相序指示器电路，用以测定三相电源的相序A，B，C(或U，V，W)。它是由一个电容器和两个电灯连接成的星形不对称三相负载电路。如果电容器所接的是A相，则灯光较亮的是B相，较暗的是C相。相序是相对的，任何一相均可作为A相。当A相确定后，B相和C相也就确定了。

为了分析问题简单起见

设　$X_C=R_B=R_C=R$，　$U\dot{U}_A=U_p\angle 0°$

则 $$\dot{U}_{N'N}=\frac{U_P\left(\frac{1}{-jR}\right)+U_P\left(-\frac{1}{2}-j\frac{\sqrt{3}}{2}\right)\left(\frac{1}{R}\right)+U_P\left(-\frac{1}{2}+j\frac{\sqrt{3}}{2}\right)\left(\frac{1}{R}\right)}{-\frac{1}{jR}+\frac{1}{R}+\frac{1}{R}}$$

$$\dot{U}'_B=\dot{U}_B-\dot{U}_{N'N}=U_P\left(-\frac{1}{2}-j\frac{\sqrt{3}}{2}\right)-U_P(-0.2+j0.6)$$
$$=U_p(-0.3-j\times1.466)=1.49\angle-101.6°U_p$$

$$\dot{U}'_C=\dot{U}_C-\dot{U}_{N'N}=U_P\left(-\frac{1}{2}+j\frac{\sqrt{3}}{2}\right)-U_P(-0.2+j0.6)$$
$$=U_p(-0.3+j\times0.266)=0.4\angle-138.4°U_p$$

由于$\dot{U}'_B>\dot{U}'_C$，故B相灯光较亮。

【实验设备与器材】

①单相功率表 DDJ-07
②交流电压表 0～500 V
③交流电流表 0～5 A
④白灯灯组负载 15 W/220 V 3 DGJ-04
⑤电感线圈 30 W 镇流器 1 DGJ-04
⑥电容器 1 μF,4.7 μF DGJ-05

【实验内容与步骤】

1.相序的测定

①用220 V、15 W白炽灯和1 μF/500 V电容器,按图16-1接线,经三相调压器接入线电压为220 V的三相交流电源,观察两只灯泡的亮、暗,判断三相交流电源的相序。

②将电源线任意调换两相后再接入电路,观察两灯的明亮状态,判断三相交流电源的相序。

2.电路功率(P)和功率因数($\cos\varphi$)的测定

按图16-2接线,按表16-1所述在A、B间接入不同器件,记录$\cos\varphi$及其他各表的读数,并分析负载性质。将所测得的数据填入表16-1中。

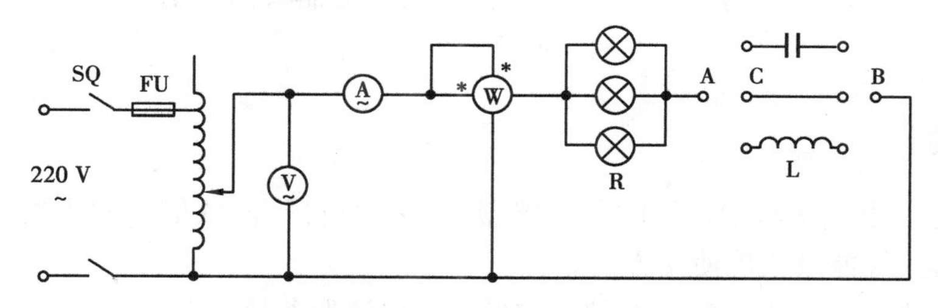

图16-2

表16-1

A、B间	U/V	U_R/V	U_L/V	U_C/V	I/V	P/W	$\cos\varphi$	负载性质
短接								
接入C								
接入L								
接入L和C								

说明:C为4.7 μF/500 V,L为30 W日光灯镇流器。

第 2 部分
模拟电路实验

实验十七　常用电子仪器的使用

【实验目的】

(1)学习电子电路实验中常用的电子仪器设备:示波器、函数信号发生器、交流毫伏表等的主要技术指标、性能及正确使用方法。

(2)掌握用双踪示波器观察正弦信号波形和读取波形参数的方法。

【相关理论】

图 17-1 所示为各仪器与被测实验装置之间的布局与连接。接线时应注意,为防止外界干扰,各仪器的公共接地端应连接在一起,形成共地。信号源和交流毫伏表的引线通常用带黑色夹子和红色夹子的屏蔽线或专用电缆线,示波器接线使用带钩子的专用电缆线,直流电源的接线用普通导线。

1. 示波器

示波器是一种用途很广的电子测量仪器,既能直接显示电信号的波形,又能对电信号进行各种参数的测量。现着重指出下述 4 点。

①寻找扫描光迹。将示波器 Y 轴显示方式置“CH1”或“CH2”,输入耦合方式置“接地”,开机预热后,若在显示屏上不出现光点和扫描基线,可按下列操作去找到扫描线:a. 适当调节亮度旋钮。b. 触发方式开关置“自动”。c. 适当调节垂直(⇅)、水平(⇄)“位移”旋钮,使扫描光迹位于屏幕中央。

②双踪示波器一般有 5 种显示方式,即“CH1”“CH2”“CH1 + CH2”3 种单踪显示方式和“交替”“断续”两种双踪显示方式。另外为了显示稳定的被测信号波形,“触发源选择”开关

一般选为“内”触发，使扫描触发信号取自示波器内部的 Y 通道。

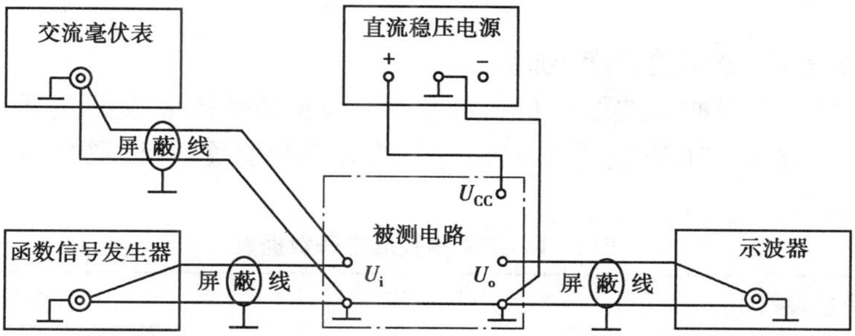

图 17-1　模拟电子电路中常用电子仪器接线布局图与连接

③触发方式开关通常先置于“自动”调出波形后，若被显示的波形不稳定，可置触发方式开关于“常态”，通过调节“触发电平”旋钮找到合适的触发电压，使被测试的波形稳定地显示在示波器屏幕上。

④适当调节“扫描速率”开关及“Y 轴灵敏度”开关使屏幕上显示的被测信号处于一个合适的大小。在测量幅值时，应注意将“Y 轴灵敏度微调”旋钮逆时针旋到底，且听到关的声音（或者旁边红色指示灯灭）。在测量周期时，应注意将“X 轴扫描微调”旋钮逆时针旋到底，且听到关的声音（或者旁边红色指示灯灭）。还要注意“扩展”按钮的状态。

根据被测波形在屏幕坐标刻度上垂直方向所占的格数（div 或 cm）与“Y 轴灵敏度”开关指示值（V/div）的乘积，即可算得信号幅值的实测值。

根据被测信号波形一个周期在屏幕坐标刻度水平方向所占的格数（div 或 cm）与“扫描”开关指示值（t/div）的乘积，即可算得信号频率的实测值。

2. 函数信号发生器

函数信号发生器按需要输出正弦波、方波、三角波 3 种信号波形。函数信号发生器的输出信号频率可以先通过频率分挡按钮进行调节，再用频率细调旋钮进行微调。通过输出 20 dB、40 dB 衰减开关和输出幅度调节旋钮，可使输出电压在毫伏级到伏级范围内连续调节。最后通过电压输出接口将信号输出。函数信号发生器作为信号源，其输出端不允许短路。另外函数信号发生器由于带有频率计等相关功能，所以在使用信号发生器功能时，请勿做其他功能上的操作。

3. 交流毫伏表

交流毫伏表用来测量正弦交流电压的有效值。其面板上分为 6 个量程，实验过程中可以通过对测量值的估算来选择合适的量程，以达到更高的测量精确度。当所测量值超过当前量程时，交流毫伏表上的数码管显示全亮并闪烁，所以为了防止过载而损坏，测量前一般先把量程开关置于量程较大位置上，然后在测量中逐挡减小量程。

【实验设备与器材】

①函数信号发生器。

②双踪示波器。

③交流毫伏表。

【实验内容与步骤】

1. 测试“校准信号”波形的幅度、频率

用示波器专用电缆线取示波器自检校准信号(示波器操控面板的左下方)接入 CH1 或 CH2 通道,按照示波器寻迹操作将波形调到合适的大小和位置,再读取校准信号幅度和频率(或周期),记入表 17-1。

表 17-1　示波器校准信号数据表

测量参数	标准值	实测值
幅度 U_{P-P}/V		
频率 f/kHz		

2. 用示波器和交流毫伏表测量信号参数

调节函数信号发生器,使其输出信号的频率分别为 0.1 kHz、1 kHz、10 kHz、100 kHz,有效值均为 1 V(交流毫伏表测量值)的正弦波信号。分别测量信号源输出电压频率及峰-峰值,并记入表 17-2。

表 17-2　示波器和毫伏表测量数据表

信号电压频率/ kHz	示波器测量值		信号电压毫伏表读数/V	示波器测量值	
	周期/ms	频率/Hz		有效值/V	峰-峰值/V
0.1					
1					
10					
100					

3. 测量两波形间相位差

①按图 17-2 所示连接实验电路,将函数信号发生器的输出信号调至为频率 1 kHz,幅值 2 V的正弦波,经 RC 移相网络获得频率相同但相位不同的两路信号 u_i 和 u_R,分别加到双踪示波器的 CH1 和 CH2 输入端。

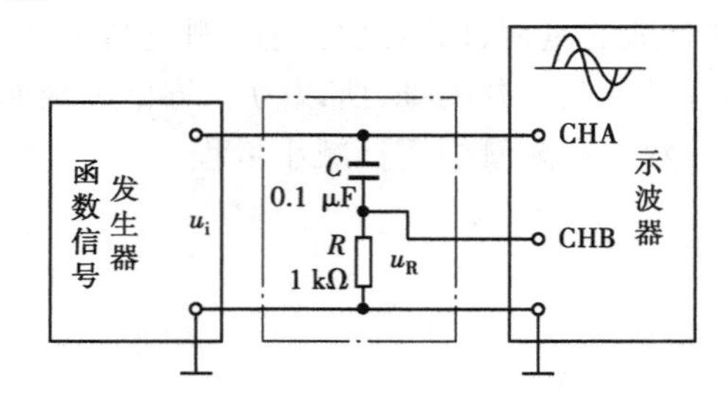

图 17-2　两波形间相位差测量电路

②把显示方式开关置“交替”挡位,将 CH1 和 CH2 输入耦合方式按钮置“接地”挡位,调节

CH1、CH2 的(⇅)移位旋钮,使两条扫描基线重合于中间刻度线上。

③将 CH1、CH2 输入耦合方式按钮置“AC”挡位,调节触发电平、扫速旋钮位置,使在荧屏上显示出易于观察的两个相位不同的正弦波形 u_i 及 u_R,如图 17-3 所示。根据两波形在水平方向差距 X,及信号周期 X_T,则可求得两波形相位差:

$$\theta = \frac{X(\mathrm{div})}{X_T(\mathrm{div})} \times 360^\circ$$

式中　X_T——一周期所占格数;

　　　X——两波形在 X 轴方向差距格数。

将两波形相位差记录于表 17-3。

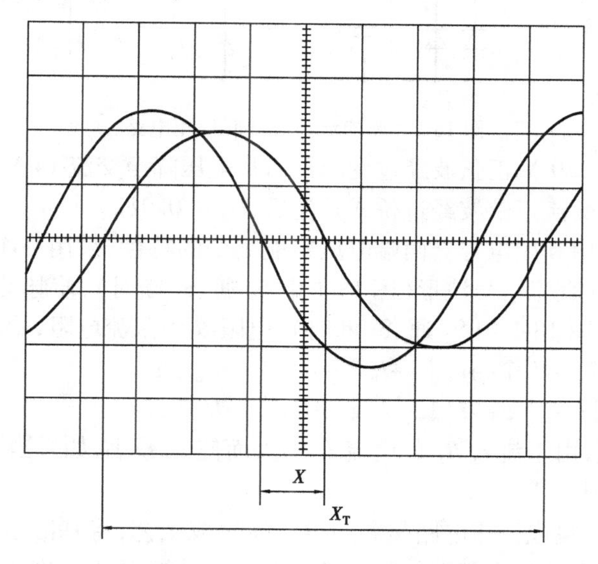

图 17-3　双踪示波器显示两相位不同的正弦波

表 17-3　相位差测量数据表

一周期格数		相位差	
		实测值	计算值
X_T =	X =	θ =	θ =

实验十八　二极管整流、滤波和稳压电源

【实验目的】

(1)掌握单相半波和桥式整流电路、硅稳压管并联稳压电路的基本特性。

(2)研究硅稳压管并联稳压电路的原理。

(3)了解直流稳压电源主要技术指标的测试方法。

【相关理论】

实验电路如图 18-1 所示。

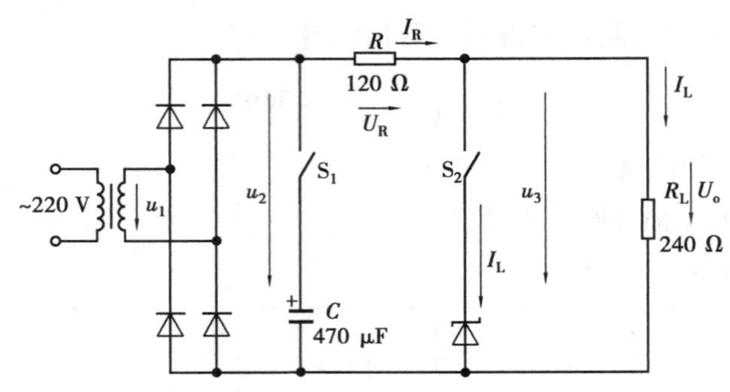

图 18-1　整流滤波及并联稳压电路

①变压电路：交流 220 V 正弦波经过变压器后将电压降至交流 14 V。

②桥式整流电路：交流正弦波经过桥式整流后，$U_2 = 0.9U_1$。

③滤波电路：实验中利用电容器两端电压不能突变的特性，采用一个电解电容将 U_2 波形变成一个类似锯齿波的直流信号波形（图 18-1 中 S_1 通、S_2 断时），使脉动成分大大减少。

④并联稳压电路（图 18-1 中 S_2 通、S_1 断时），电阻 R 为限流电阻，稳压原理如下：

a. 当 R_L 不变，$U_2\uparrow\rightarrow U_o\uparrow\rightarrow I_Z\uparrow\rightarrow I_R\uparrow\rightarrow U_R\uparrow\rightarrow U_o\downarrow$；

b. 当 U_i 不变，$R_L\downarrow\rightarrow U_o\downarrow\rightarrow I_Z\downarrow\rightarrow I_R\downarrow\rightarrow U_R\downarrow\rightarrow U_o\uparrow$。

当 R_L 继续减小时，由于流入 R_L 的电流 I_L 增大而使 I_Z 减小，如果当 I_L 增大到 $I_Z\leqslant I_{Zmax}$时，稳压管将失去稳压作用。

⑤集成稳压电路。集成稳压电路是利用半导体集成工艺，将基准电路、采样电路、比较放大电路、调整管及保护电路等全部元件集中地制作在一小硅片上。图 18-2 所示为 W78XX 系列的外形和接线图。“78”表示固定正电压输出，“XX”表示输出电压为多少伏。本实验所用集成稳压器为三端固定正稳压器 W7812，其主要参数有：输出直流电压 $U_o = +12$V，输出电流 L 为 0.1A，M 为 0.5A，电压调整率 10 mV/V，输出电阻 $R_0 = 0.15\ \Omega$，输入电压 U_i 的范围为 15 ~ 17 V。因为一般 U_I 要比 U_o 大 3 ~ 5 V，才能保证集成稳压器工作在线性区。

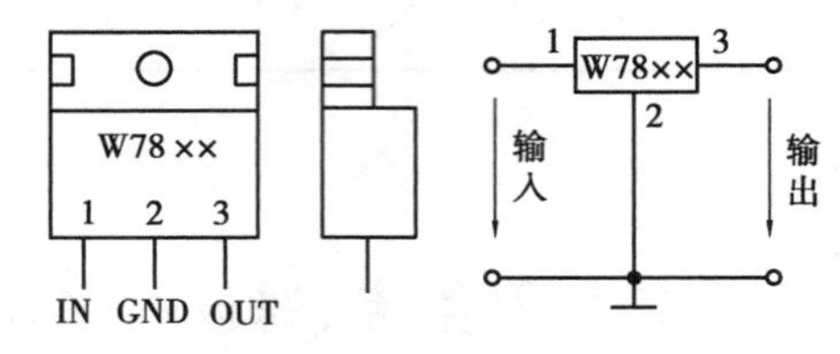

图 18-2　W7800 系列外形及接线图

图 18-3 是用三端式稳压器 W7812 构成的单电源电压输出串联型稳压电源的实验电路图。其中整流部分采用了由 4 个二极管组成的桥式整流器，滤波电容 C_1、C_2 一般选取几百 ~ 几千 μF。当稳压器距离整流滤波电路比较远时，在输入端必须接入电容器 C_3（数值为 0.33 μF），以抵消线路的电感效应，防止产生自激振荡。输出端电容 C_4（0.1 μF）用以滤除输出端的高频信号，改善电路的暂态响应。

有 3 个参数可以衡量直流稳压电源的质量指标。

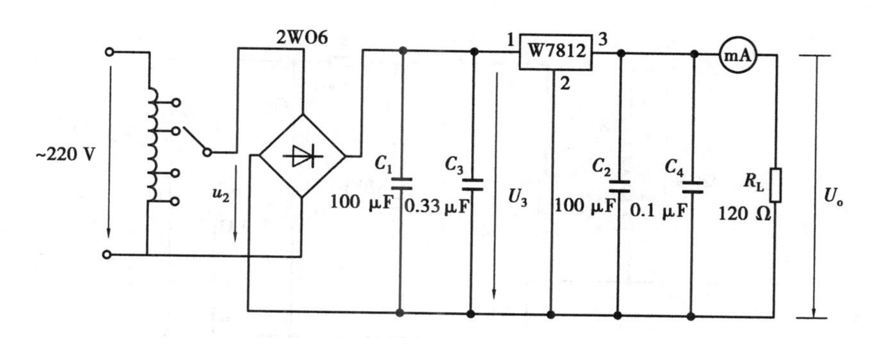

图 18-3　由 W7812 构成的串联型稳压电源

①电压调整率(稳压系数)S:当负载保持不变,交流电网电压变化 ±10% 时,输出电压相对变化量的百分数。即

$$S = \frac{|\Delta U|}{U_o} \times 100\%$$

②电源内阻 r_o:输入电压不变而负载电流变化时,输出电压变化程度。用输出电压的变化量与输出电流的变化量之比来表示。即

$$r_o = \left| \frac{\Delta U_o}{\Delta I_o} \right|$$

③纹波系数 Y:输出电压中交流分量的有效值与支流分量值之比。即 $Y = \tilde{U}_o / U_o$ 对直流稳压电源来说,以上各项指标越小越好。

【实验设备与器材】

①双踪示波器。

②交流毫伏表。

③模拟电路实验箱。

【实验内容与步骤】

1. 半波整流电路

①按图 18-4 所示接好电路,观察半波桥式整流输出电压波形并验证:$U_2 = 0.45U_1$。

②闭合 S_1、断开 S_2,观察带电容滤波后输出电压的波形,并测量 U_o 的大小。

③观察带并联稳压后输出电压的波形(S_2 闭合)。

④S_1 断开,不带电容时 U_o 的波形。

⑤S_1 闭合,带电容时 U_o 的波形。将以上测量波形记入表 18-1 中,并分别与图 18-5 对比。

2. 全波整流电路

按图 18-1 所示接好电路,验证 $U_2 = 0.9U_1$。实验步骤重复内容 1,将所测得数据波形记入表 18-1 中,并与图 18-5 对比。

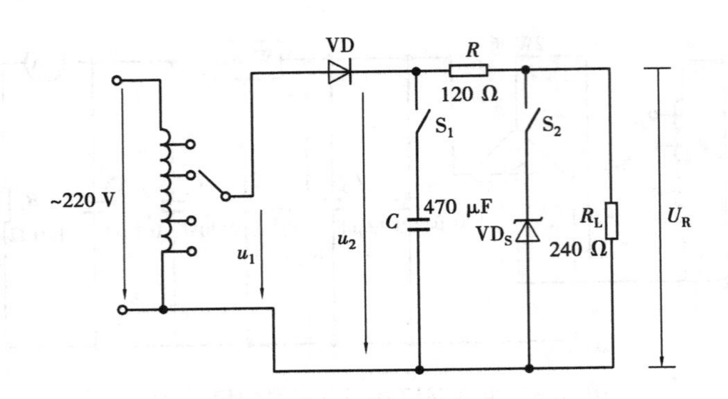

图 18-4　半波整流滤波电路

表 18-1　半波、全波分别整流、滤波、稳压波形数据

半波整流(图 18-4) 不带电容滤波 (S_1、S_2 断开)图 18-5(a)		桥式整流带电容滤波 (图 18-6)(S_1 闭合、S_2 断开) 图 18-5(d)	
半波整流(图 18-4) 带电容滤波 (S_1 闭合、S_2 断开)图 18-5(b)		桥式整流带并联稳压 (图 18-6)(S_1 断开、S_2 闭合) 图 18-5(e)	
桥式整流不带电容滤波 (图 18-6)(S_1、S_2 断开) 图 18-5(c)		桥式整流带电容滤波及并联 稳压(图 18-1)(S_1、S_2 闭合) 图 18-5(f)	

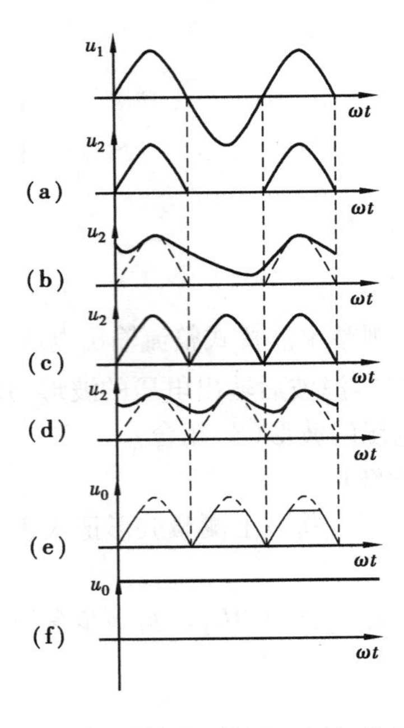

图 18-5　半波、全波分别整流、滤波、稳压波形

3. 测量并联稳压后的带负载能力

S_1、S_2 均合上,调节 R_L,观察 U_o 的波形变化,直到 U_o 刚好出现锯齿波,说明此时稳压管已

经失去稳压效果，用毫安表记下此时读数（$I_{o\max}$）计算该电路最大带负载能力。$R_{L\max}=U_o/I_{o\max}$。

4. 集成稳压电路

①整流电路测试按图 18-6 所示连接实验电路，S_1、S_2 断开，从实验箱取工频电源 14 V 电压作为整流电路输出电压 u_2。接通工频电源：用示波器分别观察变压器输出电压 u_2 和桥式整流输出电压 u_3 的脉动波形；用毫伏表测量变压器输出电压有效值 U_2 和桥式整流输出电压的交流分量有效值$\tilde{U}_3$；用万用表直流电压挡测量桥式整流输出电压 U_3。

②整流滤波电路测试。图 18-6 所示电路中 S_1 闭合：用示波器观察整流滤波输出电压 u_o 的脉动波形；用交流毫伏表测量其交流分量有效值$\tilde{U}_o$，用万用表直流电压挡测量其输出直流电压 U_o。

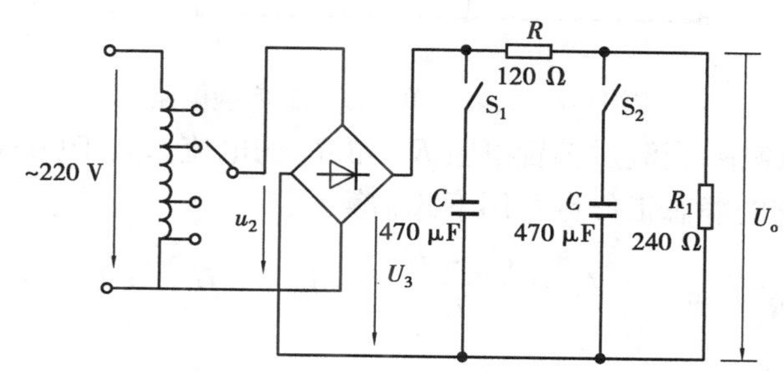

图 18-6　整流滤波电路

③集成稳压电路测试。按图 18-3 所示接线，完成：

A. 三端集成稳压器的初测试。接通 14 V 电源，取 $R_L=120\ \Omega$。测量 U_2 值，测量滤波电路输出电压 U_3（稳压器输入电压），集成稳压器输出电压 U_o，用示波器记录其波形，它们的数值应与理论值大致符合，否则说明电路出现故障。

B. 经电路初试正常工作后，进行各项性能指标测试。经过变压整流滤波之后的输出电压加到集成稳压块的输入端，在其输出端接负载电阻 $R_L=120\ \Omega$。完成：

a. 输出电压 U_o 的测量；

b. 电压调整率的测量；

c. 输出纹波电压的测量；

d. 输出电阻 R_o 的测量。

实验十九　晶体管共射极单管放大器

【实验目的】

（1）掌握放大器静态工作点的调试方法，分析静态工作点对放大器性能的影响。

（2）掌握放大器电压放大倍数及最大不失真输出电压的测试方法。

【相关理论】

图 19-1 所示为分压式稳定工作点单管放大电路实验电路图。其偏置电路采用 R_{B1} 和 R_{B2}

组成的分压电路，并在发射极中接有电阻 R_E，以稳定放大器的静态工作点。当在放大器的输入端加入输入信号 u_i 后，在放大器的输出端便可得到一个与 u_i 相位相反，幅值被放大了的输出信号 u_o，从而实现了电压放大。

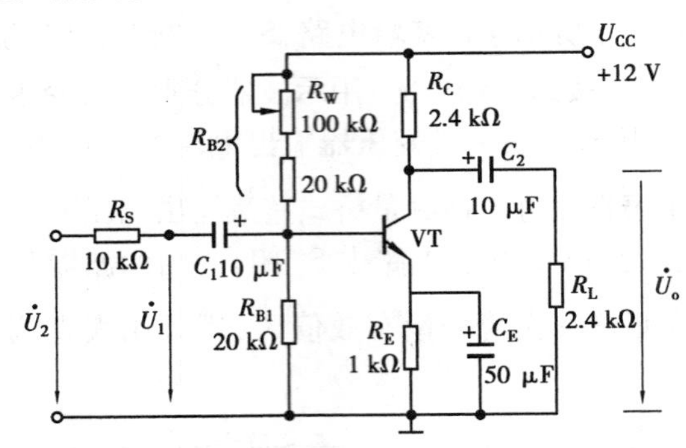

图 19-1　共射极单管放大器实验电路

在图 19-1 所示电路中，当流过偏置电阻 R_{B1} 和 R_{B2} 的电流远大于(一般 5～10 倍)晶体管 T 的基极电流 I_B 时，则它的静态工作点可用下式估算：

$$U_B \approx \frac{R_{B1}}{R_{B1}+R_{B2}}U_{CC} \qquad I_E \approx \frac{U_B - U_{BE}}{R_E} \approx I_C \qquad U_{CE} = U_{CC} - I_C(R_C + R_E)$$

电压放大倍数为

$$A_u = -\beta \frac{R_C /\!/ R_L}{r_{be}}$$

输入电阻为

$$R_i = R_{B1} /\!/ R_{B2} /\!/ r_{be} \approx r_{be}$$

输出电阻为

$$R_o \approx R_c$$

1. 放大器静态工作点的测量与调试

放大器静态工作点的调试是指对管子集电极电流 I_C(或 U_{CE})的调整与测试。静态工作点是否合适，对放大器的性能和输出波形都有很大影响。如工作点偏高，放大器在加入交流信号后易产生饱和失真，此时 u_o 的负半周将被削底，如图 19-2(a)所示；如工作点偏低则易产生截止失真，即 u_o 的正半周被缩顶(一般截止失真不如饱和失真明显)，如图 19-2(b)所示。所以在选定工作点后还必须进行动态调试，即在放大器的输入端加入一定的输入电压 u_i，检查输出电压 u_o 的大小和波形是否满足要求。如不满足，则应调节静态工作点的位置。通常情况下多采用调节偏置电阻 R_{B2} 的方法来改变 I_C 的大小，从而改变静态工作点，如图 19-3 所示，若减小 R_{B2}，则可使静态工作点提高等。

2. 测量放大器动态指标

放大器动态指标包括电压放大倍数、输入电阻、输出电阻、最大不失真输出电压和通频带等。

(1)电压放大倍数 A_u 的测量

调整放大器到合适的静态工作点，然后加入输入电压 u_i，在输出电压 u_o 不失真的情况下，用交流毫伏表测出 u_i 和 u_o 的有效值 U_i 和 U_o，则

$$A_u = \frac{U_o}{U_i}$$

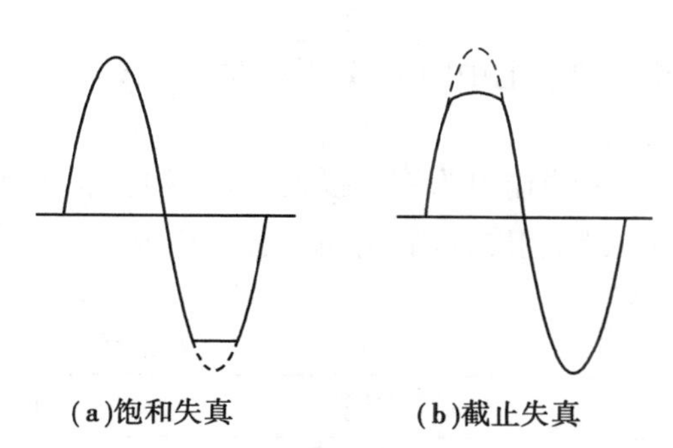

图 19-2　静态工作点对输出波形失真的影响

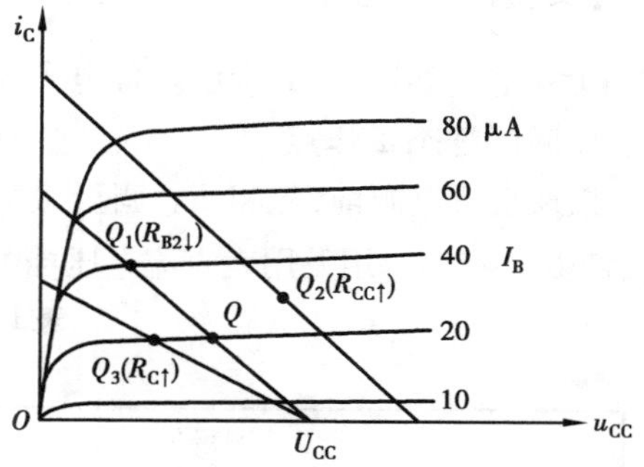

图 19-3　电路参数对静态工作点的影响

(2)输入电阻 R_i 的测量

为了测量放大器的输入电阻,信号源接入被测放大电路的 U_S 端,在放大器正常工作的情况下,用交流毫伏表测出 U_S 和 U_i,则根据输入电阻的定义可得

$$R_i = \frac{U_i}{I_i} = \frac{U_i}{\dfrac{U_R}{R}} = \frac{U_i}{U_S - U_i}R$$

(3)输出电阻 R_o 的测量

在放大器正常工作条件下,测出输出端不接负载 R_L 的输出电压 U_o 和接入负载后的输出电压 U_L,根据 $U_L = \dfrac{R_L}{R_o + R_L}U_o$ 即可求出

$$R_o = \left(\frac{U_o}{U_L} - 1\right)R_L$$

(4)最大不失真输出电压 $U_{oP\text{-}P}$ 的测量(最大动态范围)

为了得到最大动态范围,应将静态工作点调在交流负载线的中点。为此在放大器正常工作情况下,逐步增大输入信号的幅度,并同时调节 R_W(改变静态工作点),用示波器观察 u_o,当输出波形同时出现削底和缩顶现象(图 19-4)时,说明静态工作点已调在交流负载线的中点。然后反复调整输入信号,使波形输出幅度最大,且无明显失真时,用交流毫伏表测出 U_o,则动态范围等于 $2\sqrt{2}U$,或用示波器直接读出 $U_{oP\text{-}P}$。

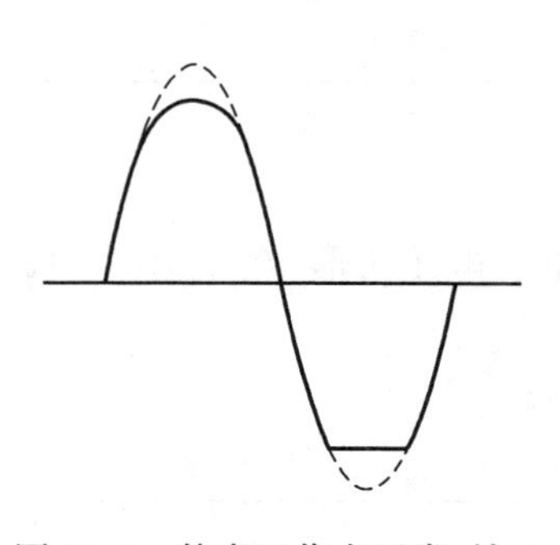

图 19-4　静态工作点正常,输入信号太大引起的失真

【实验设备与器材】

①模拟电路实验箱。
②函数信号发生器。
③双踪示波器。
④交流毫伏表。

⑤万用电表。

【实验内容与步骤】

实验电路如图 19-1 所示。各电子仪器可按本章实验十七中图 17-1 所示方式连接。

1. 调试静态工作点

接通直流电源前,先将 R_W 调至最大,函数信号发生器输出为零。接通 +12 V 电源,调节 R_W,使 $U_{CE}\approx 6$ V,用万用表直流电压挡测量 U_B、U_E、U_C 及电阻挡测量 R_{B2}值,记入表 19-1。

表 19-1　静态工作点数据

$U_{CE}\approx 6$ V

测量值				计算值		
U_B/V	U_E/V	U_C/V	R_{B2}/kΩ	U_{BE}/V	U_{CE}/V	I_C/mA

2. 测量电压放大倍数

在放大器输入端加入频率为 1 kHz 的正弦信号 u_s,调节函数信号发生器的输出旋钮使放大器输入电压 $U_i\approx 10$ mV,同时用示波器观察放大器输出电压 u_o 波形,在波形不失真的条件下用交流毫伏表测量下述 3 种情况下的 U_o 值,并用双踪示波器观察 u_o 和 u_i 的相位关系,记入表 19-2。

表 19-2　电压放大倍数测量值

U_i =________ mV(有效值)

R_C/kΩ	R_L/kΩ	U_o/V	A_u	观察记录一组 u_o 和 u_i 波形
2.4	∞			u_i — t　　u_o — t
2.4	2.4			

3. 观察静态工作点对电压放大倍数的影响

置 $R_C=2.4$ kΩ,$R_L=\infty$,U_i 不变,调节 R_W,用示波器观察输出电压波形,在 u_o 不失真的条件下,测量几组 I_C 和 U_o 值,记入表 19-3。

表 19-3　静态工作点对放大倍数的影响

$R_C=2.4$ kΩ,$R_L=\infty$,U_i =________ mV(有效值)

I_C/mA			
U_o/V			
A_u			

测量 I_C 时,使信号输入端信号为零(即 $u_i=0$)。

4. 测量最大不失真输出电压

置 $R_C=2.4$ kΩ,$R_L=2.4$ kΩ,按照上面实验实验相关理论中所述方法,同时调节输入信号的幅度和电位器 R_W,用示波器和交流毫伏表测量 $U_{oP\text{-}P}$及 U_o 值,记入表 19-4。

表19-4　最大不失真输出电压数据表

$R_C=2.4\ k\Omega, R_L=2.4\ k\Omega$

I_C/mA	U_{im}/mV	U_{om}/V	$U_{o\ P\text{-}P}$/V

5. 测量输入电阻和输出电阻

置 $R_C=2.4\ k\Omega, R_L=2.4\ k\Omega, U_{CE}=6\ V$。在 U_S 端输入 $f=1$ kHz 的正弦信号，在确保输出电压 u_o 不失真的情况下，用交流毫伏表测出 U_S，U_i 和 U_L 记入表19-5，保持 U_S 不变，断开 R_L，测量输出电压 U_o，记入表19-5。

表19-5　输出电阻、输入电阻测量值

$U_{CE}\approx 6\ V, R_c=2.4\ k\Omega, R_L=2.4\ k\Omega$

U_S /mv	U_i /mv	R_i/kΩ		U_L/V	U_o/V	R_o/kΩ	
		测量值	计算值			测量值	计算值

实验二十　场效应管放大器

【实验目的】

（1）了解结型场效应管的性能和特点。

（2）进一步熟悉放大器动态参数的测试方法。

【相关理论】

场效应管是一种电压控制型器件。按结构可分为结型和绝缘栅型两种。由于场效应管栅源之间处于绝缘或反向偏置，所以输入电阻很高（一般可达上百兆欧），又因场效应管是一种多数载流子控制器件，因此热稳定性好，抗辐射能力强，噪声系数小。加之制造工艺较简单，便于大规模集成，因此得到了越来越广泛的应用。

1. 结型场效应管的特性和参数

场效应管的特性主要有输出特性和转移特性。图20-1所示为N沟道结型场效应管3DJ6F的输出特性和转移特性曲线。其直流参数主要有饱和漏极电流 I_{DSS}，夹断电压 U_P 等；交流参数主要有低频跨导

$$g_m=\frac{\Delta I_D}{\Delta U_{GS}}\bigg| U_{DS}=\text{常数}$$

表20-1列出了3DJ6F的典型参数值及测试条件。

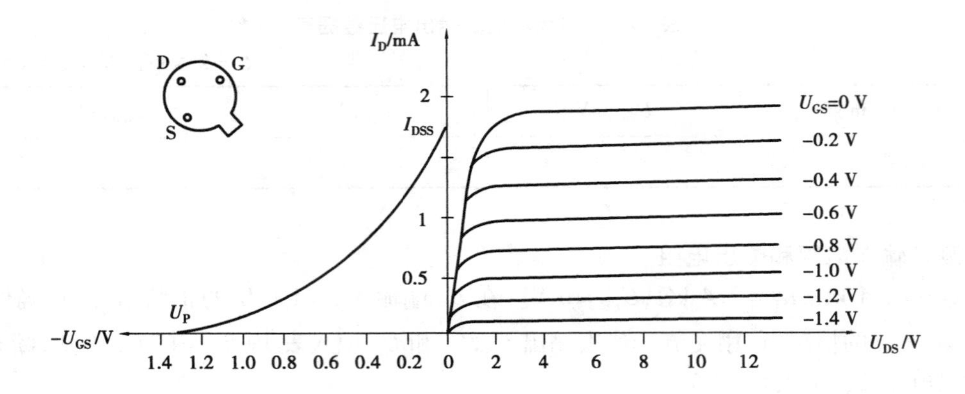

图 20-1　3DJ6F 的输出特性和转移特性曲线

表 20-1　3DJ6F 的典型参数值及测试条件

参数名称	饱和漏极电流 I_{DSS}/mA	夹断电压 U_P/V	跨导 g_m/(μA·V^{-1})
测试条件	$U_{DS}=10$ V $U_{GS}=0$ V	$U_{DS}=10$ V $I_{DS}=50$ μA	$U_{DS}=10$ V $I_{DS}=3$ mA $f=1$ kHz
参数值	1～3.5	<|-9|	>100

2. 场效应管放大器性能分析

图 20-2 所示为结型场效应管组成的共源级放大电路。其静态工作点

$$U_{GS}=U_G-U_S=\frac{R_{g1}}{R_{g1}+R_{g2}}U_{DD}-I_DR_S$$

$$I_D=I_{DSS}\left(1-\frac{U_{GS}}{U_P}\right)^2$$

中频电压放大倍数　　$A_V=-g_mR_L'=-g_mR_D//R_L$

输入电阻　　$R_i=R_G+R_{g1}//R_{g2}$

输出电阻　　$R_o\approx R_D$

式中，跨导 g_m 可由特性曲线用作图法求得，或用公式 $g_m=-\frac{2I_{DSS}}{U_P}\left(1-\frac{U_{GS}}{U_P}\right)$计算。

但要注意，计算时 U_{GS}要用静态工作点处的数值。

3. 输入电阻的测量方法

场效应管放大器的静态工作点、电压放大倍数和输出电阻的测量方法，与实验三中晶体管放大器的测量方法相同。其输入电阻的测量，从原理上讲，也可采用实验三中所述方法，但由于场效应管的 R_i 比较大，如直接测输入电压 U_S 和 U_i，则限于测量仪器的输入电阻，必然会带来较大的误差。因此，为了减小误差，人们常利用被测放大器的隔离作用，通过测量输出电压 U_o 来计算输入电阻，测量电路如图 20-3 所示。

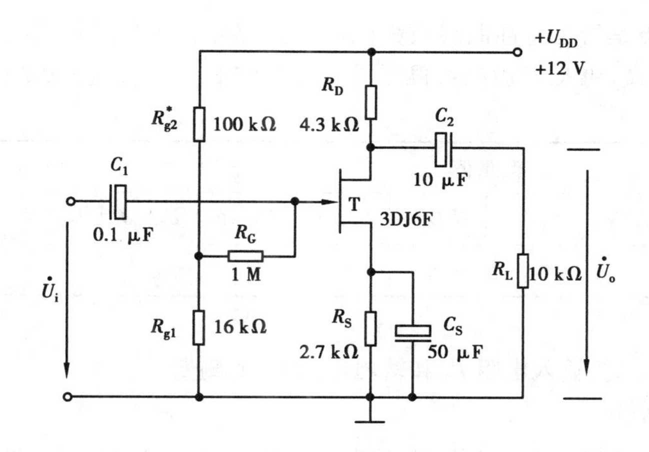

图 20-2　结型场效应管共源级放大器

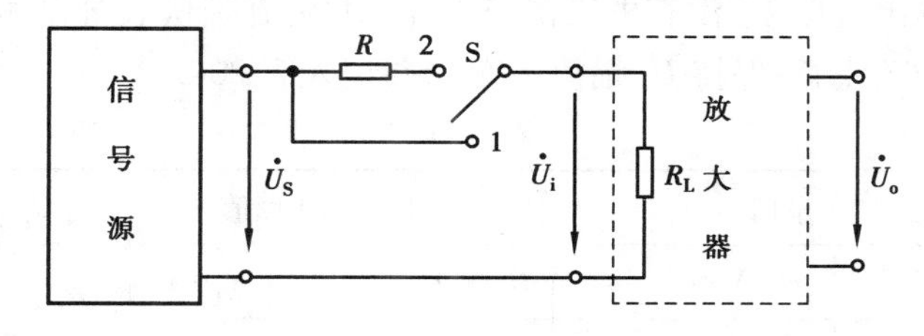

图 20-3　输入电阻测量电路

在放大器的输入端串入电阻 R，将开关 S 掷向位置 1（即使 $R=0$），测量放大器的输出电压 $U_{01}=A_V U_S$；保持 U_S 不变，再将 S 掷向位置 2（即接入 R），测量放大器的输出电压 U_0。由于两次测量中 A_V 和 U_S 保持不变，故

$$U_{02}=A_V U_i=\frac{R_i}{R+R_i}U_S A_V$$　　由此可以求出

$$R_i=\frac{U_{02}}{U_{01}-U_{02}}R$$

式中，R 和 R_i 不要相差太大，本实验可取 $R=100\sim200\ \text{k}\Omega$。

【实验设备与器材】

①模拟电路实验箱
②+12 V 直流电源
③函数信号发生器
④双踪示波器
⑤交流毫伏表
⑥直流电压表

【实验内容与步骤】

1.静态工作点的测量和调整

连接如图 20-2 所示连接电路，令 $U_i=0$，接通 +12 V 电源，用直流电压表测量 U_G、U_S 和

U_D。检查静态工作点是否在特性曲线放大区的中间部分。如合适则把结果记入表 20-2。若不合适,则适当调整 R_{g2} 和 R_S,调好后,再测量 U_G、U_S 和 U_D 并记入表 20-2。

表 20-2

测量值						计算值		
U_G/V	U_S/V	U_D/V	U_{DS}/V	U_{GS}/V	I_D/mA	U_{DS}/V	U_{GS}/V	I_D/mA

2. **电压放大倍数 A_V、输入电阻 R_i 和输出电阻 R_o 的测量**

1)A_V 和 R_o 的测量

在放大器的输入端加入 $f=1$ kHz 的正弦信号 U_i($\approx 50 \sim 100$ mV),并用示波器监视输出电压 U_o 的波形。在输出电压 U_o 没有失真的条件下,用交流毫伏表分别测量 $R_L=\infty$ 和 $R_L=10$ kΩ时的输出电压 U_o(注意:保持 U_i 幅值不变),并记入表 20-3。

表 20-3

测量值				计算值		U_i 和 U_o 波形
U_i/V	U_o/V	A_V	R_o/kΩ	A_V	R_o/kΩ	U_o, t
$R_L=\infty$						
$R_L=10$ kΩ						

用示波器同时观察 U_i 和 U_o 的波形,描绘出来并分析它们的相位关系。

2)R_i 的测量

按图 20-3 改接实验电路,选择合适大小的输入电压 U_S(50 ~ 100 mV),将开关 S 掷向"1",测出 $R=0$ 时的输出电压 U_{01},然后将开关掷向"2"(接入 R),保持 U_S 不变,再测出 U_{02},根据公式

$$R_i=\frac{U_{02}}{U_{01}-U_{02}}R$$

求出 R_i,记入表 20-4。

表 20-4

测量值			计算值
U_{01}/V	U_{02}/V	R_i/kΩ	R_i/kΩ

实验二十一　负反馈放大器

【实验目的】

(1)了解串联电压负反馈对放大电路性能的改善。

(2)了解负反馈放大器各项技术指标的测试方法。

(3)掌握负反馈放大器频率特性的测量方法。

【相关理论】

图 21-1 所示为带有负反馈的两级阻容耦合放大电路,在电路中通过 R_f 把输出电压 u_o 引回到输入端,加在晶体管 T_1 的发射极上,在发射极电阻 R_{F1} 上形成反馈电压 u_f。本电路属于电压串联负反馈。

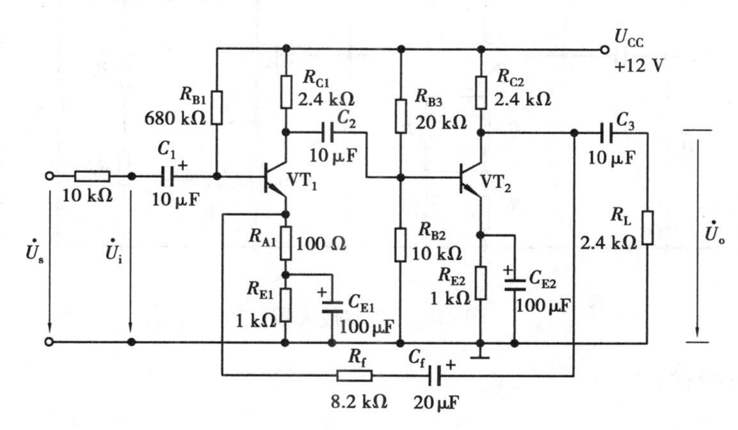

图 21-1　带有电压串联负反馈的两级阻容耦合放大器

主要性能指标有:

①闭环电压放大倍数:$A_u = U_o/U_i$为基本放大器电压放大倍数。$1 + A_uF_u$ 为反馈深度,其大小决定了负反馈对放大器性能改善的程度。

②反馈系数 $F_u = \dfrac{R_{F1}}{R_f + R_{F1}}$。

③带负反馈输入电阻 $R_{if} = (1 + A_uF_u)R_i$(R_i 为基本放大器的输入电阻)。

④带负反馈输出电阻 $R_{of} = \dfrac{R_o}{1 + A_{uo}F_u}$($R_o$ 为基本放大器的输出电阻;A_{uo} 为基本放大器 $R_L = \infty$ 时的电压放大倍数)。

⑤放大器幅频特性。放大器的幅频特性是指放大器的电压放大倍数 A_u 与输入信号频率 f 之间的关系。所以放大器的幅频特性就是测量不同频率信号时的电压放大倍数 A_u。如图21-2所示,A_{um}为中频电压放大倍数,通常规定电压放大倍数随频率变化下降到中频放大倍数的 $1/\sqrt{2}$倍,即 $0.707A_{um}$所对应的频率分别称为下限频率 f_L 和上限频率 f_H,则通频带 $B_W = f_H - f_L$。

采用测 A_u 的方法，每改变一个信号频率，测量其相应的电压放大倍数，测量时应注意取点要恰当，在低频段与高频段应多测几点，在中频段可以少测几点。此外，在改变频率时保持输入信号的幅度不变，且输出波形不能失真。

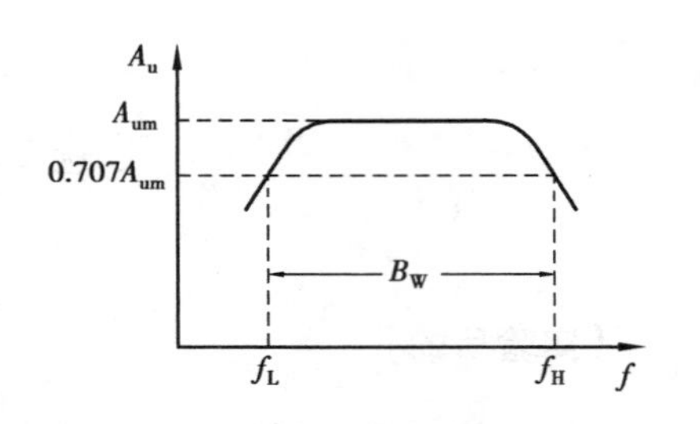

图 21-2　幅频特性曲线

本实验需要测量基本放大器的动态参数，在无反馈的基本放大器中必须将反馈网络的影响（负载效应）考虑到基本放大器中去。因此在基本放大器的输入回路中，因为是电压负反馈，可将负反馈放大器的输出端交流短路，即令 $u_o=0$，此时 R_f 相当于并联在 R_{F1} 上；在基本放大器的输出回路中，因为是串联负反馈，可将反馈放大器的输入端开路，此时（R_f+R_{F1}）相当于并接在输出端。由此可得到所要求的图 21-3 所示的基本放大器。

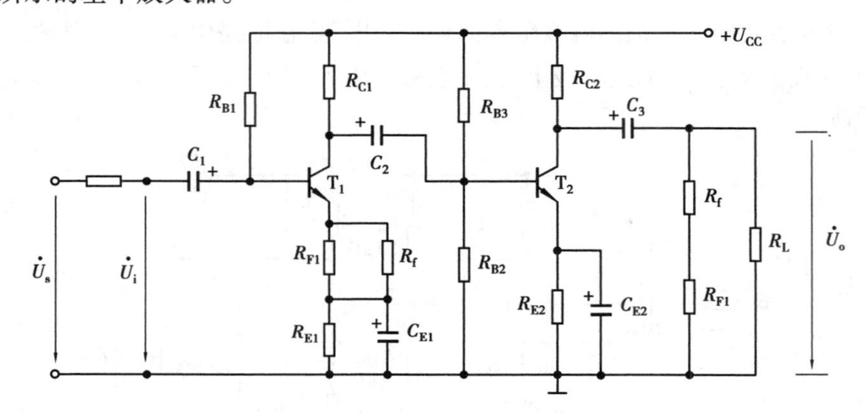

图 21-3　基本放大器

【实验设备与器材】

①模拟电路实验箱。
②函数信号发生器。
③双踪示波器。
④交流毫伏表。
⑤万用表。

【实验内容与步骤】

1. 测量静态工作点

按图 21-1 所示连接实验电路，取 $U_{CC}=+12$ V，$U_i=0$，用万用表分别测量第一级、第二级的静态工作点，记入表 21-1。

表 21-1　静态工作点测量数据

测量项	U_{B1}/V	U_{E1}/V	U_{C1}/V	I_{C1}/mA	U_{B2}/V	U_{E2}/V	U_{C2}/V	I_{C2}/mA
测量值								

2. 测试放大器的各项性能指标

（1）基本放大器性能指标的测量

将图 21-1 所示实验电路按图 21-3 改接，即将 R_f 断开后分别并在 R_{F1} 和 R_L 上。

①测量中频电压放大倍数 A_u，输入电阻 R_i 和输出电阻 R_o。将 $f=1$ kHz，U_S 约 5 mV 正弦信号输入放大器，接入负载 $R_L=2.4$ kΩ 的电阻。用示波器观察输出波形 u_o，在 u_o 不失真的情况下，用交流毫伏表测量 U_S、U_i、U_L；保持 U_S 不变，断开负载电阻 R_L（注意，R_f 不要断开），测量空载时的输出电压 U_o，将以上数据记入表 21-2。

表 21-2　基本放大器和负反馈放大器性能指标数据表

基本放大器	U_S/mV	U_i/mV	U_L/V	U_o/V	A_u	R_i/kΩ	R_o/kΩ
负反馈放大器	U_S/mV	U_i/mV	U_L/V	U_o/V	A_{uf}	R_{if}/kΩ	R_{of}/kΩ

②测量通频带。接上 R_L，保持 U_S 不变，然后增加和减小输入信号的频率，找出上、下限频率 f_H 和 f_L，记入表 21-3。

表 21-3　放大器通频带测试数据

基本放大器	f_L/kHz	f_H/kHz	Δf/kHz
负反馈放大器	f_{Lf}/kHz	f_{Hf}/kHz	Δf_f/kHz

（2）负反馈放大器性能指标的测量

恢复图 21-1 中所示电路，实验步骤同基本放大器性能指标测量。

实验二十二　差动放大器

【实验目的】

（1）加深对差动放大器工作原理、电路特点以及抑制零漂移方法的理解。

（2）学习差动放大器主要性能指标的测试方法。

【相关理论】

图 22-1 是差动放大器的基本电路图。它由两个完全对称的单管放大器组成。当开关 S 拨向左边 1 时，构成典型的差动放大器。R_P 为调零电位器，用来调节晶体管 VT_1、VT_2 的静态工作点，使得输入信号 $U_i=0$ 时，双端输出电压 $U_o=0$。R_E 为两管共用的发射极电阻，它对差模

信号无负反馈作用,因而不影响差模电压放大倍数,但对共模信号有较强的负反馈作用,故可以有效地抑制零漂,稳定静态工作点。

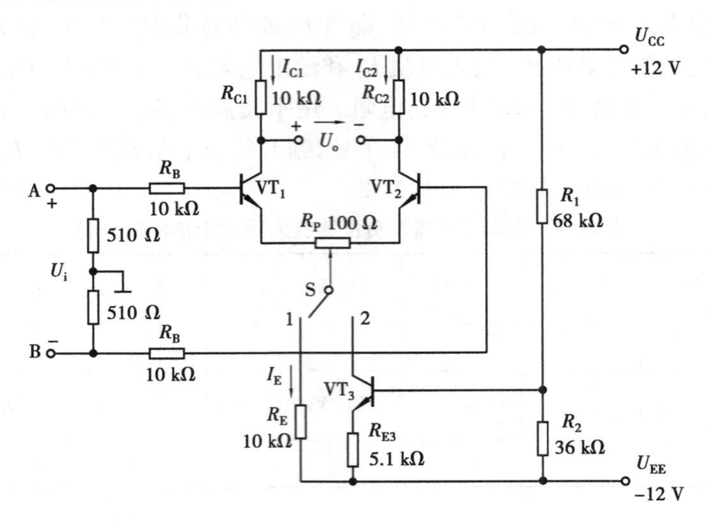

图 22-1　差动放大器实验电路

当开关 S 拨向右边 2 时,构成具有恒流源的差动放大器。它用晶体管恒流源代替发射极电阻 R_E,可以进一步提高差动放大器抑制共模信号的能力。

1. 静态工作点的估算

典型电路:

$$I_E \approx \frac{|U_{EE}| - U_{BE}}{R_E}\text{(认为 } U_{B1} = U_{B2} \approx 0\text{)} \qquad I_{C1} = I_{C2} = \frac{1}{2}I_E$$

恒流源电路:

$$I_{C3} \approx I_{E3} \approx \frac{\frac{R_2}{R_1 + R_2}(U_{CC} + |U_{EE}|) - U_{BE}}{R_{E3}} \qquad I_{C1} = I_{C2} = \frac{1}{2}I_{C3}$$

2. 差模电压放大倍数和共模电压放大倍数

当差动放大器的射极电阻 R_E 足够大,或采用恒流源电路时,差模电压放大倍数 A_{ud} 由输出端方式决定,而与输入方式无关。

双端输出:$R_E = \infty$,R_P 在中心位置时,$A_{ud} = \dfrac{\Delta U_o}{\Delta U_i} = -\dfrac{\beta R_C}{R_B + r_{be} + \frac{1}{2}(1+\beta)R_P}$

单端输出:$A_{ud1} = \dfrac{\Delta U_{C1}}{\Delta U_i} = \dfrac{1}{2}A_{ud}$;$A_{ud2} = \dfrac{\Delta U_{C2}}{\Delta U_i} = -\dfrac{1}{2}A_{ud}$

当输入共模信号时,若为单端输出,则有

$$A_{uc1} = A_{uc2} = \frac{\Delta U_{C1}}{\Delta U_i} = \frac{-\beta R_C}{R_B + r_{be} + (1+\beta)\left(\frac{1}{2}R_P + 2R_E\right)} \approx -\frac{R_C}{2R_E}$$

双端输出时理想情况下 $A_{uc} = \dfrac{\Delta U_o}{\Delta U_i} = 0$。但元件不可能完全对称,$A_{uc}$ 也不会绝对为零。

3. 共模抑制比 K_{CMR}

为了表征差动放大器对有用信号（差模信号）的放大作用和对共模信号的抑制能力，通常用一个综合指标来衡量，即共模抑制比

$$K_{CMR}=\left|\frac{A_{ud}}{A_{uc}}\right| \text{或} K_{CMR}=20\lg\left|\frac{A_{ud}}{A_{uc}}\right|$$

【实验设备与器材】

①模拟电路试验箱。
②函数信号发生器。
③双踪示波器。
④交流毫伏表。
⑤直流电压表。

【实验内容与步骤】

1. 典型差动放大器性能测试

按图22-1所示连接实验电路，开关S拨向左边1构成典型差动放大器。

（1）测量静态工作点。

①调节放大器零点。将放大器输入端A、B与地短接，接通±12 V直流电源，用万用表直流电压挡测量输出电压U_o，调节调零电位器R_P，使$U_o=0$。测量时电压挡量程尽量小，准确度更高。

②测量静态工作点。零点调好以后，用直流电压表测量晶体管VT_1、VT_2各电极电位及射极电阻R_E两端电压U_{RE}，记入表22-1。

表22-1　静态工作点测量值

单位：V

测量值	U_{C1}	U_{B1}	U_{E1}	U_{C2}	U_{B2}	U_{E2}	U_{RE}

（2）测量差模电压放大倍数。

断开直流电源，将放大器输入A端接函数信号发生器的输出端，放大器输入B端接地构成单端输入方式，接通±12 V直流电源，调节输入信号为频率$f=1$ kHz电压U_i为50 mV的正弦信号，在输出波形无失真的情况下，用交流毫伏表测U_i、U_{C1}、U_{C2}，记入表22-2中，并观察u_i、u_{C1}、u_{C2}之间的相位关系。

（3）测量共模电压放大倍数。

将放大器输入端A、B短接，信号源接A端与地之间，构成共模输入方式，调节输入信号$f=1$ kHz，$U_i=1$ V，在输出电压无失真的情况下，测量U_{C1}、U_{C2}的值记入表22-2，并观察u_i、u_{C1}、u_{C2}之间的相位关系。

2. 具有恒流源的差动放大电路性能测试

将图22-1所示电路中开关S拨向右边2，构成具有恒流源的差动放大电路。重复内容

(1.2和1.3)两项的要求,记入表22-2。

表22-2　差模和共模放大电路性能测试数据

状态 参数	典型差动放大电路		具有恒流源的差动放大电路	
	单端输入	共模输入	单端输入	共模输入
U_{i}	100 mV	1 V	100 mV	1 V
U_{C1}/V				
U_{C2}/V				
$A_{\mathrm{ud1}}=\dfrac{U_{\mathrm{C1}}}{U_{\mathrm{i}}}$		—		—
$A_{\mathrm{ud}}=\dfrac{U_{\mathrm{o}}}{U_{\mathrm{i}}}$		—		—
$A_{\mathrm{uc1}}=\dfrac{U_{\mathrm{C1}}}{U_{\mathrm{i}}}$	—		—	
$A_{\mathrm{c}}=\dfrac{U_{\mathrm{o}}}{U_{\mathrm{i}}}$	—		—	
$K_{\mathrm{CMR}}=\left\|\dfrac{A_{\mathrm{uc1}}}{A_{\mathrm{uc1}}}\right\|$				

实验二十三　集成运算放大器的应用(一)——模拟运算电路

【实验目的】

(1)研究由集成运算放大器组成的比例、加法、减法和积分等基本运算电路的功能。

(2)了解运算放大器在实际应用时应考虑的一些问题。

【相关理论】

本实验采用的集成运算放大器(以下简称集成运放)型号为 μA741,引脚排列如图23-1所示,其是八脚双列直插式组件,②脚和③脚为反相和同相输入端,⑥脚为输出端,⑦脚和④脚为正、负电源端,①脚和⑤脚为调零端,①、⑤脚之间可接入一只几十千欧的电位器并将滑动触点接到负电源端,⑧脚为空脚。

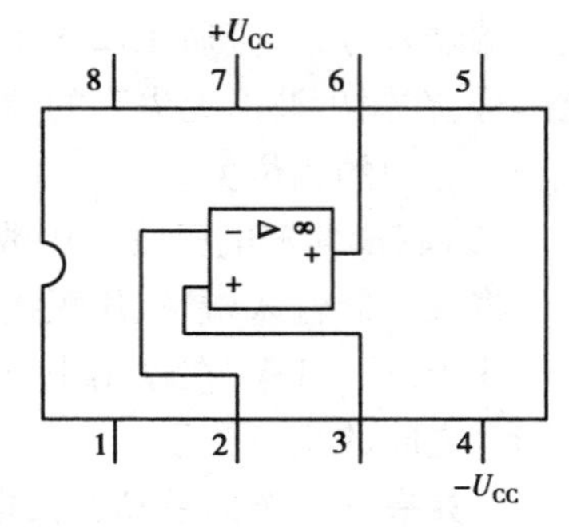

图23-1　μA741引脚图

集成运放是一种具有高增益的直接耦合多级放大电路。当外部接入不同的线性或非线性元器件组成输入和负反馈电路时,可以灵活地实现各种特定的函数关系。在线性应用方面，可组成比例、加法、减法、积分、微分、对数等模拟运算电路。

理想运放在线性应用时有两个重要特性：

①输出电压 U_o 与输入电压之间满足关系式 $U_o = A_{ud}(U_+ - U_-)$。

②由于 $A_{ud} = \infty$，而 U_o 为有限值，因此，$U_+ - U_- \approx 0$，即 $U_+ \approx U_-$，称为“虚短”；由于 $r_i = \infty$，故流进运放两个输入端的电流可视为零，即 $I_{Id} = 0$，称为“虚断”。这说明运放对其信号源吸取电流极小。

上述两个特性是分析理想运放应用电路的基本原则，可简化运放电路的计算。

1. 反相比例运算电路

电路如图 23-2 所示。对于理想运放，该电路的输出电压与输入电压之间的关系为 $U_o = -\frac{R_F}{R_1}U_i$，为了减小输入级偏置电流引起的运算误差，在同相输入端应接入平衡电阻 $R_2 = R_1 /\!/ R_F$。

2. 反相加法电路

电路如图 23-3 所示，输出电压与输入电压之间的关系为 $R_2 /\!/ R_F$。

$$U_o = -\left(\frac{R_F}{R_1}U_{i1} + \frac{R_F}{R_2}U_{i2}\right) \qquad R_3 = R_1 /\!/ R_2 /\!/ R_F$$

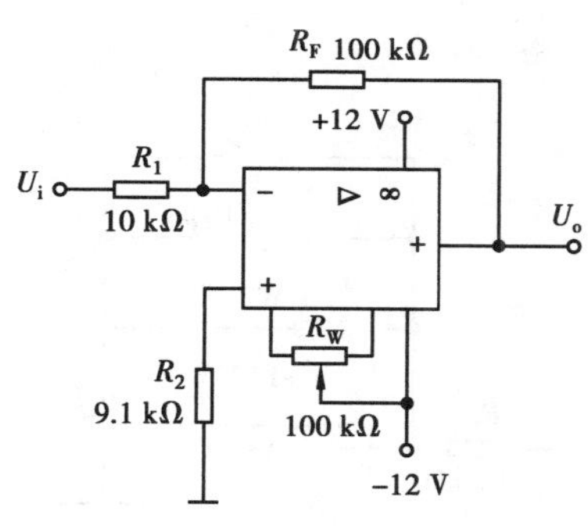

图 23-2　反相比例运算电路

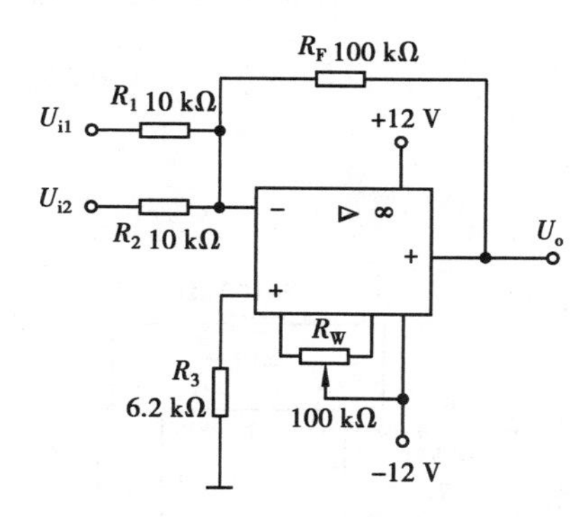

图 23-3　反相加法运算电路

3. 同相比例运算电路

图 23-4(a)所示为同相比例运算电路，其输出电压与输入电压之间的关系为：

$$U_o = \left(1 + \frac{R_F}{R_1}\right)U_i \qquad R_2 = R_1 /\!/ R_F$$

当 $R_1 \to \infty$ 时，$U_o = U_i$，即得到如图 23-4(b)所示电压跟随器。图中 $R_2 = R_F$，用以减小漂移和起保护作用。一般 R_F 取 10 kΩ，R_F 太小起不到保护作用，太大则影响跟随性。

4. 减法放大电路

对于如图 23-5 所示的减法运算电路，当 $R_1 = R_2$，$R_3 = R_F$ 时，有如下关系式：

$$U_o = \frac{R_F}{R_1}(U_{i2} - U_{i1})$$

5. 积分运算电路

反相积分电路如图 23-6 所示。在理想化条件下，输出电压 u_o 等于：

$$u_o(t) = -\frac{1}{R_1 C}\int_0^t u_i \mathrm{d}t + u_c(0)$$

式中 $u_c(0)$——$t=0$ 时电容 C 两端的电压值,即初始值。

如果 $u_i(t)$ 是幅值为 E 的阶跃电压,并设 $u_c(0)=0$,则

$$u_o(t) = -\frac{1}{R_1 C}\int_0^t E\mathrm{d}t = -\frac{E}{R_1 C}t$$

即输出电压 $u_o(t)$ 随时间增长而线性下降。显然 RC 的数值越大,达到给定的 U_o 值所需的时间就越长。积分输出电压所能达到的最大值受集成运放最大输出范围的限制。

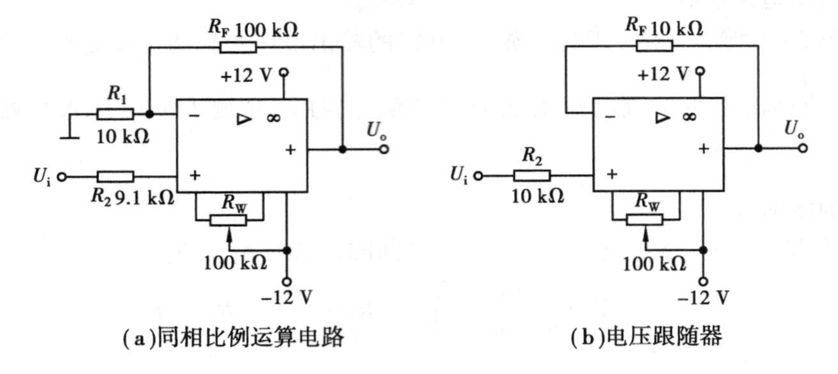

(a)同相比例运算电路　　(b)电压跟随器

图 23-4　同相比例运算电路

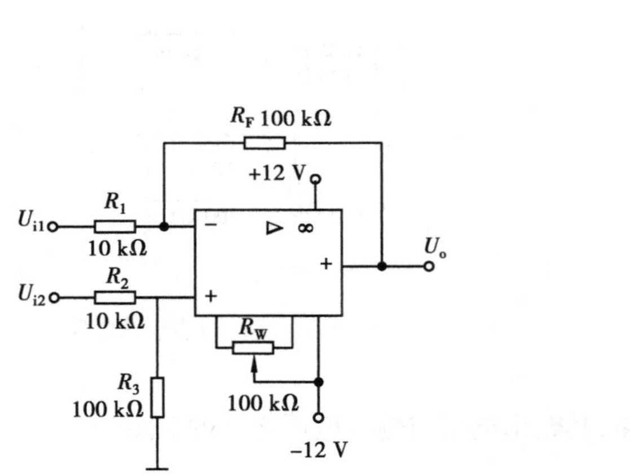

图 23-5　减法运算电路图

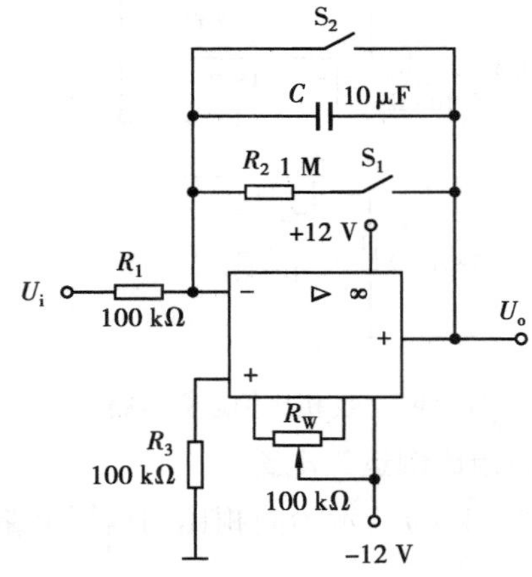

图 23-6　积分运算电路图

在进行积分运算之前,首先应对运放调零。为了便于调节,将图中 S_1 闭合,即通过电阻 R_2 的负反馈作用帮助实现调零。但在完成调零后,应将 S_1 打开,以免因 R_2 的接入造成积分误差。S_2 的设置一方面为积分电容放电提供通路,同时可实现积分电容初始电压 $u_C(0)=0$。另一方面,可控制积分起始点,即在加入信号 u_i 后,只要 S_2 一打开,电容器就将被恒流充电,电路开始进行积分运算。

【实验设备与器材】

①模拟电路实验箱
②函数信号发生器
③交流毫伏表
④万用表
⑤集成运算放大器

【实验内容与步骤】

实验前一定要看清运放各引脚的位置，切勿正、负电源极性接反和输出端短路，否则将会损坏集成块。

1. 反相比例运算电路

①按如图 23-2 所示连接实验电路，接通 ±12 V 电源，输入端对地短路，进行调零和消振。

②输入 $f=100$ Hz，$U_i=0.5$ V 的正弦交流信号，测量相应的 U_o，并用示波器观察 u_o 和 u_i 的相位关系，记入表 23-1。

表 23-1　反相比例运算电路测量数据

$U_i=0.5$ V，$f=100$ Hz

U_i/V	U_o/V	u_i波形	u_o波形	A_u	
				实测值	计算值
		u_i — t	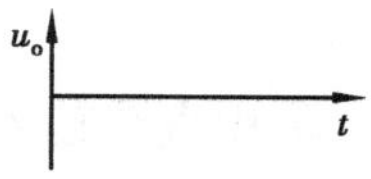 u_o — t		

2. 同相比例运算电路

①按如图 23-4(a)所示连接实验电路。实验步骤同内容 1，将结果记入表 23-2。

②将如图 23-4(a)中的 R_1 断开，得图 23-4(b)电路重复内容①。

表 23-2　同相比例运算电路测量数据表

$U_i=0.5$ V，$f=100$ Hz

U_i/V	U_o/V	u_i波形	u_o波形	A_u	
				实测值	计算值
		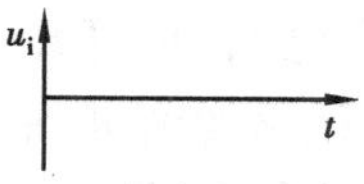 u_i — t	 u_o — t		

3. 反相加法运算电路

输入信号采用直流信号，图 23-7 所示电路为简易直流信号源，可利用实验箱提供的正、负

5 V 电源及可调电阻来制作。实验时要注意选择合适的直流信号幅度以确保集成运放工作在线性区。输入信号应该满足 $|U_{i2}-U_{i1}| \leq 1$ V，否则运算放大器进入正负饱和状态。用直流电压表测量几组输入电压 U_{i1}、U_{i2}及输出电压 U_o值，记入表 23-3。

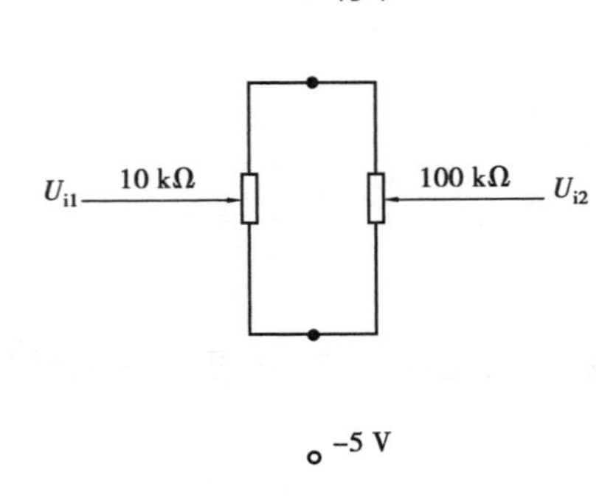

图 23-7　简易可调直流信号源

表 23-3　反相加法运算电路测量数据表

单位：V

U_{i1}			
U_{i2}			
U_o			

4. 减法运算电路

按图 23-5 连接实验电路。采用直流输入信号，输入信号应该满足 $|U_{i2}-U_{i1}| \leq 1$ V，实验步骤同内容 3，记入表 23-4。

表 23-4　减法运算电路测量数据表

U_{i1}/V			
U_{i2}/V			
U_o/V			

5. 积分运算电路

实验电路如图 23-6 所示。

①打开 S_2，闭合 S_1，对运放输出进行调零。调零完成后，再打开 S_1，闭合 S_2，使 $u_C(0)=0$。

②预先调好直流输入电压 $U_i=0.5$ V，接入实验电路，再打开 S_2，然后用直流电压表测量输出电压 U_o，每隔 5 s 读一次 U_o，记入表 23-5，直到 U_o 不继续明显增大为止。

表 23-5　积分运算电路测量数据表

t/s	0	5	10	15	20	25	30	…
U_o/V								

实验二十四　集成运算放大器的应用(二)——电压比较器

【实验目的】

(1)掌握电压比较器电压传输特性的测量方法。

(2)掌握电压比较器输入、输出电压波形及电压传输特性的影响。

【相关理论】

电压比较器是一种能进行电压幅度比较和幅度鉴别的电路,它将一个模拟量电压信号和一个参考电压相比较,在二者幅度相等的附近,输出电压将产生跃变,相应输出高电平或低电平。比较器可以组成非正弦波形变换电路及应用于模拟与数字信号转换等领域。

图24-1所示为一最简单的电压比较器,U_R 为参考电压,加在运放的同相输入端,输入电压 U_i 加在反相输入端。

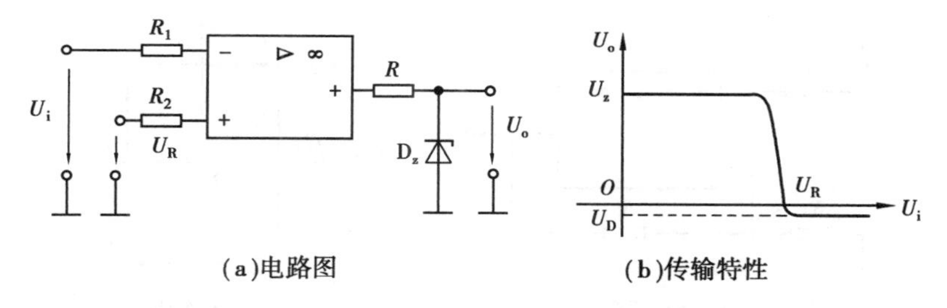

(a)电路图　　(b)传输特性

图24-1　电压比较器

当 $U_i < U_R$ 时,运放输出高电平,稳压管 D_z 反向稳压工作。输出端电位被其箝位在稳压管的稳定电压 U_Z,即 $U_o = U_Z$。

当 $U_i > U_R$ 时,运放输出低电平,D_Z 正向导通,输出电压等于稳压管的正向压降 U_D,即 $U_o = -U_D$。

因此,以 U_R 为界,当输入电压 u_i 变化时,输出端反映出两种状态,即高电位和低电位。

表示输出电压与输入电压之间关系的特性曲线,称为传输特性。图24-1(b)所示为图24-1(a)比较器的传输特性。

1.过零比较器

电路如图24-2(a)所示为加限幅电路的过零比较器,D_Z 为限幅稳压管。信号从运放的反相输入端输入,参考电压为零,同相端接地。当 $U_i > 0$ 时,输出 $U_o = -(U_Z + U_D)$,当 $U_i < 0$ 时,$U_o = +(U_Z + U_D)$。其电压传输特性如图24-2(b)所示。过零比较器结构简单,灵敏度高,但抗干扰能力差。

2.滞回比较器

图24-3所示为具有滞回特性的比较器。过零比较器或单门限比较器,如果输入电压在门限附近有微小的干扰,就会导致状态翻转使比较器输出电压不稳定而出现错误阶跃。为了克服这一缺点,采用滞回比较器。如图24-3所示,从输出端引一个电阻 R_f 分压正反馈支路到同

相输入端，当U_o为正（记作U_+）时，有

$$U_{\Sigma} = \frac{R_2}{R_f + R_2}U_+$$

则当$U_i > U_{\Sigma}$后，U_o即由正变负（记作U_-），此时U_{Σ}变为$-U_{\Sigma}$。故只有当U_i下降到$-U_{\Sigma}$以下，才能使U_o再度回升到U_+，于是出现图24-3(b)中所示的滞回特性。$-U_{\Sigma}$与U_{Σ}的差别称为回差。改变R_2的数值可以改变回差的大小。

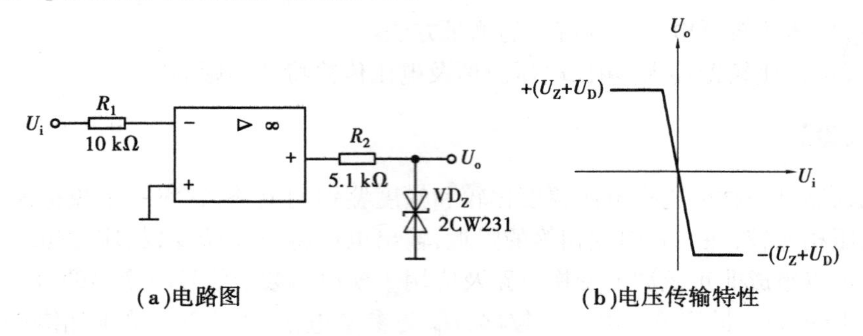

(a)电路图　　(b)电压传输特性

图 24-2　过零比较器

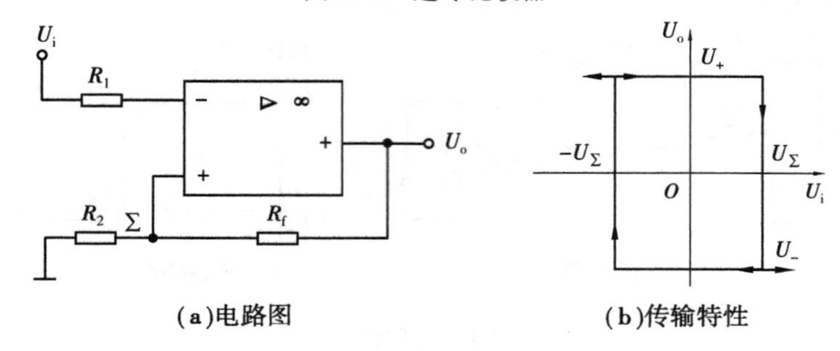

(a)电路图　　(b)传输特性

图 24-3　滞回比较器

【实验设备与器材】

①模拟电路实验箱。

②万用表。

③函数信号发生器。

④交流毫伏表。

⑤双踪示波器。

⑥运算放大器 μA741。

【实验内容与步骤】

1. 过零比较器

实验电路如图 24-2 所示，接通 ±12 V 电源，测量U_i悬空时的U_o值。在U_i处输入500 Hz、幅值为 2 V 的正弦信号，观察$U_i \to U_o$波形并记录。改变U_i幅值，测量传输特性曲线。

2. 反相滞回比较器

实验电路如图 24-4 所示，按图接线，U_i接 +5 V 可调直流电源，测出U_o由$+U_{o\max} \to$

$-U_{o\max}$时 U_i 的临界值。然后测出 U_o 由 $-U_{o\max} \to +U_{o\max}$时 U_i 的临界值。在 U_i处接500 Hz、峰-峰值为2 V的正弦信号，观察并记录 $U_i \to U_o$ 的波形。

3. 同相滞回比较器

实验线路如图24-5所示，实验步骤同步骤2，将结果与步骤2进行比较。

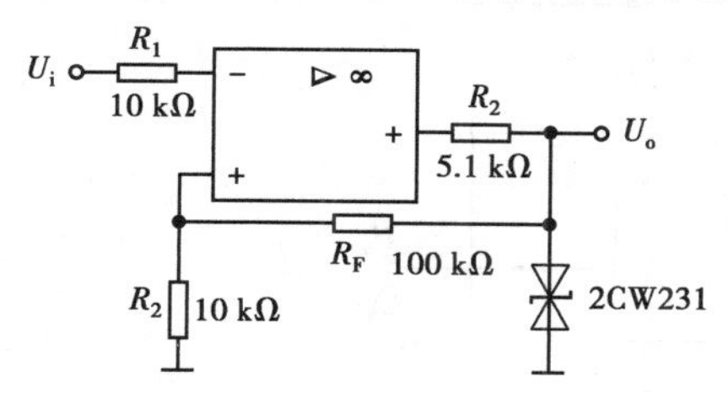

图24-4　反相滞回比较器

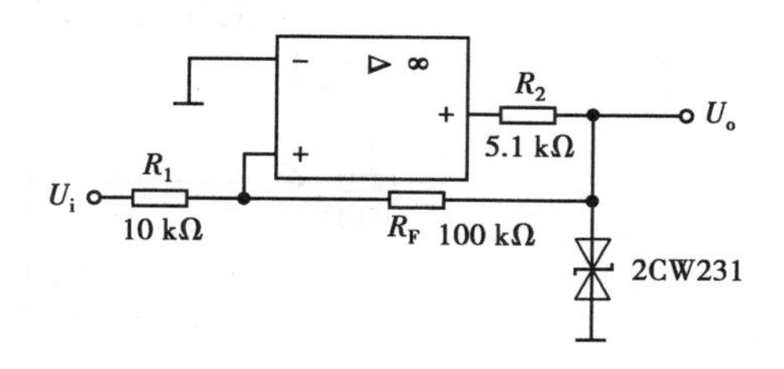

图24-5　同相滞回比较器

实验二十五　波形发生器

【实验目的】

（1）学习用集成运放构成正弦波、方波和三角波发生器。

（2）学习波形发生器的调整以及主要性能指标的测试方法。

【相关理论】

由集成运放构成的正弦波、方波和三角波发生器有多种形式，本实验选用最常用的，线路比较简单的几种电路加以分析。

1. RC 桥式正弦波振荡器（文氏电桥振荡器）

图25-1所示为RC桥式正弦波振荡器。其中RC串、并联电路构成正反馈支路，同时兼作选频网络，R_1、R_2、R_W 及二极管等元件构成负反馈和稳幅环节。调节电位器 R_W，可以改变负反馈深度，以满足振荡的振幅条件和改善波形。利用两个反向并联二极管 VD_1、VD_2 正向电阻的非线性特性来实现稳幅。VD_1、VD_2 采用硅管（温度稳定性好），且要求特性匹配，才能保证输出波形正、负半周对称。R_3 的接入是为了削弱二极管非线性的影响，以改善波形失真。电路的振荡频率

$$f_0 = \frac{1}{2\pi RC}$$

起振的幅值条件

$$\frac{R_f}{R_1} \geqslant 2$$

式中，$R_f = R_W + R_2 + (R_3 // R_D)$，$R_D$ 为二极管正向导通电阻。

调整反馈电阻 R_f（调 R_W），使电路起振，且波形失真最小。如不能起振，则说明负反馈太强，应适当加大 R_f。如波形失真严重，则应适当减小 R_f。

改变选频网络的参数 C 或 R,即可调节振荡频率。一般采用改变电容 C 作频率量程切换,而调节 R 作量程内的频率细调。

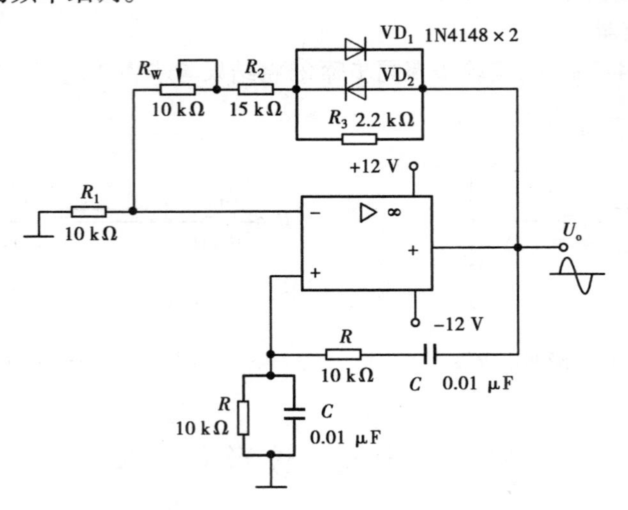

图 25-1　RC 桥式正弦波振荡器

2. 方波发生器

由集成运放构成的方波发生器和三角波发生器,一般均包括比较器和 RC 积分器两大部分。图 25-2 所示为由滞回比较器及简单 RC 积分电路组成的方波——三角波发生器。其特点是线路简单,但三角波的线性度较差。其主要用于产生方波,或对三角波要求不高的场合。

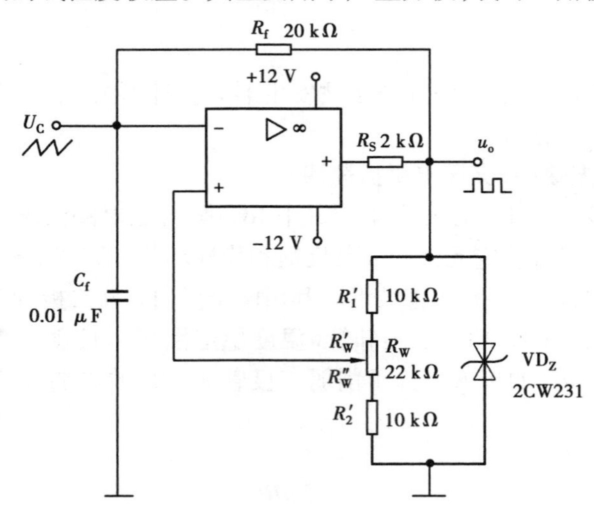

图 25-2　方波发生器

电路的振荡频率

$$f_0=\frac{1}{2R_fC_f\ln\left(1+\dfrac{2R_2}{R_1}\right)}$$

式中,$R_1=R_1'+R_W'$　　$R_2=R_2'+R_W''$

方波输出幅值

$$U_{om}=\pm U_Z$$

三角波输出幅值　　$U_{cm} = \frac{R_2}{R_1 + R_2} U_Z$

调节电位器 R_W（即改变 R_2/R_1）可以改变振荡频率，但三角波的幅值也随之变化。如要互不影响，则可通过改变 R_f（或 C_f）来实现振荡频率的调节。

3. 三角波和方波发生器

如把滞回比较器和积分器首尾相接形成正反馈闭环系统，如图 25-3 所示，则比较器 A_1 输出的方波经积分器 A_2 积分可得到三角波，三角波又触发比较器自动翻转形成方波，这样即可构成三角波、方波发生器。图 25-4 所示为方波、三角波发生器输出波形图。由于采用运放组成的积分电路，因此可实现恒流充电，使三角波线性大大改善。

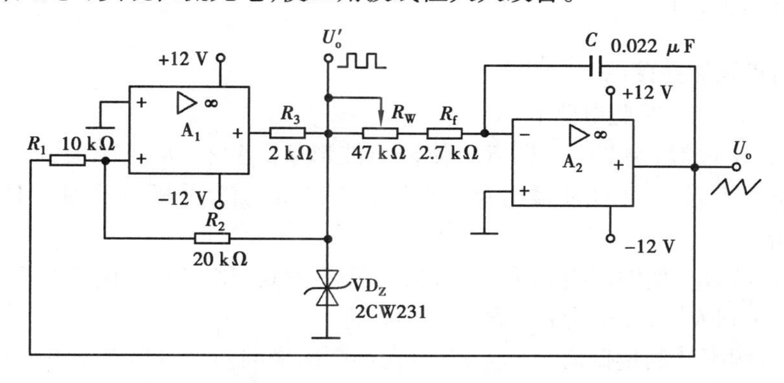

图 25-3　三角波、方波发生器

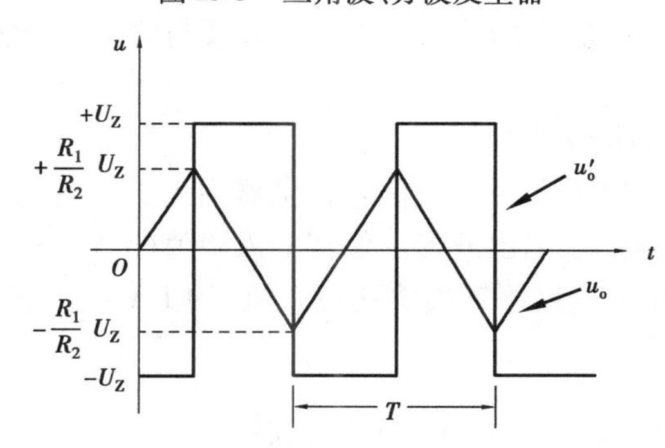

图 25-4　方波、三角波发生器输出波形图

电路的振荡频率　　$f_0 = \frac{R_2}{4R_1(R_f + R_W)C_f}$

方波幅值　　$U'_{om} = \pm U_Z$

三角波幅值　　$U_{om} = \frac{R_1}{R_2} U_Z$

调节 R_W 可改变振荡频率，改变比值 $\frac{R_1}{R_2}$ 可调节三角波的幅值。

【实验设备与器材】

① +12 V 直流电源
②双踪示波器
③交流毫伏表
④频率计
⑤集成运算放大器
⑥二极管和稳压器

【实验内容与步骤】

1. RC 桥式正弦波振荡器

按图 25-1 所示连接实验电路。

①接通 ±12 V 电源,调节电位器 R_W,使输出波形从无到有,从正弦波到出现失真。描绘 u_o 的波形,记下临界起振、正弦波输出及失真情况下的 R_W 值,分析负反馈强弱对起振条件及输出波形的影响。

②调节电位器 R_W,使输出电压 u_o 幅值最大且不失真,用交流毫伏表分别测量输出电压 U_o、反馈电压 $U+$ 和 $U-$,分析研究振荡的幅值条件。

用示波器或频率计测量振荡频率 f_0,然后在选频网络的两个电阻 R 上并联同一阻值电阻,观察记录振荡频率的变化情况,并与理论值进行比较。

断开二极管 VD_1、VD_2,重复②的内容,将测试结果与②进行比较,分析 VD_1、VD_2 的稳幅作用。

*5)RC 串并联网络幅频特性观察

将 RC 串并联网络与运放断开,由函数信号发生器注入 3 V 左右正弦信号,并用双踪示波器同时观察 RC 串并联网络输入、输出波形。保持输入幅值(3 V)不变,从低到高改变频率,当信号源达某一频率时,RC 串并联网络输出将达最大值(约 1 V),且输入、输出同相位。此时的信号源频率

$$f = f_0 = \frac{1}{2\pi RC}$$

2. 方波发生器

按图 25-2 所示连接实验电路。

①将电位器 R_W 调至中心位置,用双踪示波器观察并描绘方波 u_o 及三角波 u_c 的波形(注意对应关系),测量其幅值及频率,并记录。

②改变 R_W 动点的位置,观察 u_o、u_c 幅值及频率变化情况。将动点调至最上端和最下端,测出频率范围,并记录。

③将 R_W 恢复至中心位置,将一只稳压管短接,观察 u_o 波形,分析 VD_Z 的限幅作用。

3. 三角波和方波发生器

按图 25-3 所示连接实验电路。

①将电位器 R_W 调至合适位置,用双踪示波器观察并描绘三角波输出 u_o 及方波输出 u_o',测其幅值、频率及 R_W 值,并记录。

②改变 R_W 的位置，观察对 u_o、u'_o 幅值及频率的影响。

③改变 R_1（或 R_2），观察对 u_o、u'_o 幅值及频率的影响。

实验二十六　RC 正弦波振荡器

【实验目的】

（1）进一步学习 RC 正弦波振荡器的组成及其振荡条件。

（2）学会测量、调试振荡器。

【相关理论】

从结构上看，正弦波振荡器是没有输入信号的，带选频网络的正反馈放大器。若用 R、C 元件组成选频网络，就称为 RC 振荡器，一般用来产生 1 Hz ~ 1 MHz 的低频信号。

1. RC 移相振荡器

电路形式如图 26-1 所示，选择 $R \gg R_i$。

振荡频率为

$$f_0 = \frac{1}{2\pi\sqrt{6}RC}$$

起振条件：放大器的电压放大倍数 $|\dot{A}| > 29$。

电路特点：简便，但选频作用差，振幅不稳，频率调节不便，一般用于频率固定、稳定性要求不高的场合。

频率范围：几赫 ~ 数十千赫。

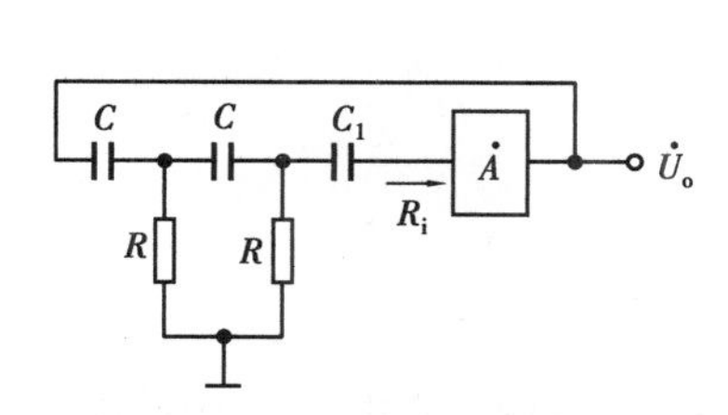

图 26-1　RC 移相振荡器原理图

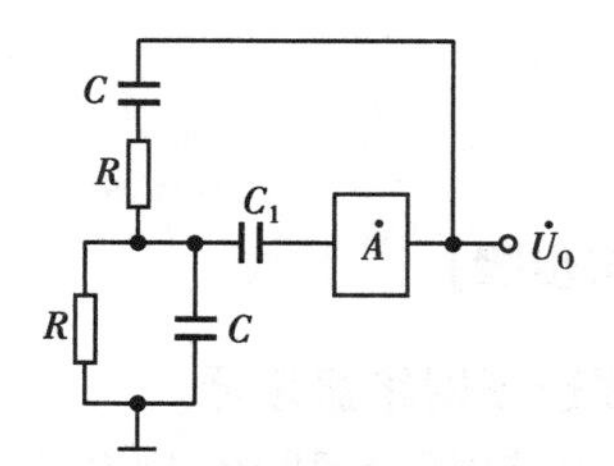

图 26-2　RC 串并联网络振荡器原理图

2. RC 串并联网络（文氏桥）振荡器

电路原理如图 26-2 所示。RC 串并联电路组成选频网络，放大电路为两级阻容耦合放大器，实验电路如图 26-3 所示。

振荡频率：

$$f_0 = \frac{1}{2\pi RC}$$

起振条件：$|\dot{A}| > 3$。

电路特点：可方便地连续改变振荡频率，便于加负反馈稳幅，容易得到良好的振荡波形。

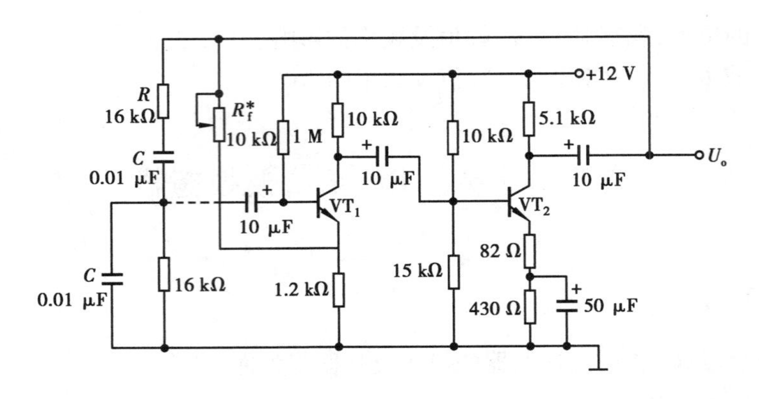

图 26-3　RC 串并联选频网络振荡器

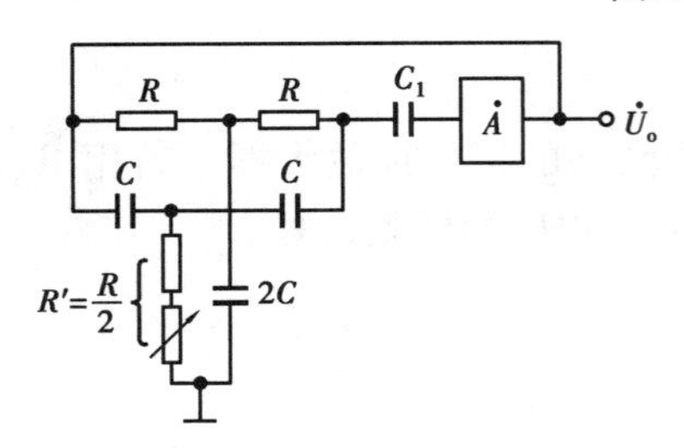

图 26-4　双 T 选频网络振荡器原理图

3. **双 T 选频网络振荡器**

电路形式如图 26-4 所示。

振荡频率为：

$$f_0 = \frac{1}{5RC}$$

起振条件：

$$R' < \frac{R}{2} \qquad |\dot{A}\dot{F}| > 1$$

电路特点：选频特性好，调频困难，适于产生单一频率的振荡。

【实验设备与器材】

①模拟电路实验箱。
②函数信号发生器。
③双踪示波器。
④万用表。
⑤频率计。

【实验内容与步骤】

1. **RC 串并联选频网络振荡器**

①按图 26-3 组接电路断开 RC 串并联网络，接通 +12 V 电源，用函数信号发生器在放大器第一级输入一个 1 kHz、10 mV 的正弦信号。用示波器观察输出端波形，调节 R_f 使输出电压放大倍数为 3.1 倍左右，且输出波形不失真。选择这个放大倍数既满足串并联网络振荡器的起振条件 $|\dot{A}|>3$，又能在低电压放大倍数下确保振荡器起振后的信号经过放大器之后波形不失真。

②撤去函数信号发生器，接通 RC 串并联网络。用示波器观察输出波形，若无波形显示或波形失真，则微调 R_f 至波形正常，用频率计测量振荡频率 f_0。

③改变 R 或 C 值，测量振荡频率变化值。在串并联网络的两个电阻器 R 上分别并联阻值相同的电阻器，测量振荡频率 f_0；在串并联网络的两个电容器 C 上分别并联两个相同的电容器，测量振荡频率 f_0，并与 $f_0=\frac{1}{2\pi RC}$ 的计算值对比。

2. 双 T 选频网络振荡器

①按图 26-5 接线路。

②断开双 T 网络，调试晶体管 VT_1 静态工作点，使 U_{C1} 为 6 ~7 V。

③接入双 T 网络，用示波器观察输出波形。若不起振，调节 R_{W1}，使电路起振。

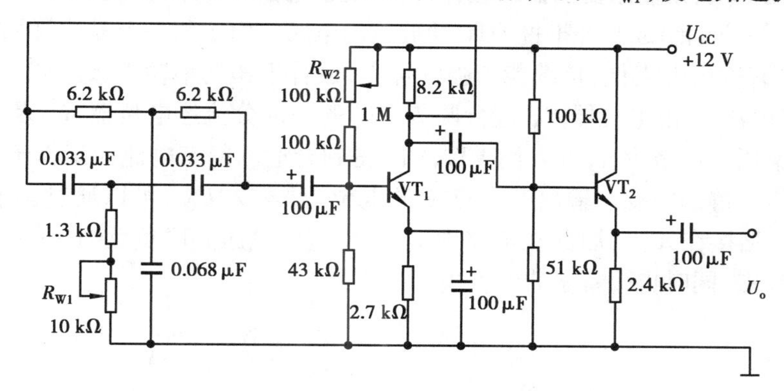

图 26-5　双 T 网络 RC 正弦波振荡器

3. RC 移相式振荡器的组装与调试

①按图 26-6 所示连接线路。

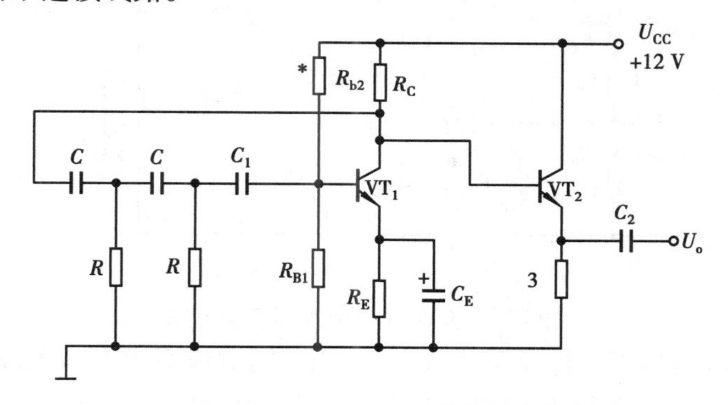

图 26-6　RC 移相式振荡器

②断开 RC 移相电路，调整放大器的静态工作点，测量放大器电压放大倍数。

③接通 RC 移相电路，调节 R_{B2} 使电路起振，并使输出波形幅度最大，用示波器观测输出电压 U_o 波形，同时用频率计和示波器测量振荡频率，并与理论值比较。

实验二十七　OTL 低频功率放大器

【实验目的】

(1)学习 OTL 功率放大器的工作原理与静态工作点的调试方法。

(2)学会 OTL 电路的调试及主要性能指标的测试方法。

【相关理论】

图 27-1 所示为 OTL 低频功率放大器。其中由晶体管 VT_1 为前置放大级,是放大器的推动级。末级采用无输入、无输出变压器的互补对称推挽电路。VT_2、VT_3 是一对参数对称的 NPN 和 PNP 型晶体管,它们组成互补推挽 OTL 功放输出电路。由于每一个晶体管都接成射极输出器形式,因此具有输出电阻低,负载能力强等优点,适合于作功率输出级。VT_1 工作于甲类状态,它的集电极电流 I_{C1} 由电位器 R_{W1} 进行调节。I_{C1} 的一部分流经电位器 R_{W2} 及二极管 VD,给 VT_2、VT_3 提供偏压。调节 R_{W2},可以使 VT_2、VT_3 得到合适的静态电流而工作于甲、乙类状态,以克服交越失真。静态时要求输出端中点 A 的电位 $U_A = 1/2U_{CC}$,可以通过调节 R_{W1} 来实现,又由于 R_{W1} 的一端接在 A 点,因此在电路中引入交、直流电压并联负反馈,一方面能够稳定放大器的静态工作点,同时也改善了非线性失真。

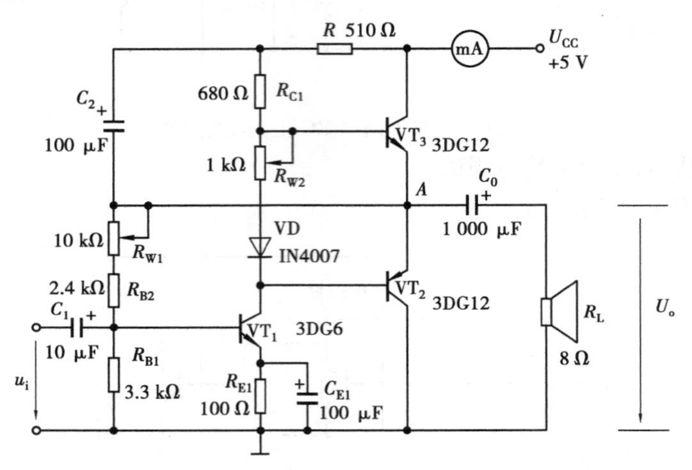

图 27-1　OTL 功率放大器实验电路

当输入正弦交流信号 U_i 时,经 VT_1 放大、倒相后同时作用于 VT_2、VT_3 的基极,U_i 的负半周使 VT_2 导通(VT_3 截止),有电流通过负载 R_L,同时向电容器 C_o 充电,在 U_i 的正半周,VT_3 导通(VT_2 截止),则已充好电的 C_0 起着电源的作用,通过负载 R_L 放电,这样在 R_L 上就得到完整的正弦波。C_2 和 R 构成自举电路,用于提高输出电压正半周的幅度,以得到大的动态范围,OTL 电路的主要性能指标。

1. 最大不失真输出功率 P_{om}

理想情况下,$P_{om} = \frac{1}{8}\frac{U_{CC}^2}{R_L}$;在实验中,可通过测量 R_L 两端的电压有效值来求得实际的 P_{om}:

$$P_{om} = \frac{U_o^2}{R_L}$$

2. 效率

$$\eta = \frac{P_{om}}{P_E}100\%$$

式中　P_E——直流电源供给的平均功率。

在理想情况下,$\eta_{max} = 78.5\%$。在实验中,可测量电源供给的平均电流 I_{dC},从而求得 $P_E =$

$U_{CC} \cdot I_{dC}$，负载上的交流功率已用上述方法求出，因而也就可以计算实际效率了。

【实验设备与器材】

① +5 V 直流电源。
②万用电表。
③函数信号发生器。
④双踪示波器。
⑤8 Ω 扬声器、电阻器、电容器若干。

【实验内容与步骤】

1. 测量静态工作点

按图 27-1 所示连接实验电路，接通 +5 V 电源，R_{W2} 置最小值，调整 R_{W1} 大致在中间位置。与此同时用手触摸输出级管，若管子温升明显，应立即断开电源检查原因。若无异常可继续调整 R_{W1}。使 A 点电压 $U_A = 1/2U_{CC}$，即 2.5 V 左右。将函数信号发生器产生的 $f = 1$ kHz，$U_i = 0$ 的正弦信号接到放大器输入端，用示波器观察波形，并逐步加大输入端电压至输出波形出现交越失真。调节 R_{W2} 至交越失真刚好消失为止。然后将输入电压调为 0，重新测量 A 点电压，若偏离 $1/2U_{CC}$ 值，则重新调整。测量各级静态工作点，记入表 27-1。

表 27-1　各级静态工作点数据

$U_A = 2.5$ V　　单位：V

测量参数	VT_1	VT_2	VT_3
U_B			
U_C			
U_E			

2. 测量最大输出功率 P_{om} 和效率 η

将万用表打到直流电流挡串入电源进线处。逐渐增大输入信号，用示波器观察输出电压 U_o 波形，当输出电压达到最大不失真输出时，用交流毫伏表测出负载 R_L 上的电压 U_{om}，则最大输出功率 P_{om} 为 $P_{om} = U_{om}^2/R_L$。读出万用表中的电流值，此电流即为直流电源供给的平均电流 I_{dC}（有一定误差），由此可近似求得 $P_E = U_{CC}I_{dc}$，再根据前面测得的 P_{om}，即可求出 $\eta = P_{om}/P_E$。

3. 频率响应的测试

测试方法同模拟电路部分实验十八，并记入表 27-2。

表 27-2　频率响应测试数据表

$U_i =$ ______ mV

测量参数					f_L	f_0		f_H			
f/Hz						1 000					
U_o/V											
A_u											

在测试时，为保证电路的安全，应在较低电压下进行，通常取输入信号为输入灵敏度的50%。在整个测试过程中，应保持 U_i 为恒定值，且输出波形不得失真。

4. 研究自举电路的作用

①测量有自举电路，且 $P_o = P_{o\max}$ 时的电压增益 $A_u = U_{om}/U_i$。

②将 C_2 开路，R 短路（无自举），再测量 $P_o = P_{o\max}$ 的 A_u。

用示波器观察①、②两种情况下的输出电压波形，并将以上两项测量结果进行比较，分析研究自举电路的作用。

实验二十八　集成功率放大器

【实验目的】

（1）了解功率放大集成块的应用。

（2）学习集成功率放大器基本技术指标的测试。

【相关理论】

集成功率放大器由集成功放块和一些外部阻容元件构成。它具有线路简单、性能优越、工作可靠、调试方便等优点，已经成为在音频领域中应用十分广泛的功率放大器。

电路中最主要的组件为集成功放块，它的内部电路与一般分立元件功率放大器不同，通常包括前置级、推动级和功率级等几部分。有些还具有一些特殊功能（消除噪声、短路保护等）的电路。其电压增益较高（不加负反馈时，电压增益为 70 ~ 80 dB，加典型负反馈时电压增益在 40 dB 以上）。

集成功放块的种类很多。本实验采用的集成功放块型号为 LA4112，其内部电路如图 28-1 所示，由三级电压放大，一级功率放大以及偏置、恒流、反馈、退耦电路组成。

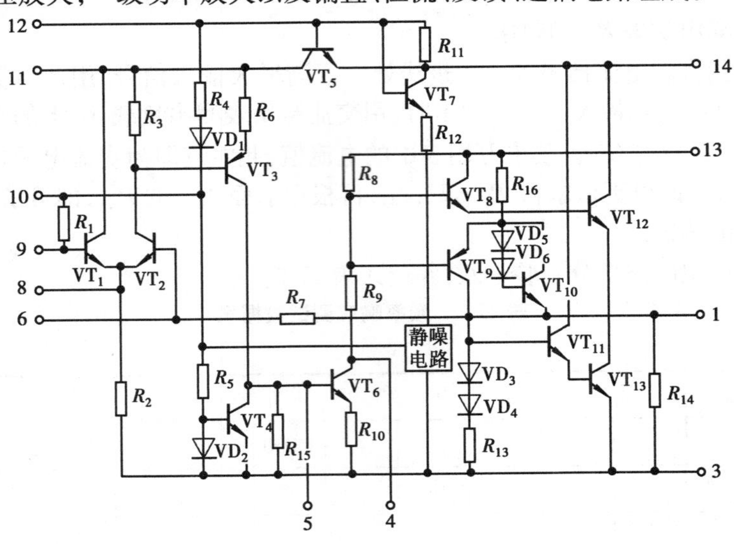

图 28-1　LA4112 内部电路图

1. **电压放大级**

第一级选用由 VT_1 和 VT_2 组成的差动放大器，这种直接耦合的放大器零漂较小，第二级的 VT_3 完成直接耦合电路中的电平移动，VT_4 是 VT_3 的恒流源负载，以获得较大的增益；第三级由 VT_6 等组成，此级增益最高，为防止出现自激振荡，需在该管的 B、C 极之间外接消振电容。

2. **功率放大级**

由 VT_8—VT_{13} 等组成复合互补推挽电路。为提高输出级增益和正向输出幅度，需外接“自举”电容。

3. **偏置电路**

为建立各级合适的静态工作点而设立。

除上述主要部分外，为了使电路工作正常，还需要和外部元件一起构成反馈电路以稳定和控制增益。同时，还设有退耦电路以消除各级间的不良影响。

LA4112 集成功放块是一种塑料封装十四脚的双列直插器件。它的外形如图 28-2 所示。表 28-1、表 28-2 是其极限参数和电参数。

与 LA4112 集成功放块技术指标相同的国内外产品还有 FD403、FY4112、D4112 等，可以互相替代使用。

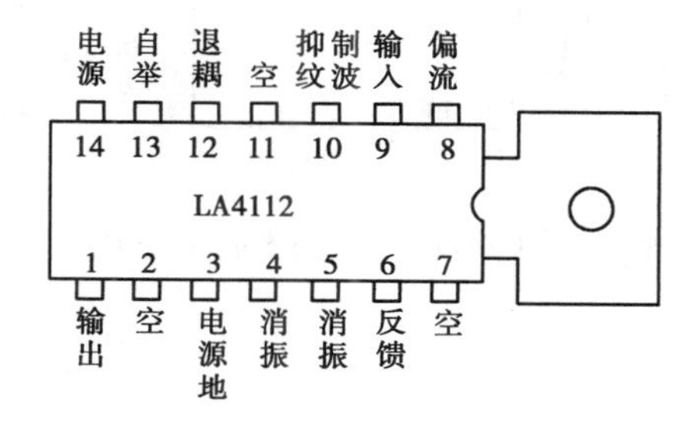

图 28-2　LA4112 外形及管脚排列图

表 28-1

参　数	符号与单位	额定值
最大电源电压	U_{CCmax}/V	13（有信号时）
允许功耗	P_o/W	1.2
		2.25（50 mm×50 mm 铜箔散热片）
工作温度	T_{opr}/℃	−20 ~ +70

表 28-2

参　数	符号与单位	测试条件	典型值
工作电压	U_{CC}/V		9
静态电流	I_{CCQ}/mA	$U_{CC}=9$ V	15
开环电压增益	A_{VO}/dB		70
输出功率	P_o/W	$R_L=4\ \Omega$　$f=1$ kHz	1.7
输入阻抗	R_i/kΩ		20

集成功率放大器 LA4112 的应用电路如图 28-3 所示，该电路中各电容和电阻的作用简要说明如下：

C_1、C_9——输入、输出耦合电容，隔直作用。

C_2 和 R_f——反馈元件，决定电路的闭环增益。

C_3、C_4、C_8——滤波、退耦电容。

C_5、C_6、C_{10}——消振电容，消除寄生振荡。

C_7——自举电容，若无此电容，将出现输出波形半边被削波的现象。

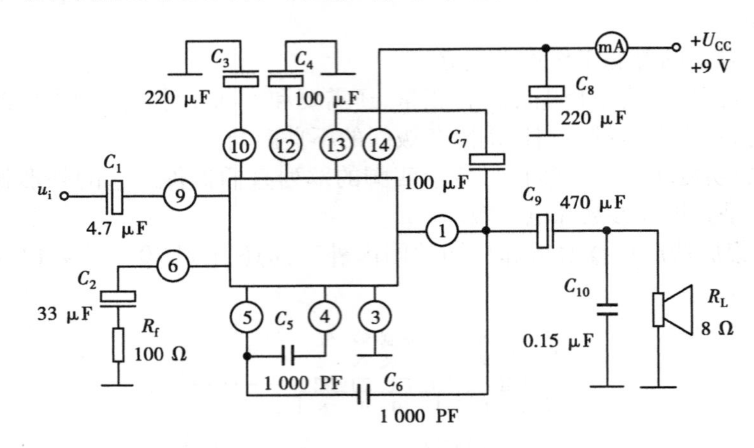

图 28-3　由 LA4112 构成的集成功放实验电路

【实验设备与器材】

①+9 V 直流电源

②函数信号发生器

③双踪示波器

④交流毫伏表

⑤直流电压表

⑥电流毫安表

⑦频率计

⑧集成功放 LA4112

【实验内容与步骤】

按图 28-3 连接实验电路，输入端接函数信号发生器，输出端接扬声器。

1. 静态测试

将输入信号旋钮旋至零，接通 +9 V 直流电源，测量静态总电流及集成块各引脚对地电压，记入自拟表格中。

2. 动态测试

(1)接入自举电容 C_7。

输入端接 1 kHz 正弦信号，输出端用示波器观察输出电压波形，逐渐加大输入信号幅度，使输出电压为最大不失真输出，用交流毫伏表测量此时的输出电压 U_{om}，则最大输出功率

$$P_{om}=\frac{U_{om}^2}{R_L}$$

(2)断开自举电容 C_7。

观察输出电压波形变化情况。

(3)输入灵敏度。

要求 $U_i<100$ mV,测试方法同实验二十七。

(4)频率响应。

测试方法同实验二十七。

(5)噪声电压。

要求 $U_N<2.5$ mV,测试方法同实验二十七。

实验二十九　集成稳压器

【实验目的】

(1)研究集成稳压器的特点和性能指标的测试方法。

(2)了解集成稳压器扩展性能的方法。

【相关理论】

随着半导体工艺的发展,稳压电路也制成了集成器件。由于集成稳压器具有体积小、外接线路简单、使用方便、工作可靠和通用性等优点,因此在各种电子设备中应用十分普遍,基本取代了由分立元件构成的稳压电路。集成稳压器的种类很多,应根据设备对直流电源的要求来进行选择。对于大多数电子仪器、设备和电子电路来说,通常是选用串联线性集成稳压器。而在这种类型的器件中,又以三端式稳压器应用最为广泛。

W7800、W7900 系列三端式集成稳压器的输出电压是固定的,在使用中不能进行调整。W7800 系列三端式稳压器输出正极性电压,一般有 5 V、6 V、9 V、12 V、15 V、18 V、24 V7 个档次,输出电流最大可达 1.5 A(加散热片)。同类型 78 M 系列稳压器的输出电流为 0.5 A,78 L 系列稳压器的输出电流为 0.1 A。若要求负极性输出电压,则可选用 W7900 系列稳压器。

图 29-1 所示为 W7800 系列的外形和接线图。

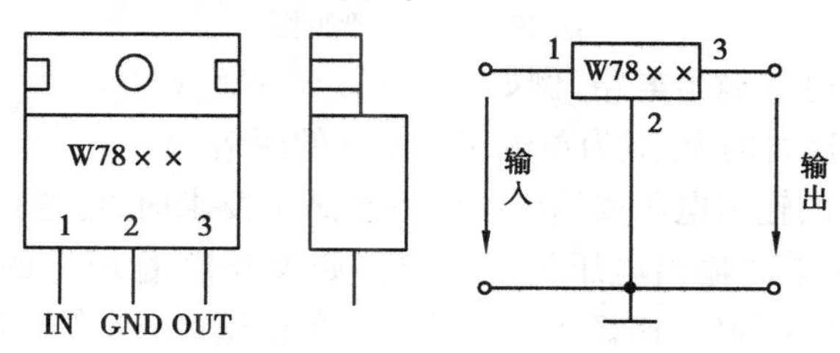

图 29-1　W7800 系列外形及接线图

它有 3 个引出端

①输入端(不稳定电压输入端)　　标以“1”

②输出端(稳定电压输出端)　　标以“3”

③公共端　　标以“2”

除固定输出三端稳压器外,尚有可调式三端稳压器,后者可通过外接元件对输出电压进行调整,以适应不同的需要。

本实验所用集成稳压器为三端固定正稳压器 W7812,其主要参数有:输出直流电压 $U_o = +12$ V,输出电流 L:0. 1 A,M:0. 5 A,电压调整率为 10 mV/V,输出电阻 $R_o = 0.15\ \Omega$,输入电压 U_i 的范围 15 ~17 V。因为一般 U_i 要比 U_o 大 3 ~5 V,才能保证集成稳压器工作在线性区。

图 29-2 是用三端式稳压器 W7812 构成的单电源电压输出串联型稳压电源的实验电路图。其中整流部分采用了由 4 个二极管组成的桥式整流器成品(又称桥堆),型号为 2W06(或 KBP306),内部接线和外部管脚引线如图 29-3 所示。滤波电容 C_1、C_2 一般选取几百 ~ 几千微法。当稳压器距离整流滤波电路比较远时,在输入端必须接入电容器 C_3(数值为 0. 33 μF),以抵消线路的电感效应,防止产生自激振荡。输出端电容 C_4(0. 1 μF)用以滤除输出端的高频信号,改善电路的暂态响应。

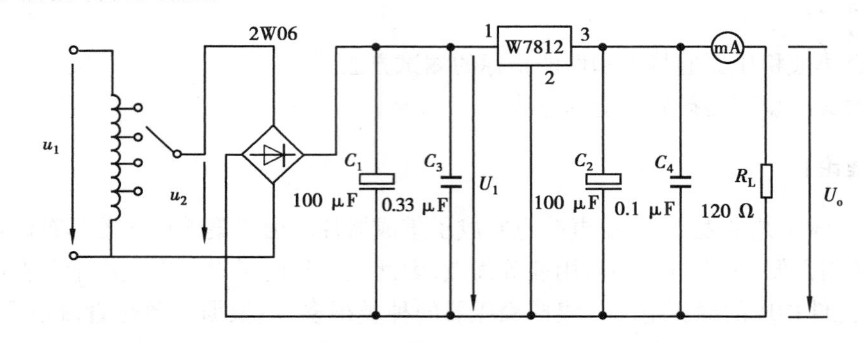

图 29-2　由 W7815 构成的串联型稳压电源

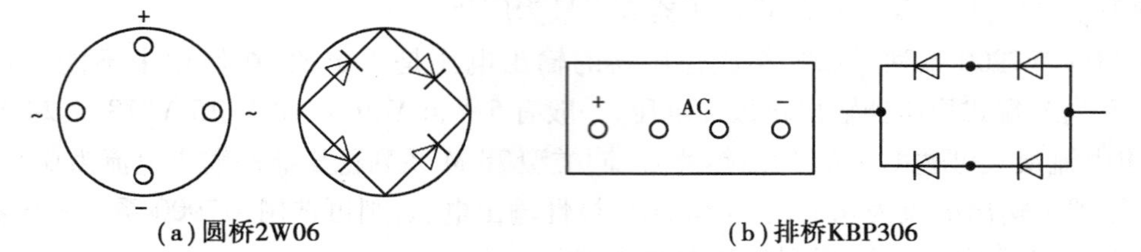

(a) 圆桥2W06　　(b) 排桥KBP306

图 29-3　桥堆管脚图

图 29-4 为正、负双电压输出电路,例如需要 $U_{01} = +15$ V,$U_{02} = -15$ V,则可选用 W7815 和 W7915 三端稳压器,这时的 U_i 应为单电压输出时的两倍。

当集成稳压器本身的输出电压或输出电流不能满足要求时,可通过外接电路来进行性能扩展。图 29-5 是一种简单的输出电压扩展电路。如 W7812 稳压器的 3、2 端间输出电压为 12 V,因此只要适当选择 R 的值,使稳压管 D_W 工作在稳压区,则输出电压 $U_o = 12 + U_z$,可以高于稳压器本身的输出电压。

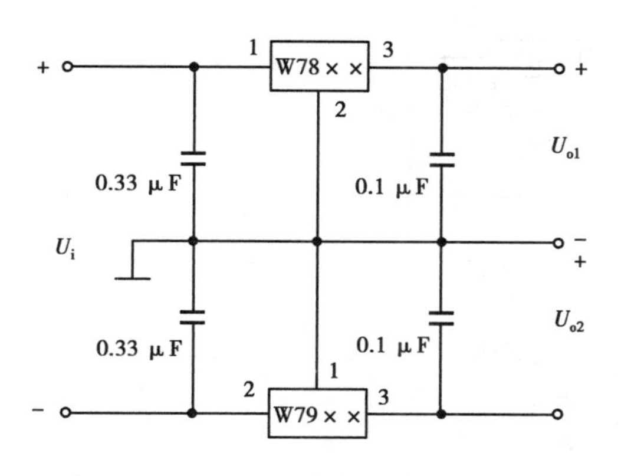

图29-4　正、负双电压输出电路

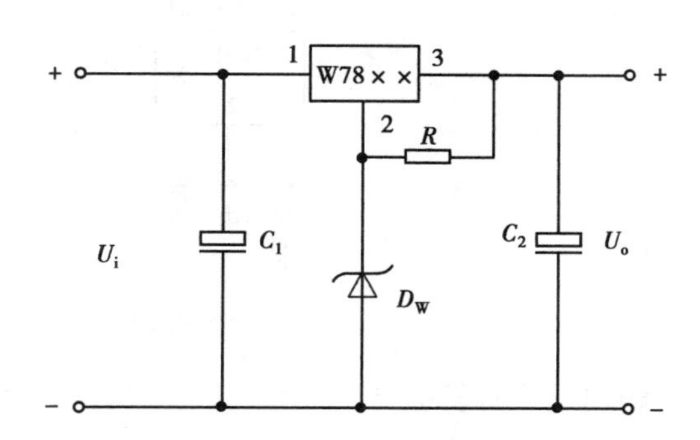

图29-5　输出电压扩展电路

图29-6所示为通过外接晶体管VT及电阻R_1来进行电流扩展的电路。电阻R_1的阻值由外接晶体管的发射结导通电压U_{BE}、三端式稳压器的输入电流I_i(近似等于三端稳压器的输出电流I_{o1})和VT的基极电流I_B决定,即

$$R_1=\frac{U_{BE}}{I_R}=\frac{U_{BE}}{I_i-I_B}=\frac{U_{BE}}{I_{o1}-\frac{I_C}{\beta}}$$

式中,I_C为晶体管VT的集电极电流,它应等于$I_C=I_o-I_{o1}$;β为VT的电流放大系数;对于锗管U_{BE}可按0.3 V估算,对于硅管U_{BE}按0.7 V估算。

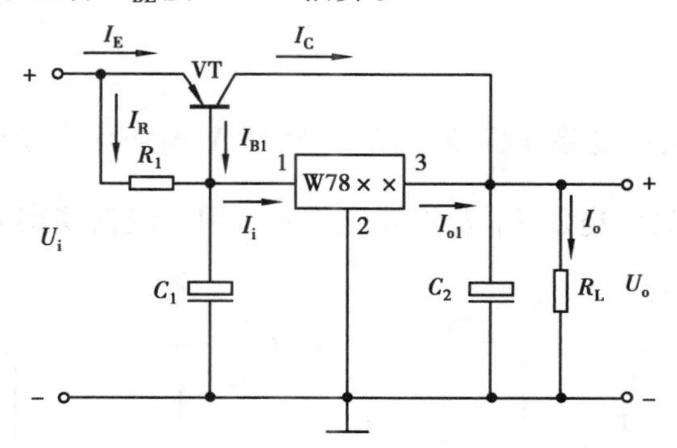

图29-6　输出电流扩展电路

附:①图29-7所示为W7900系列(输出负电压)外形及接线图。

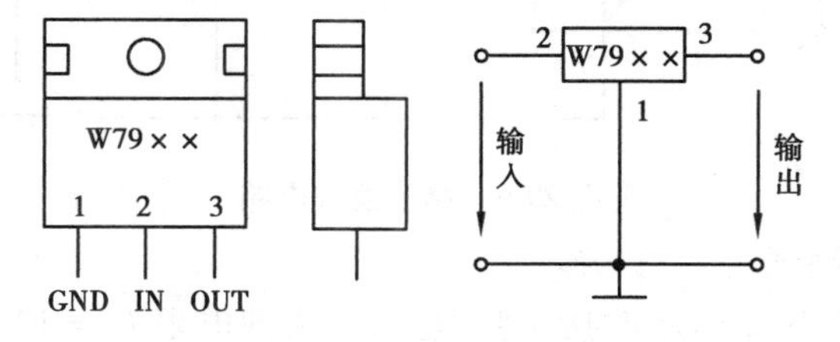

图29-7　W7900系列外形及接线图

②图29-8所示为可调输出正三端稳压器W317外形及接线图。

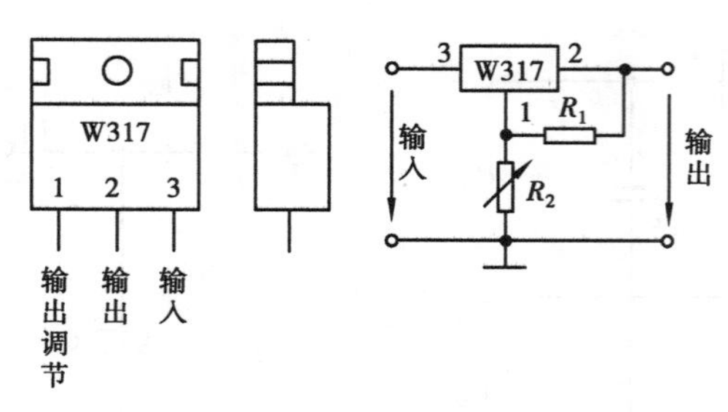

图 29-8　W317 外形及接线图

输出电压计算公式	$U_o \approx 1.25\left(1+\frac{R_2}{R_1}\right)$
最大输入电压	$U_{Im}=40$ V
输出电压范围	$U_o=1.2 \sim 37$

【实验设备与器材】

1. 可调工频电源　　2. 双踪示波器
3. 交流毫伏表　　4. 直流电压表
5. 直流毫安表　　6. 三端稳压器 W7812、W7815、W7915
7. 桥堆 2W06(或 KBP306)　　8. 电阻器、电容器若干

【实验内容与步骤】

1. 整流滤波电路测试

按图 29-9 所示连接实验电路,取可调工频电源 14 V 电压作为整流电路输入电压 u_2。接通工频电源,测量输出端直流电压 U_L 及纹波电压 $\tilde{U}_L$,用示波器观察 u_2,u_L 的波形,把数据及波形记入自拟表格中。

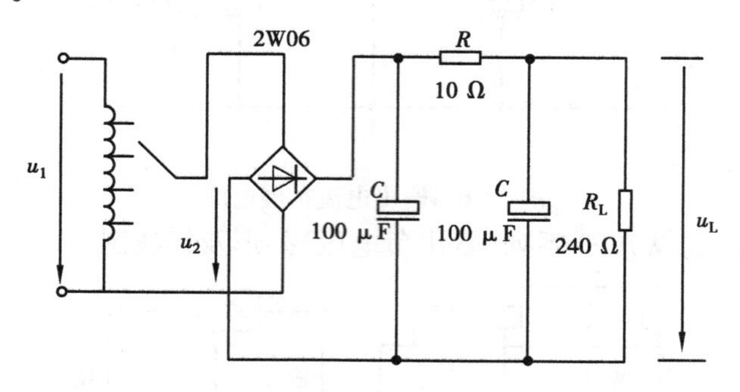

图 29-9　整流滤波电路

2. 集成稳压器性能测试

断开工频电源,按图 29-2 所示改接实验电路,取负载电阻 $R_L=120$ Ω。

1)初测。

接通工频 14 V 电源,测量 U_2 值;测量滤波电路输出电压 U_1(稳压器输入电压),集成稳压器输出电压 U_o,它们的数值应与理论值大致符合,否则即为电路出了故障。设法查找故障并加以排除。

电路经初测进入正常工作状态后，才能进行各项指标的测试。

2）各项性能指标测试。

①输出电压 U_o 和最大输出电流 I_{omix} 的测量。

在输出端接负载电阻 $R_L = 120\ \Omega$，由于 7812 输出电压 $U_o = 12\ V$，因此流过 R_L 的电流 $I_{omix} = \frac{12}{120} = 100\ mA$。这时 U_o 应基本保持不变，若变化较大则说明集成块性能不良。

②稳压系数 S 的测量。

③输出电阻 R_o 的测量。

④输出纹波电压的测量。

*3）集成稳压器性能扩展。

根据实验器材，选取图 29-4、图 29-5 或图 29-8 中各元器件，并自拟测试方法与表格，记录实验结果。

第3部分 数字电路实验

实验三十 组合逻辑电路的设计与测试

【实验目的】

(1)熟悉 CC4012 等常用集成门电路的引脚排列。
(2)验证 CC4012 等常用集成门电路的逻辑功能。
(3)掌握组合逻辑电路的设计与测试方法。

【相关理论】

1. 组合逻辑电路设计举例

用“与非”门设计一个表决电路。当 4 个输入端中有 3 个或 4 个为“1”时,输出端才为“1”。设计步骤:根据题意列出真值表见表 30-1,再填入卡诺图表 30-2 中。

表 30-1 真值表

A	0	0	0	0	0	0	0	0	1	1	1	1	1	1	1	1
B	0	0	0	0	1	1	1	1	0	0	0	0	1	1	1	1
C	0	0	1	1	0	0	1	1	0	0	1	1	0	0	1	1
D	0	1	0	1	0	1	0	1	0	1	0	1	0	1	0	1
Z	0	0	0	0	0	0	0	1	0	0	0	1	0	1	1	1

由卡诺图化简后得出逻辑表达式，并化成“与非”的形式：

$$Z = ABC + BCD + ACD + ABD$$
$$= \overline{\overline{ABC} \cdot \overline{BCD} \cdot \overline{ACD} \cdot \overline{ABD}}$$

根据逻辑表达式画出用“与非门”构成的逻辑电路如图 30-1 所示。

表 30-2

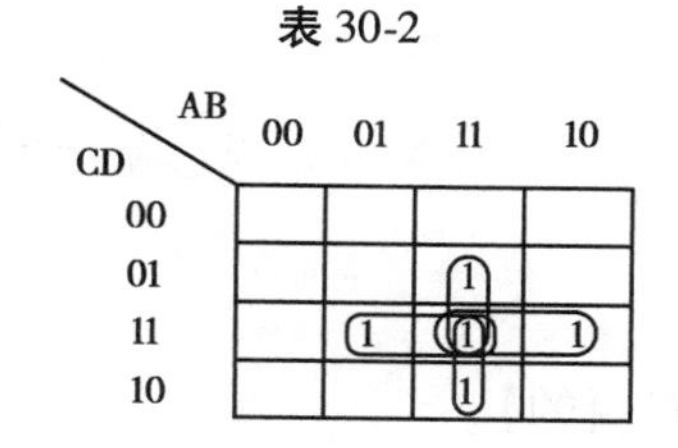

CD \ AB	00	01	11	10
00				
01			1	
11		1	1	1
10			1	

2. 用实验验证逻辑功能

在实验装置适当位置选定 3 个 14P 插座，按照集成块定位标记插好集成块 CC4012（图 30-2）。

按图 30-1 接线，输入端 A、B、C、D 接至逻辑开关输出插口，输出端 Z 接逻辑电平显示输入插口，按自拟的真值表，逐次改变输入变量，测量相应的输出值，验证逻辑功能，与表 30-1 进行比较，验证所设计的逻辑电路是否符合要求。

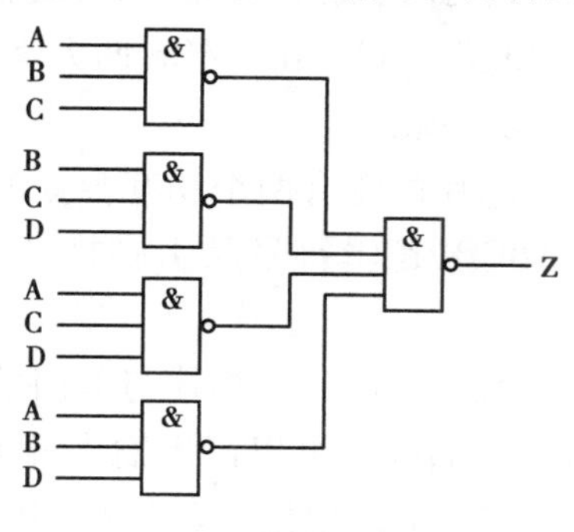

图 30-1　表决器电路逻辑图

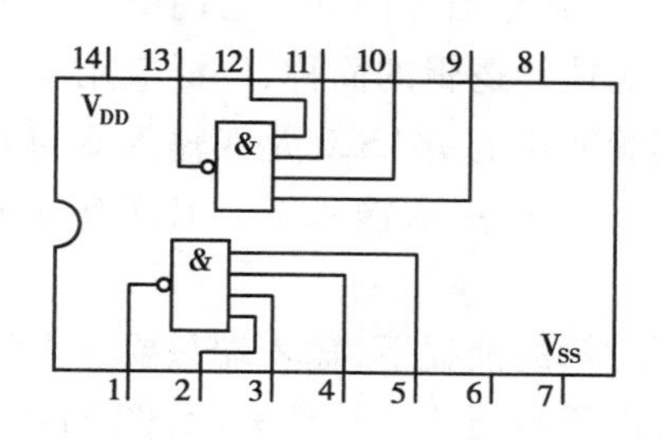

图 30-2　CC4012 的引脚排列

【实验设备与器材】

①+5 V 直流电源。

②逻辑电平开关。

③逻辑电平显示器。

④直流数字电压表。

⑤集成块 CC4011 ×2（74LS00），CC4012 ×3（74LS20），CC4030（74LS86），CC4081（74LS08），74LS54 ×2（CC4085），CC4001（74LS02）。

【实验内容与步骤】

①用 74LS00、74LS20 设计 3 人表决器电路。逻辑功能要求：少数服从多数的原则，表决通过 LED 指示灯亮。

②设计一个对两个两位无符号的二进制数进行比较的电路；根据第一个数是否大于、等于、小于第二个数，使相应的 3 个输出端中的一个输出为“1”，要求用与门、与非门及或非门实现。

实验三十一 TTL 集成门电路

【实验目的】

(1)掌握 TTL 集成与非门的逻辑功能和性能特点。

(2)能正确使用各种集成门电路。

(3)进一步熟悉实验箱结构、基本功能和使用方法。

【相关理论】

门电路是组成数字电路的最基本的单元,包括与非门、与门、或门、或非门、与或非门、异或门、集成电极开路与非门和三态门等。最常用的集成门电路有 TTL 和 CMOS 两大类。TTL 为晶体管—晶体管逻辑的简称,广泛应用于中小规模电路,功耗较大。

本实验所用的 74LS20 是四输入双与非门,即在一块芯片内含有两个相互独立的与非门,每个与非门含有 4 个输入端。其逻辑表达式为 Y = ABCD,逻辑符号及引脚排列如图 31-1 所示。

在正逻辑的前提下,输入端只要一个为低电平,输出就为高电平。描述与非门的输入、输出关系可以用电压传输特性表示,图 31-2 从电压传输特性曲线上可以读出输出高电平 U_{OH},输出低电平 U_{OL},开门电平 U_{ON},关门电平 U_{OFF} 等参数。实际的门电路 U_{OH} 和 U_{OL} 并不是恒定值,由于产品的分散性,每个门之间都有差异。在 TTL 电路中,常常规定高电平的标准值为 3 V,低电平的标准值为 0.2 V。从 0 V 到 0.8 V 都可作为低电平,从 2 V 到 5 V 都可作为高电平,超出了这一范围是不允许的,因为这不仅会破坏电路的逻辑关系,而且还可能造成器件性能下降甚至损坏。

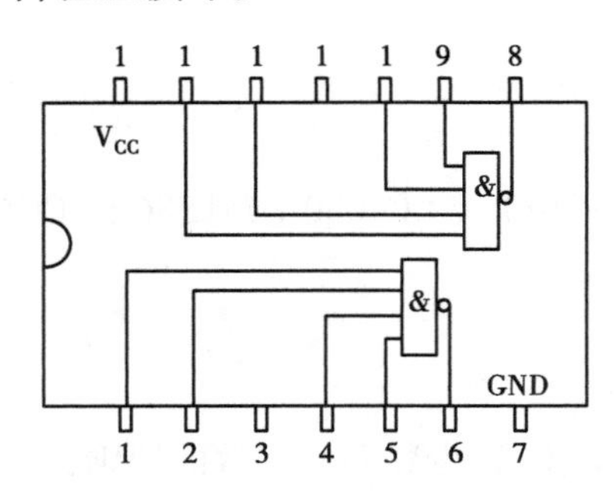

图 31-1 74LS20 管脚图

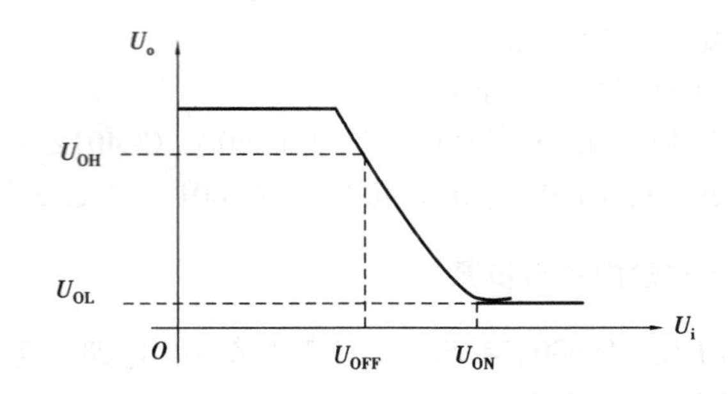

图 31-2 电压传输特性曲线

图中 U_{OH}:一个(或几个)输入端是低电平时输出的电平;

U_{OL}:输入端全为高电平时输出的电平;

U_{ON}:在额定负载下得到规定的低电平,输入端应加的最小输入电平;

U_{OFF}:通常规定为保证输出电压为标准高电平的条件下所允许的最大输入电平。

【实验设备与器材】

①数字电路实验箱。
②万用表。
③集成片 74LS20、74LS86。

【实验内容与步骤】

1. TTL 与非门的逻辑功能

在数字箱 14 芯 IC 插座上，将芯片的小缺口与 IC 插座的缺口对准插上 74LS20 四输入双与非门集成元件。按照图 31-1 所示接线，14 脚接 +5 V 电源，7 脚接地，接线后检查无误，通电，按照表 31-1 改变 A、B、C、D 状态，观察记录输出状态；从实验结果中写出逻辑表达式 Y。

表 31-1

A　B　C　D	Y

2. 与非门电压传输特性测试

用 74LS20 元件中的任一四输入与非门按照图 31-3 所示连接线路，接线检查无误后，通电，准备测试。调节电位器，使输入电压 U_I 从零逐渐增大（用万用表测量电压的大小），按照表 31-2 要求，同时测量对应的输出 U_o 的数值，将其填入表 31-2 中。

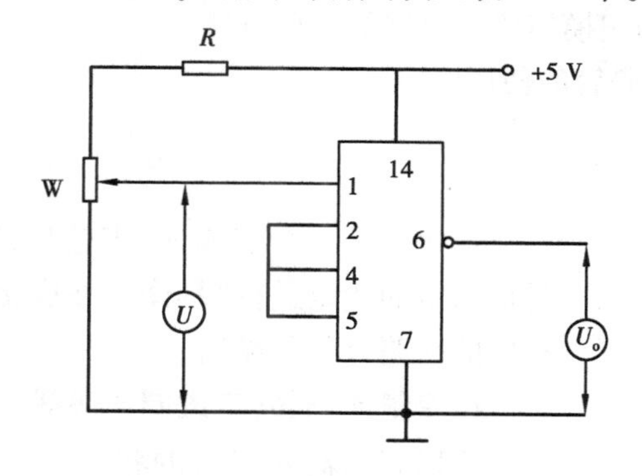

图 31-3　传输特性测试电路

表 31-2

输入 U_I/V	0.2	0.4	0.6	0.8	0.9	1.0	1.1	1.2	1.3	1.4	1.6	1.8	2.0
输出 U_o/V													

根据表 31-2 的结果，在坐标纸上画出电压传输特性[$u_o=f(u_i)$的关系]，并求出开门电平 U_{ON}，关门电平 U_{OFF} 值。

3. **异或门的逻辑功能测试**

74LS86 为二输入四异或门元件，即芯片内含有 4 个异或门。如图 31-4 所示，先将 V_{CC} 接 +5 V 电源 GND 接地；任选一异或门（如 1，2 脚接逻辑开关的输出电平，3 脚接发光二极管）测试异或门的逻辑特性并记入表 31-3 中。

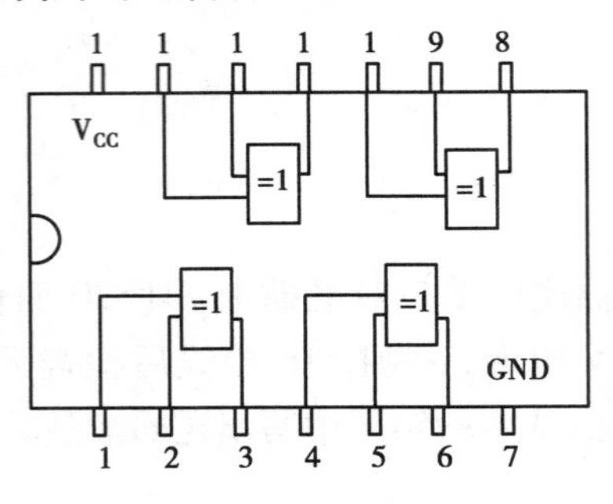

图 31-4 74LS86 管脚图

表 31-3

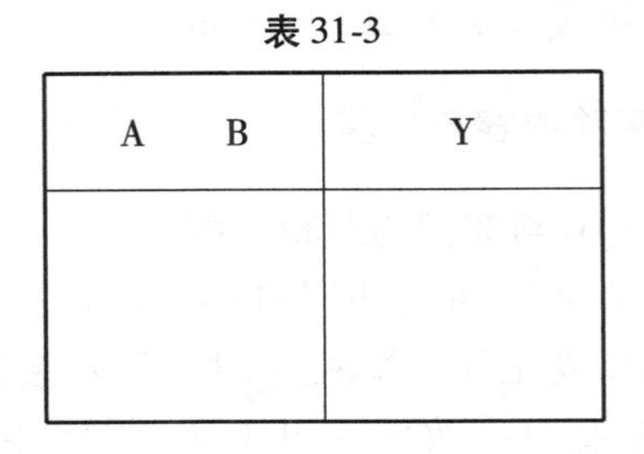

A B	Y

实验三十二 译码器及其应用

【实验目的】

（1）验证 74LS138 等中规模集成译码器的逻辑功能。

（2）掌握 74LS138 等中规模集成译码器的使用方法。

（3）熟悉 CC4511 和数码管的使用。

【相关理论】

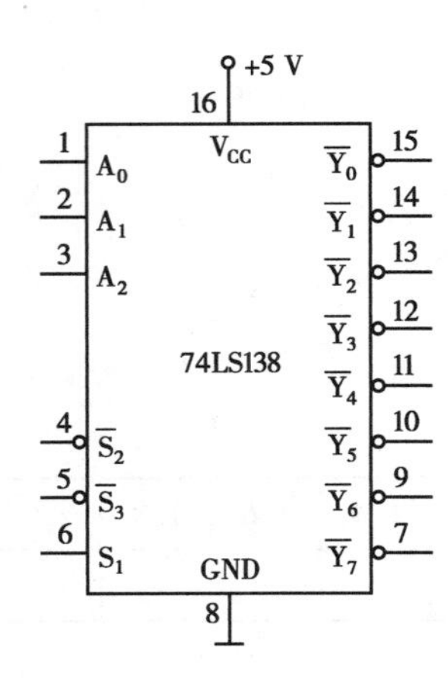

图 32-1 74LS138 的引脚排列

译码器是一个多输入、多输出的组合逻辑电路。其作用是把给定的代码进行“翻译”，变成相应的状态，使输出通道中相应的一路有信号输出。

1. **变量译码器（二进制译码器）**

用以表示输入变量的状态，若有 n 个输入变量，则有 2^n 个不同的组合状态，就有 2^n 个输出端供其使用。而每一个输出所代表的函数对应 n 个输入变量的最小项。以 3 线—8（3/8）线译码器 74LS138 为例进行分析，图 32-1 所示为其引脚排列。其中 A_2、A_1、A_0 为地址输入端，$\overline{Y_0} \sim \overline{Y_7}$ 为译码输出端，S_1、$\overline{S_2}$、$\overline{S_3}$ 为使能端。

当 $S_1=1, \overline{S_2}+\overline{S_3}=0$ 时，器件使能，地址码所指定的输出端有信号（为 0）输出，其他所有输出端均无信号（全为 1）输出。当 $S_1=0, \overline{S_2}+\overline{S_3}=X$ 时，或

$S_1 = X, \overline{S_2} + \overline{S_3} = 1$ 时，译码器被禁止，所有输出同时为 1。

二进制译码器实际上也是负脉冲输出的脉冲分配器。若利用使能端中的一个输入端输入数据信息，器件就成为一个数据分配器（多路分配器），如图 32-2 所示。若在 S_1 输入端输入数据信息，$\overline{S_2} = \overline{S_3} = 0$，地址码所对应的输出是 S_1 数据信息的反码；若从 $\overline{S_2}$ 端输入数据信息，令 $S_1 = 1$、$\overline{S_3} = 0$，地址码所对应的输出就是 $\overline{S_2}$ 端数据信息的原码。若数据信息是时钟脉冲，则数据分配器便成为时钟脉冲分配器。

根据输入地址的不同组合译出唯一地址，故可用作地址译码器。接成多路分配器，可将一个信号源的数据信息传输到不同的地点。

二进制译码器还能方便地实现逻辑函数，如图 32-3 所示，实现的逻辑函数是：

$$Z = \overline{ABC} + \overline{A}\,\overline{BC} + A\,\overline{BC} + ABC$$

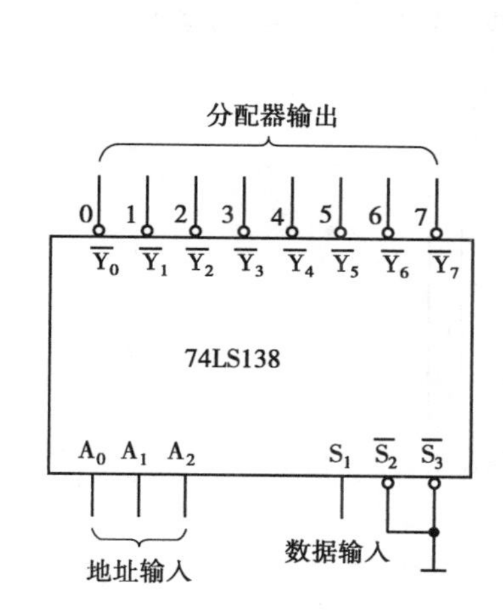

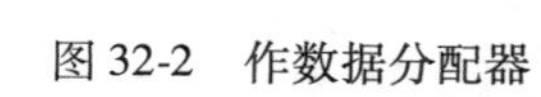
图 32-2　作数据分配器

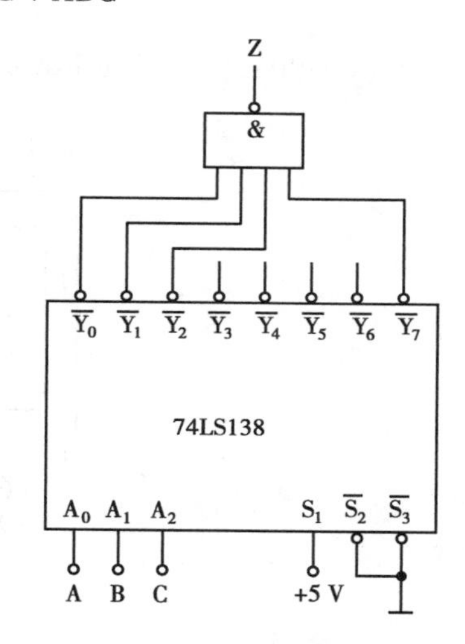

图 32-3　实现逻辑函数

利用使能端能方便地将两个 3/8 译码器组合成一个 4/16 译码器，如图 32-4 所示。

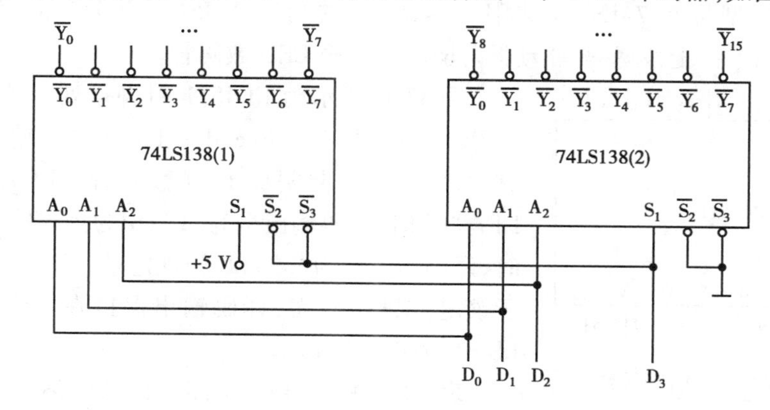

图 32-4　用两片 74LS138 组合成 4/16 译码器

2. 数码显示译码器

（1）七段发光二极管（LED）数码管。

LED 数码管是目前最常用的数字显示器，图 32-5（a）、（b）所示为共阴管和共阳管的电路，

图 32-5(c)所示为两种不同出线形式的引出脚功能。

一个 LED 数码管可用来显示一位 0 ~ 9 十进制数和一个小数点。小型数码管(0.5 in 和 0.36 in)每段发光二极管的正向压降,随显示光的颜色(通常为红、绿、黄、橙色)不同略有差别,通常为 2 ~ 2.5 V,每个发光二极管的点亮电流为 5 ~ 10 mA。LED 数码管要显示 BCD 码所表示的十进制数字就需要有一个专门的译码器,该译码器不但要完成译码功能,还要有相当的驱动能力。

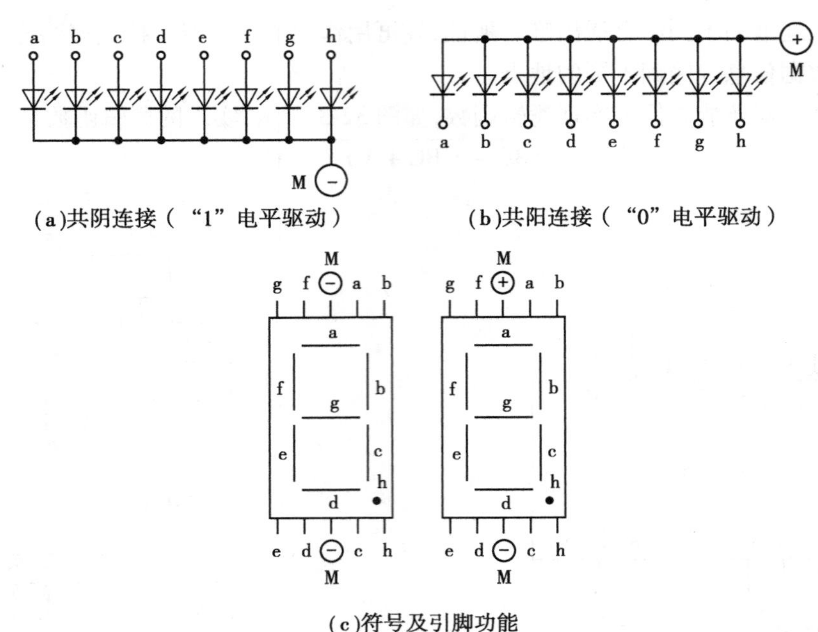

图 32-5 LED 数码管

(2)BCD 码七段译码驱动器。

此类译码器型号有 74LS47(共阳),74LS48(共阴),CC4511(共阴)等,本实验系采用 CC4511 BCD 码锁存/七段译码/驱动器。驱动共阴极 LED 数码管。

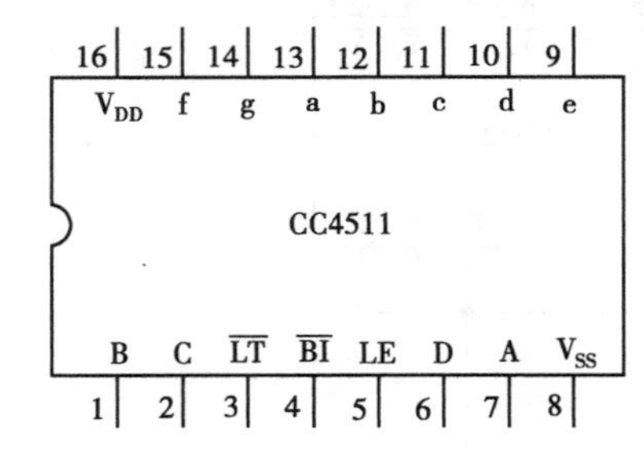

图 32-6 CC4511 引脚排列

图 32-6 所示为 CC4511 引脚排列。其中:A、B、C、D 为 BCD 码输入端;a、b、c、d、e、f、g 为译码输出端,输出"1"有效,用来驱动共阴极 LED 数码管。$\overline{LT}$为测试输入端,$\overline{LT}$ = "0"时,译码输出全为"1";$\overline{BI}$为消隐输入端,$\overline{BI}$ = "0"时,译码输出全为"0";LE 为锁定端,LE = "1"时译码器处于锁定(保持)状态,译码输出保持在 LE = 0 时的数值,LE = 0 为正常译码。

表 32-1 为 CC4511 功能表。CC4511 内接有上拉电阻,故只需在输出端与数码管笔段之间串入限流电阻即可工作。译码器还有拒伪码功能,当输入码超过 1001 时,输出全为"0",数码管熄灭。

在本数字电路实验装置上已完成了译码器 CC4511 和数码管 BS202 之间的连接。实验时,只要接通 +5 V 电源和将十进制数的 BCD 码接至译码器的相应输入端 A、B、C、D 即可显示 0 ~9 的数字。四位数码管可接受四组 BCD 码输入。CC4511 与 LED 数码管的连接如图 32-7所示。

表 32-1　CC4511 功能表

输　入							输　出							
LE	$\overline{BI}$	$\overline{LT}$	D	C	B	A	a	b	c	d	e	f	g	显示字形
×	×	0	×	×	×	×	1	1	1	1	1	1	1	8
×	0	1	×	×	×	×	0	0	0	0	0	0	0	消隐
0	1	1	0	0	0	0	1	1	1	1	1	1	0	0
0	1	1	0	0	0	1	0	1	1	0	0	0	0	1
0	1	1	0	0	1	0	1	1	0	1	1	0	1	2
0	1	1	0	0	1	1	1	1	1	1	0	0	1	3
0	1	1	0	1	0	0	0	1	1	0	0	1	1	4
0	1	1	0	1	0	1	1	0	1	1	0	1	1	5
0	1	1	0	1	1	0	0	0	1	1	1	1	1	6
0	1	1	0	1	1	1	1	1	1	0	0	0	0	7
0	1	1	1	0	0	0	1	1	1	1	1	1	1	8
0	1	1	1	0	0	1	1	1	1	0	0	1	1	9
0	1	1	1	0	1	0	0	0	0	0	0	0	0	消隐
0	1	1	1	0	1	1	0	0	0	0	0	0	0	消隐
0	1	1	1	1	0	0	0	0	0	0	0	0	0	消隐
0	1	1	1	1	0	1	0	0	0	0	0	0	0	消隐
0	1	1	1	1	1	0	0	0	0	0	0	0	0	消隐
0	1	1	1	1	1	1	0	0	0	0	0	0	0	消隐
1	1	1	×	×	×	×	锁　存							锁存

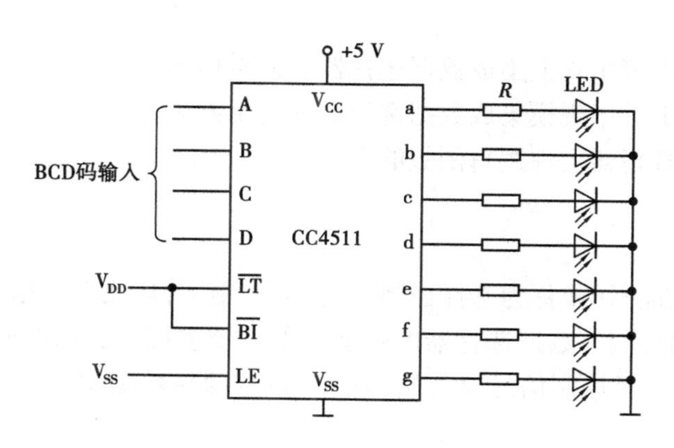

图 32-7　CC4511 驱动一位 LED 数码管

【实验设备与器材】

① +5 V 直流电源。
②双踪示波器。
③连续脉冲源。
④逻辑电平开关。
⑤逻辑电平显示器。
⑥拨码开关组。
⑦译码显示器。
⑧集成块 74LS138 ×2、CC4511、74LS20(或 CC4012)。

【实验内容与步骤】

1. **数据拨码开关的使用**

将实验装置上的 4 组拨码开关的输出 A_i、B_i、C_i、D_i 分别接至四组显示译码/驱动器 CC4511 的对应输入口,LE、$\overline{BT}$、$\overline{LT}$接至 3 个逻辑开关的输出插口,接上 +5 V 显示器的电源,然后按表 32-1 输入的要求揿动 4 个数码的增减键(“ + ”与“ - ”键),操作与 LE、$\overline{BI}$、$\overline{LT}$对应的 3 个逻辑开关,观测拨码盘上的 4 位数与 LED 数码管显示的对应数字是否一致,以及译码显示是否正常。

2. **74LS138 译码器逻辑功能测试**

将译码器使能端 S_1、$\overline{S_2}$、$\overline{S_3}$及地址端 A_2、A_1、A_0分别接至逻辑电平开关输出口,8 个输出端 $\overline{Y}_7$,…,$\overline{Y}_0$ 依次连接在逻辑电平显示器的 8 个输入口上,拨动逻辑电平开关,按表 32-1 逐项测试 74LS138 的逻辑功能。

实验三十三　数据选择器及其应用

【实验目的】

(1)验证 74LS151 等中规模集成数据选择器的逻辑功能。
(2)掌握 74LS151 等中规模集成数据选择器的使用方法。
(3)掌握用数据选择器实现逻辑函数的方法。

【相关理论】

数据选择器在地址码(或称为选择控制)电位的控制下,从几个数据输入中选择一个并将其送到一个公共的输出端。数据选择器的功能类似一个多掷开关,如图 33-1 所示,图中有四路数据 $D_0 \sim D_3$,通过选择控制信号 A_1、A_0(地址码)从四路数据中选中某一路数据送至输出端 Q。

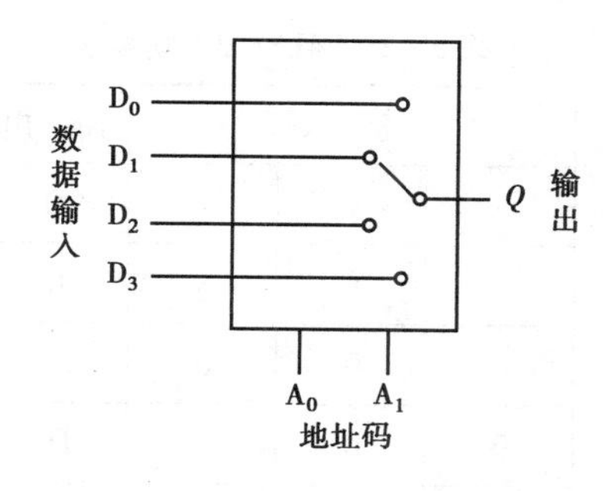

图 33-1　4 选 1 数据选择器示意图

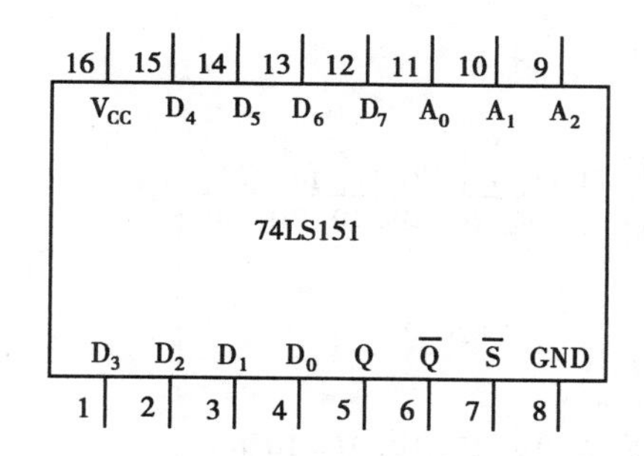

图 33-2　74LS151 引脚排列

数据选择器为目前逻辑设计中应用十分广泛的逻辑部件，它有 2 选 1、4 选 1、8 选 1、16 选 1 等类别。

1. 8 选 1 数据选择器 74LS151

74LS151 为互补输出的 8 选 1 数据选择器，引脚排列如图 33-2 所示，功能见表 33-1。选择控制端（地址端）为 $A_2 \sim A_0$，按二进制译码，从 8 个输入数据 $D_0 \sim D_7$ 中，选择一个需要的数据送到输出端 Q，$\overline{S}$为使能端，低电平有效。

表 33-1　74LS151 引能表

输　入				输　出	
$\overline{S}$	A_2	A_1	A_0	Q	$\overline{Q}$
1	×	×	×	0	1
0	0	0	0	D_0	$\overline{D_0}$
0	0	0	1	D_1	$\overline{D_1}$
0	0	1	0	D_2	$\overline{D_2}$
0	0	1	1	D_3	$\overline{D_3}$
0	1	0	0	D_4	$\overline{D_4}$
0	1	0	1	D_5	$\overline{D_5}$
0	1	1	0	D_6	$\overline{D_6}$
0	1	1	1	D_7	$\overline{D_7}$

①使能端$\overline{S}=1$ 时，不论 $A_2 \sim A_0$ 状态如何，均无输出（$Q=0, \overline{Q}=1$），多路开关被禁止。

②使能端$\overline{S}=0$ 时，多路开关正常工作，根据地址码 A_2、A_1、A_0 的状态选择 $D_0 \sim D_7$ 中某一个通道的数据输送到输出端 Q。

如 $A_2A_1A_0=000$，则选择 D_0 数据到输出端，即 $Q=D_0$。

如 $A_2A_1A_0=001$，则选择 D_1 数据到输出端，即 $Q=D_1$，依此类推。

2. 双 4 选 1 数据选择器 74LS153

所谓双 4 选 1 数据选择器就是在一块集成芯片上有两个 4 选 1 数据选择器。引脚排列如图 33-3 所示，功能见表 33-2。

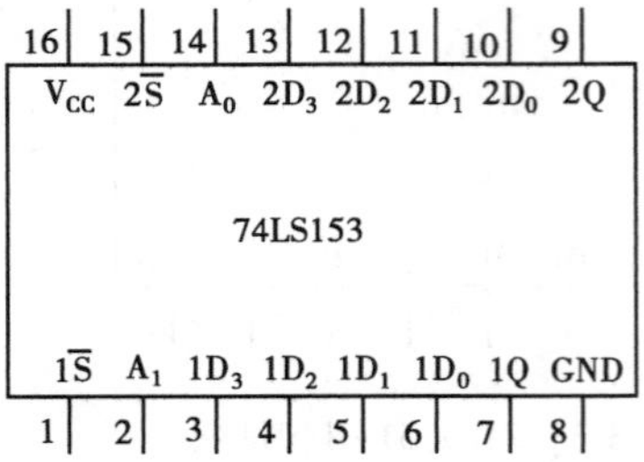

16 15 14 13 12 11 10 9

V_{CC} $2\overline{S}$ A_0 $2D_3$ $2D_2$ $2D_1$ $2D_0$ 2Q

74LS153

$1\overline{S}$ A_1 $1D_3$ $1D_2$ $1D_1$ $1D_0$ 1Q GND

1 2 3 4 5 6 7 8

图 33-3 74LS153 引脚排列

表 33-2 74LS153A 功能表

输 入			输 出
$\overline{S}$	A_1	A_0	Q
1	×	×	0
0	0	0	D_0
0	0	1	D_1
0	1	0	D_2
0	1	1	D_3

$1\overline{S}$、$2\overline{S}$ 为两个独立的使能端；A_1、A_0 为公用的地址输入端；$1D_0 \sim 1D_3$ 和 $2D_0 \sim 2D_3$ 分别为两个 4 选 1 数据选择器的数据输入端；Q_1、Q_2 为两个输出端。

①当使能端 $1\overline{S}(2\overline{S}) = 1$ 时，多路开关被禁止，无输出，$Q = 0$。

②当使能端 $1\overline{S}(2\overline{S}) = 0$ 时，多路开关正常工作，根据地址码 A_1、A_0 的状态，将相应的数据 $D_0 \sim D_3$ 送到输出端 Q。

如：$A_1A_0 = 00$，则选择 D_0 数据到输出端，即 $Q = D_0$；

$A_1A_0 = 01$，则选择 D_1 数据到输出端，即 $Q = D_1$；

依此类推。

数据选择器的用途很多，例如多通道传输，数码比较，并行码变串行码，以及实现逻辑函数等。

3. 数据选择器的应用—— 实现逻辑函数

例 24-1 用 8 选 1 数据选择器 74LS151 实现逻辑函数。

$$F = A\overline{B} + \overline{A}C + B\overline{C}$$

采用 8 选 1 数据选择器 74LS151 可实现任意 3 个输入变量的组合逻辑函数。

作出函数 F 的功能表，见表 33-3，将函数 F 功能表与 8 选 1 数据选择器的功能表相比较，可知：

①将输入变量 C、B、A 作为 8 选 1 数据选择器的地址码 A_2、A_1、A_0。

②使 8 选 1 数据选择器的各数据输入 $D_0 \sim D_7$ 分别与函数 F 的输出值一一相对应。

即

$$A_2A_1A_0 = CBA, \quad D_0 = D_7 = 0 \quad D_1 = D_2 = D_3 = D_4 = D_5 = D_6 = 1$$

则 8 选 1 数据选择器的输出 Q 便实现了函数 $F = A\overline{B} + \overline{A}C + B\overline{C}$，接线图如图 33-4 所示。

表 33-3 函数 F 的功能表

输 入			输 出
C	B	A	F
0	0	0	0
0	0	1	1

续表

输入			输出
0	1	0	1
0	1	1	1
1	0	0	1
1	0	1	1
1	1	0	1
1	1	1	0

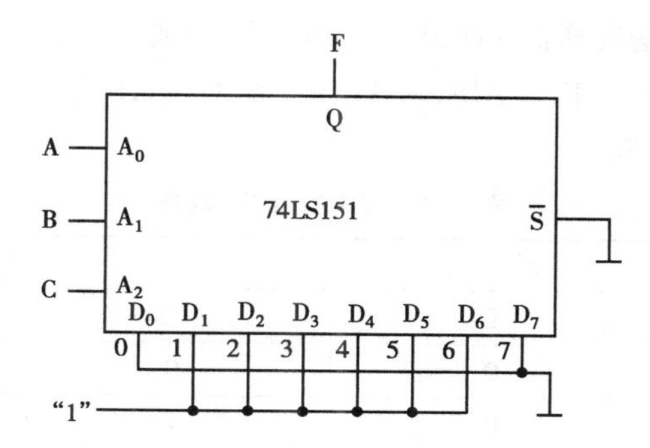

图 33-4 用8选1数据选择器实现

$F = A\overline{B} + \overline{A}C + B\overline{C}$的接线图

显然,采用具有 n 个地址端的数据选择实现 n 变量的逻辑函数时,应将函数的输入变量加到数据选择器的地址端(A),选择器的数据输入端(D)按次序以函数 F 输出值来赋值。

例 24-2 用8选1数据选择器74LS151实现函数 $F = A\overline{B} + \overline{A}B$。

①列出函数 F 的功能表见表33-4所示。

②将 A、B 加到地址端 A_1、A_0,而 A_2 接地,由表33-4可知,将 D_1、D_2 接“1”及其余数据输入端 D_0、D_3、$D_4 \sim D_7$ 都接地,则8选1数据选择器的输出便实现了函数 $F = A\overline{B} + B\overline{A}$接线图如图33-5所示。

表 33-4 函数 F 的功能表

B	A	F
0	0	0
0	1	1
1	0	1
1	1	0

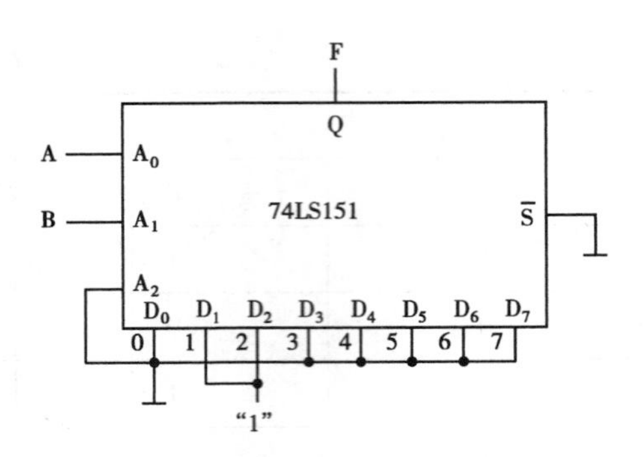

图 33-5　8 选 1 数据选择器实现 $F=A\overline{B}+\overline{A}B$ 的接线图

显然，当函数输入变量数小于数据选择器的地址端(A)时，应将不用的地址端及不用的数据输入端(D)都接地。

例 24-3　用 4 选 1 数据选择器 74LS153 实现以下函数：

$$F = A\overline{B}C + \overline{A}BC + AB\overline{C} + ABC$$

函数 *F* 的功能见表 33-5。

表 33-5　函数 *F* 的功能表

输　入			输　出
A	B	C	F
0	0	0	0
0	0	1	0
0	1	0	0
0	1	1	1
1	0	0	0
1	0	1	1
1	1	0	1
1	1	1	1

函数 F 有 3 个输入变量 A、B、C，而数据选择器有两个地址端 A_1、A_0 少于函数输入变量个数，可采用降元法设计，在设计时可任选 A 接 A_1，B 接 A_0。将函数功能表改成表 33-6 形式。由此可见，当将输入变量 A、B、C 中 A、B 接选择器的地址端 A_1、A_0，由表 33-6 不难看出：$D_0=0$、$D_1=D_2=C$、$D_3=1$，则 4 选 1 数据选择器的输出实现了函数 $F=A\overline{B}C+\overline{A}BC+AB\overline{C}+ABC$，其接线图如图 33-6 所示。

表 33-6　函数 F 的功能表 2

输　入			输　出	中选数据端
A	B	C	F	
0	0	0 1	0 0	$D_0=0$
0	1	0 1	0 1	$D_1=C$

续表

输　入			输　出	中选数据端
1	0	0	0	$D_2 = C$
		1	1	
1	1	0	1	$D_3 = 1$
		1	1	

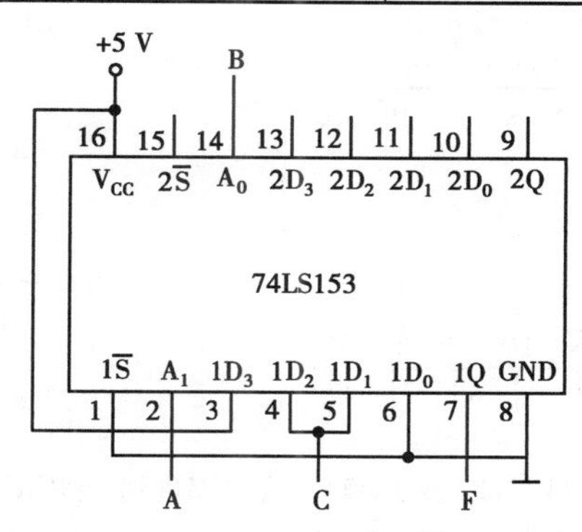

图 33-6　4 选 1 数据选择器实现

$F = A\overline{B}C + A\overline{B}C + AB\overline{C} + ABC$ 的接线图

当函数输入变量大于数据选择器地址端(A)时,可能随着选用函数输入变量作地址的方案不同,而使其设计结果不同,需对几种方案比较,以获得最佳方案。

【实验设备与器材】

①+5 V 直流电源。

②逻辑电平开。

③逻辑电平显示器。

④集成块 74LS151(或 CC4512)、74LS153(或 CC4539)。

【实验内容与步骤】

①用 74LS151、74LS00 设计实现逻辑函数 $Y = ABC + BCD + \overline{A}\ \overline{C}$ 的电路。

②用双 4 选 1 数据选择器 74LS153 实现全加器:

a. 写出设计程序;

b. 画出接线图;

c. 验证逻辑功能。

实验三十四　触发器及其应用

【实验目的】

(1)掌握基本 RS、JK、D、T 和 T触发器的逻辑功能。

(2)掌握集成触发器 74LS112、74LS74 等逻辑功能及使用方法。

(3)掌握触发器之间相互转换的方法。

【相关理论】

1. JK 触发器

74LS112 双 JK 触发器,是下降边沿触发的边沿触发器。引脚功能及逻辑图形符号如图 34-1 所示。

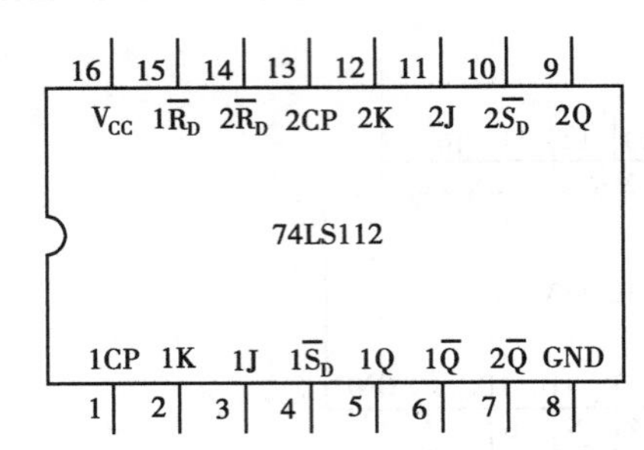

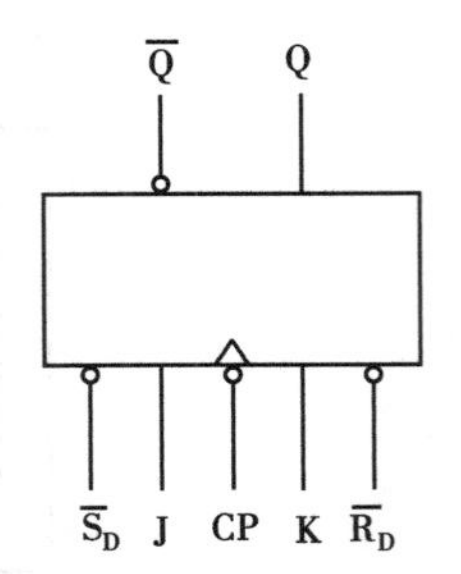

图 34-1 74LS112 双 JK 触发器引脚排列及逻辑图形符号

JK 触发器的状态方程为 $Q^{n+1}=J\overline{Q^n}+\overline{K}Q^n$。

J 和 K 是数据输入端,是触发器状态更新的依据,若 J、K 有两个或两个以上输入端时,组成“与”的关系。Q 与$\overline{Q}$为两个互补输出端。通常把 Q=0、$\overline{Q}$=1 的状态定为触发器“0”状态;而将 Q=1,$\overline{Q}$=0 定为“1”状态。

下降沿触发 JK 触发器的功能见表 34-1。

表 34-1 JK 触发器的功能表

输入					输出	
$\overline{S}_D$	$\overline{R}_D$	CP	J	K	Q^{n+1}	$\overline{Q}^{n+1}$
0	1	×	×	×	1	0
1	0	×	×	×	0	1
0	0	×	×	×	φ	φ
1	1	↓	0	0	Q^n	$\overline{Q^n}$
1	1	↓	1	0	1	0
1	1	↓	0	1	0	1
1	1	↓	1	1	$\overline{Q}^n$	Q^n
1	1	↑	×	×	Q^n	$\overline{Q^n}$

注:×— 任意态;↓— 高到低电平跳变;↑— 低到高电平跳变;Q^n($\overline{Q^n}$)— 现态;Q^{n+1}($\overline{Q}^{n+1}$)— 次态;φ— 不定态。

JK 触发器常被用作缓冲存储器,移位寄存器和计数器。

2. D 触发器

在输入信号为单端的情况下,D 触发器用起来最为方便,其状态方程为 $Q^{n+1}=D^n$,其输出状态的更新发生在 CP 脉冲的上升沿,故又称为上升沿触发的边沿触发器,触发器的状态只取决于时钟到来前 D 端的状态,D 触发器的应用很广,可用作数字信号的寄存,移位寄存,分频和波形发生等。有很多种型号可供各种用途的需要而选用。如双 D74LS74、四 D74LS175、六 D74LS174 等。

如图 34-2 所示为双 D74LS74 的引脚排列及逻辑图形符号,功能见表 34-2。

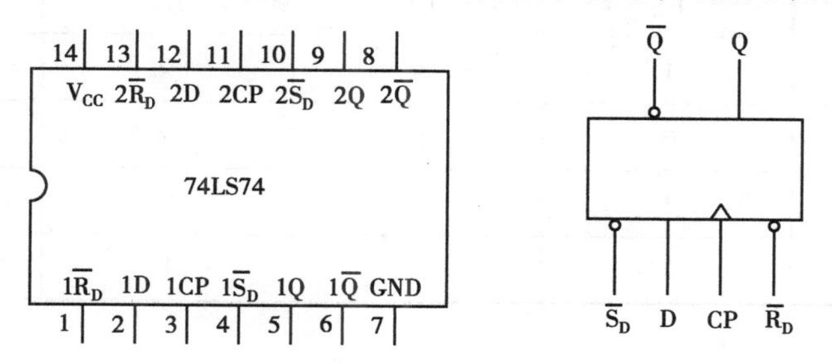

图 34-2 74LS74 引脚排列及逻辑图形符号

表 34-2 双 D74LS74 的功能表

输入				输出	
$\overline{S}_D$	$\overline{R}_D$	CP	D	Q^{n+1}	$\overline{Q}^{n+1}$
0	1	×	×	1	0
1	0	×	×	0	1
0	0	×	×	φ	φ
1	1	↑	1	1	0
1	1	↑	0	0	1
1	1	↓	×	Q^n	$\overline{Q}^n$

3. 触发器之间的相互转换

在集成触发器的产品中,每一种触发器都有自己固定的逻辑功能,但可以利用转换的方法获得具有其他功能的触发器。例如将 JK 触发器的 J、K 两端连在一起,并认其为 T 端,就得到所需的 T 触发器,如图 34-3(a)所示,其状态方程为 $Q^{n+1}=T\overline{Q^n}+\overline{T}Q^n$。

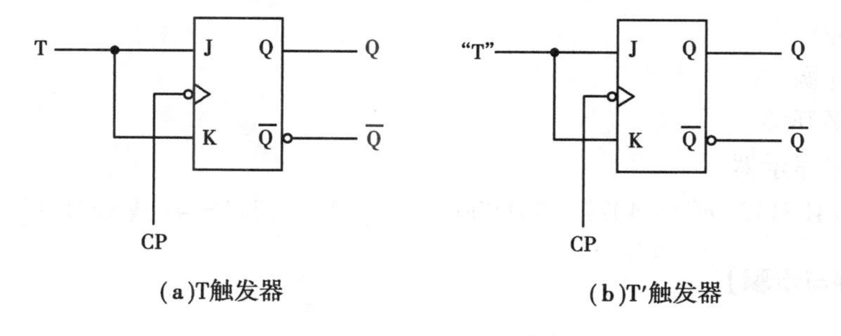

(a)T触发器 (b)T′触发器

图 34-3 JK 触发器转换为 T、T′触发器

T 触发器的功能见表 34-3。

表 34-3　T 触发器的功能表

输　入				输　出
$\overline{S_D}$	$\overline{R_D}$	CP	T	Q^{n+1}
0	1	×	×	1
1	0	×	×	0
1	1	↓	0	Q^n
1	1	↓	1	$\overline{Q^n}$

由功能表可见，当 $T=0$ 时，时钟脉冲作用后，其状态保持不变；当 $T=1$ 时，时钟脉冲作用后，触发器状态翻转。所以，若将 T 触发器的 T 端置“1”，如图 34-3(b)所示，即得 T′触发器。在 T′触发器的 CP 端每来一个 CP 脉冲信号，触发器的状态就翻转一次，故称为反转触发器，广泛用于计数电路中。

同样，若将 D 触发器$\overline{Q}$端与 D 端相连，便转换成 T′触发器，如图 34-4 所示。JK 触发器也可转换为 D 触发器，如图 34-5 所示。

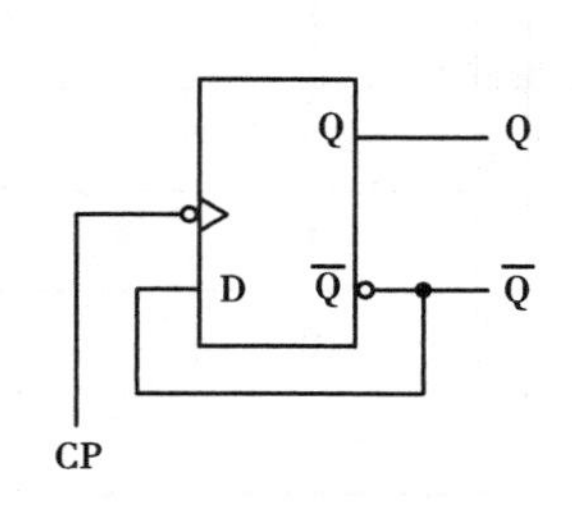

图 34-4　D 转成 T′

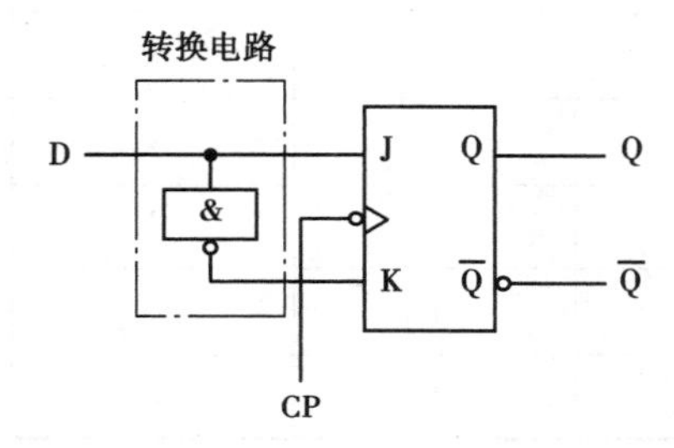

图 34-5　JK 转成 D

【实验设备与器材】

①+5 V 直流电源。

②双踪示波器。

③连续脉冲源。

④单次脉冲源。

⑤逻辑电平开关。

⑥逻辑电平显示器。

⑦集成块 74LS112(或 CC4027)，74LS00(或 CC4011)，74LS74(或 CC4013)。

【实验内容与步骤】

1. 测试双 JK 触发器 74LS112 逻辑功能

(1)测试$\overline{R_D}$、$\overline{S_D}$ 的复位、置位功能。

任取一只 JK 触发器，$\overline{R_D}$、$\overline{S_D}$、J、K 端接逻辑开关输出插口，CP 端接单次脉冲源，Q、$\overline{Q}$端接至逻辑电平显示输入插口。要求改变$\overline{R_D}$，$\overline{S_D}$(J、K、CP 处于任意状态)，并在$\overline{R_D}=0$($\overline{S_D}=1$)或

$\overline{S}_D=0(\overline{R}_D=1)$作用期间任意改变J、K及CP的状态，观察Q、$\overline{Q}$状态。自拟表格并记录。

(2)测试JK触发器的逻辑功能。

按表34-4的要求改变J、K、CP端状态，观察Q、$\overline{Q}$状态变化，观察触发器状态更新是否发生在CP脉冲的下降沿(即CP由1→0)，并记录。

表34-4　测试要求

J　　K	CP	Q^{n+1}	
		$Q^n=0$	$Q^n=1$
0　　0	0→1		
	1→0		
0　　1	0→1		
	1→0		
1　　0	0→1		
	1→0		
1　　1	0→1		
	1→0		

(3)将JK触发器的J、K端连在一起，构成T触发器。

在CP端输入1 Hz连续脉冲，观察Q端的变化。

在CP端输入1 kHz连续脉冲，用双踪示波器观察CP、Q、$\overline{Q}$端波形，注意相位关系，并描绘。

2. 测试双D触发器74LS74的逻辑功能

(1)测试$\overline{R}_D$、$\overline{S}_D$的复位、置位功能。

测试方法同实验内容同上，自拟表格记录。

(2)测试D触发器的逻辑功能。

按表34-5要求进行测试，并观察触发器状态更新是否发生在CP脉冲的上升沿(即由0→1)，并记录。

表34-5　测试要求

D	CP	Q^{n+1}	
		$Q^n=0$	$Q^n=1$
0	0→1		
	1→0		
1	0→1		
	1→0		

(3)将D触发器的$\overline{Q}$端与D端相连接，构成T′触发器。

测试方法同实验内容同上，并记录。

3. 双相时钟脉冲电路

用 JK 触发器及与非门构成的双相时钟脉冲电路如图 34-6 所示，此电路是用来将时钟脉冲 CP 转换成两相时钟脉冲 CP_A 及 CP_B，其频率相同、相位不同。

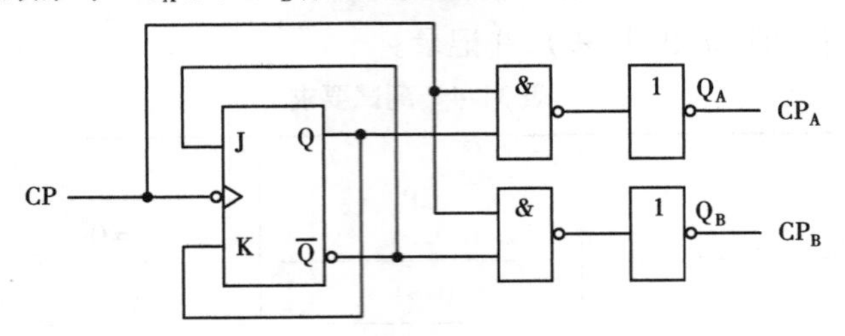

图 34-6 双相时钟脉冲电路

分析电路工作原理，并按图 34-6 所示接线，用双踪示波器同时观察 CP、CP_A；CP、CP_B 及 CP_A、CP_B 波形，并描绘。

4. 乒乓球练习电路

电路功能要求：模拟两名运动员在练球时，乒乓球能往返运转。

提示：采用双 D 触发器 74LS74 设计实验线路，两个 CP 端触发脉冲分别由两名运动员操作，两触发器的输出状态用逻辑电平显示器显示。

实验三十五 计数器及其应用

【实验目的】

(1) 掌握 CC40192 等中规模集成计数器的使用及功能测试方法。

(2) 掌握用集成触发器构成计数器的方法。

(3) 运用集成计数计构成 1/N 分频器。

【相关理论】

1. 用 D 触发器构成异步二进制加/减计数器

如图 35-1 所示为用 4 个 D 触发器构成的四位二进制异步减法计数器，其连接特点是将每个 D 触发器接成 T′ 触发器，再由低位触发器的 Q 端和高一位的 CP 端相连接。

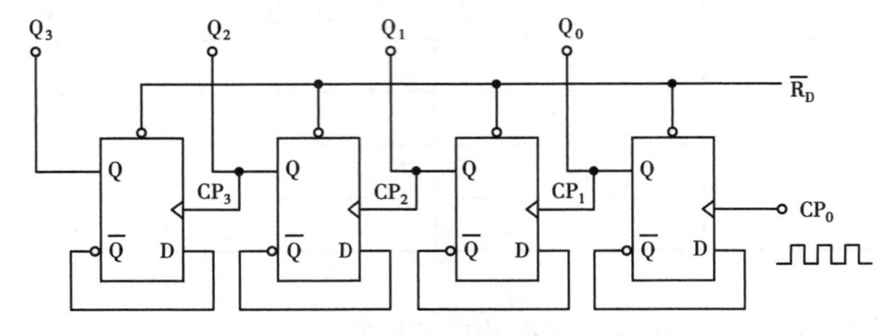

图 35-1 四位二进制异步减法计数器

若将图 35-1 稍作改动，即将低位触发器的$\overline{Q}$端与高一位的 CP 端相连接，即构成了一个四位二进制加法计数器。

2. 中规模十进制计数器

CC40192 是同步十进制可逆计数器，具有双时钟输入，并具有清除和置数等功能，其引脚排列及逻辑图形符号如图 35-2 所示。

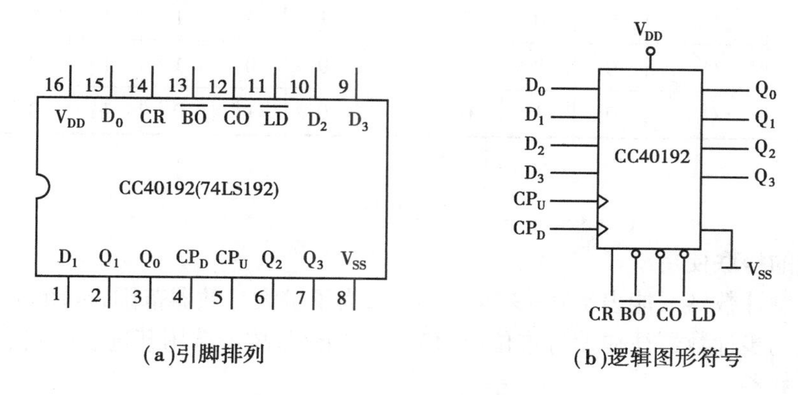

图 35-2　CC40192 引脚排列及逻辑图形符号

图中：

$\overline{LD}$—置数端，CP_U—加计数端，CP_D—减计数端，$\overline{CO}$—非同步进位输出端，$\overline{BO}$—非同步借位输出端；

D_0、D_1、D_2、D_3—计数器输入端；

Q_0、Q_1、Q_2、Q_3—数据输出端；

CR—清除端。

CC40192（同 74LS192，二者可互换使用）的功能见表 35-1。

表 35-1　CC40192 的功能列表

输　入								输　出			
CR	$\overline{LD}$	CP_U	CP_D	D_3	D_2	D_1	D_0	Q_3	Q_2	Q_1	Q_0
1	×	×	×	×	×	×	×	0	0	0	0
0	0	×	×	d	c	b	a	d	c	b	a
0	1	↑	1	×	×	×	×	加计数			
0	1	1	↑	×	×	×	×	减计数			

说明如下：

当清除端 CR 为高电平“1”时，计数器直接清零；CR 置低电平则执行其他功能。

当 CR 为低电平，置数端$\overline{LD}$也为低电平时，数据直接从置数端 D_0、D_1、D_2、D_3 置入计数器。

当 CR 为低电平，$\overline{LD}$为高电平时，执行计数功能。执行加计数时，减计数端 CP_D 接高电平，计数脉冲由 CP_U 输入；在计数脉冲上升沿进行 8421BCD 码十进制加法计数。执行减计数时，加计数端 CP_U 接高电平，计数脉冲由减计数端 CP_D 输入，表 35-2 为 8421 码十进制加、减计数器的状态转换表。

加法计数 →

表 35-2　8421 码十进制加减计数器的状态转换表

输入脉冲数		0	1	2	3	4	5	6	7	8	9
输出	Q_3	0	0	0	0	0	0	0	0	1	1
	Q_2	0	0	0	0	1	1	1	1	0	0
	Q_1	0	0	1	1	0	0	1	1	0	0
	Q_0	0	1	0	1	0	1	0	1	0	1

← 减法计数

3. 计数器的级联使用

一个十进制计数器只能表示 0 ~ 9 这 10 个数，为了扩大计数器范围，常用多个十进制计数器级联使用。同步计数器往往设有进位（或借位）输出端，故可选用其进位（或借位）输出信号驱动下一级计数器。

图 35-3 是由 CC40192 利用进位输出$\overline{CO}$控制高一位的 CP_U 端构成的加数级联图。

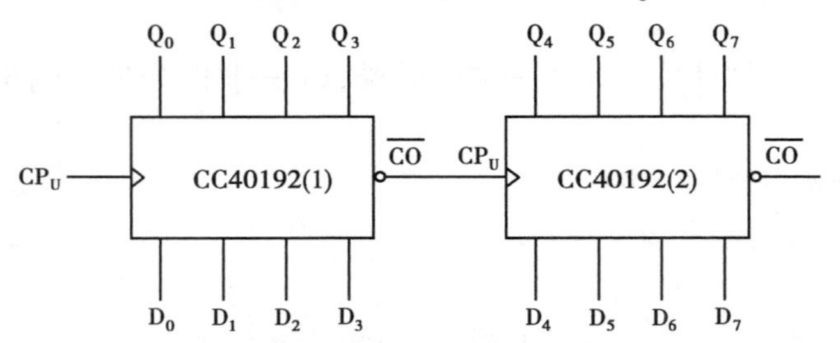

图 35-3　CC40192 级联电路

4. 实现任意进制计数

（1）用复位法获得任意进制计数器。

假定已有 N 进制计数器，而需要得到一个 M 进制计数器时，只要 $M<N$，用复位法使计数器计数到 M 时置"0"，即获得 M 进制计数器。如图 35-4 所示为一个由 CC40192 十进制计数器接成的五进制计数器。

（2）利用预置功能获 M 进制计数器。

如图 35-5 所示为用 3 个 CC40192 组成的 842 进制计数器。

外加的由与非门构成的锁存器可以克服器件计数速度的离散性，保证在反馈置"0"信号作用下计数器可靠置"0"。

如图 35-6 所示是一个特殊十二进制的计数器电路方案。在数字钟里，对十位的计数序列是 1，2，…，11，12，1，…是十二进制的，且无 0 数。如图 35-6 所示，当计数到 13 时，通过与非门产生一个复位信号，使 CC40192（2）（十位）直接置成 0000，而 CC40192（1）——（个位）直接置成 0001，从而实现了 1 ~ 12 的计数。

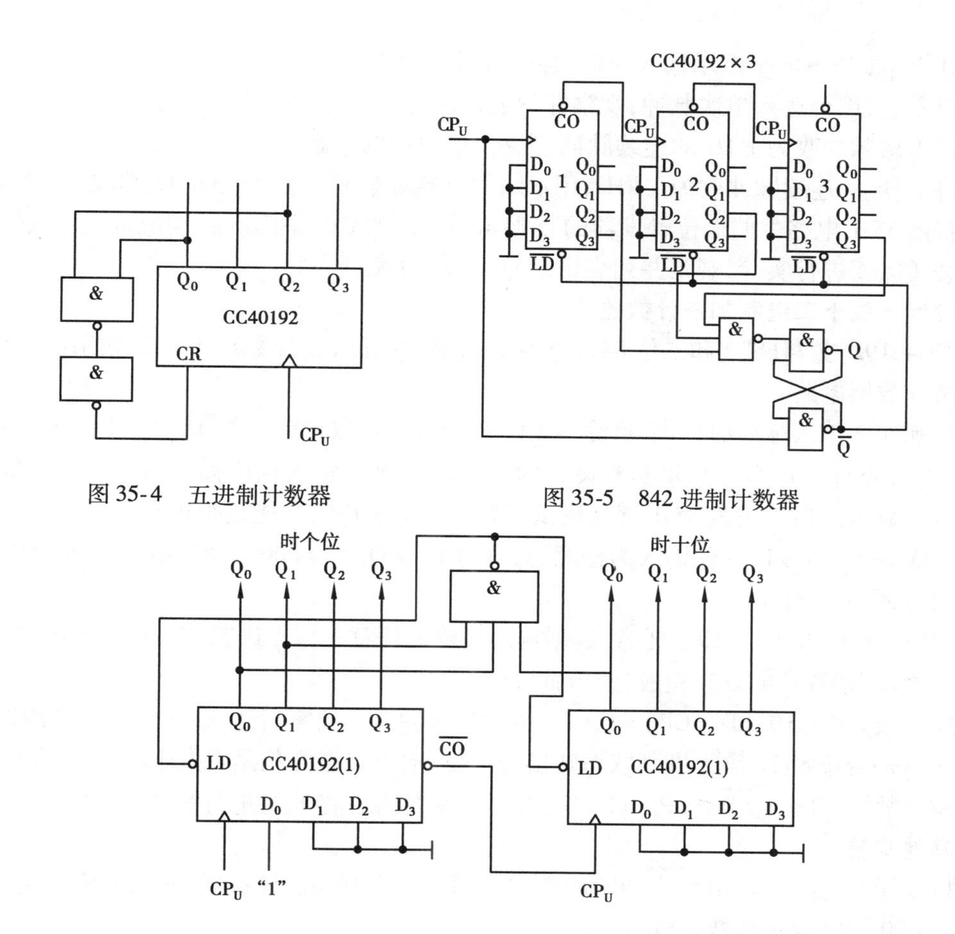

图 35-4　五进制计数器

图 35-5　842 进制计数器

图 35-6　特殊十二进制计数器

【实验设备与器材】

①+5 V 直流电源。

②双踪示波器。

③连续脉冲源。

④单次脉冲源。

⑤逻辑电平开关。

⑥逻辑电平显示器。

⑦译码显示器。

⑧集成块 CC4013 ×2（74LS74），CC40192 ×3（74LS192），CC4011（74LS00），CC4012（74LS20）。

【实验内容与步骤】

1. 设计四位二进制异步加法

用 CC4013 或 74LS74 D 触发器构成四位二进制异步加法计数器。

①按图 35-1 所示接线，$\overline{R}_D$ 接至逻辑开关输出插口，将低位 CP_0 端接单次脉冲源，输出端

Q_3、Q_2、Q_3、Q_1接逻辑电平显示输入插口，各$\overline{S}_D$接高电平“1”。

②清零后，逐个送入单次脉冲，观察并列表记录 $Q_3 \sim Q_0$ 的状态。

③将单次脉冲改为 1 Hz 的连续脉冲，观察 $Q_3 \sim Q_0$ 的状态。

④将 1 Hz 的连续脉冲改为 1 kHz，用双踪示波器观察 CP、Q_3、Q_2、Q_1、Q_0端波形，并描绘。

⑤将图 35-1 电路中的低位触发器的 Q 端与高一位的 CP 端相连接，构成减法计数器，按实验内容②、③、④进行实验，观察并列表记录 $Q_3 \sim Q_0$ 的状态。

2. 设计一位十二进制加法计数器

用 CC40192 或 74LS20 和二位 8421BCD 码数显示电路，设计数显 1 ~ 12 数字的一位十二进制加法计数器电路。

计数脉冲由单次脉冲源提供，清除端 CR、置数端$\overline{LD}$、数据输入端 D_3、D_2、D_1、D_0分别接逻辑开关，输出端 Q_3、Q_2、Q_1、Q_0 接实验设备的一个译码显示输入相应插口 A、B、C、D；$\overline{CO}$和$\overline{BO}$接逻辑电平显示插口。按表 35-1 逐项测试并判断该集成块的功能是否正常。

①清除。令 CR = 1，其他输入为任意态，这时 $Q_3Q_2Q_1Q_0 = 0000$，译码数字显示为 0。清除功能完成后，置 CR = 0。

②置数。CR = 0，CP_U、CP_D 任意，数据输入端输入任意一组二进制数，令$\overline{LD} = 0$，观察计数译码显示输出，预置功能是否完成，此后置$\overline{LD} = 1$。

③加计数。CR = 0，$\overline{LD} = CP_D = 1$，CP_U 接单次脉冲源。清零后送入 10 个单次脉冲，观察译码数字显示是否按 8421 码十进制状态转换表进行；输出状态变化是否发生在 CP_U 的上升沿。

④减计数。CR = 0，$\overline{LD} = CP_U = 1$，CP_D 接单次脉冲源。参照③进行实验。

3. 其他实验

①按如图 35-4 所示，用两片 CC40192 组成两位十进制加法计数器，输入 1 Hz 连续计数脉冲，进行由 00 ~ 99 累加计数，并记录。

②将两位十进制加法计数器改为两位十进制减法计数器，实现由 99 ~ 00 递减计数，并记录。

③按如图 35-5 所示电路进行实验，并记录。

④按如图 35-6 所示电路，并记录。

⑤设计一个数字钟移位六十进制计数器并进行实验。

实验三十六　移位寄存器及其应用

【实验目的】

(1) 熟悉中规模四位双向移位寄存器 CC40194 逻辑功能。

(2) 掌握中规模四位双向移位寄存器 CC40194 使用方法。

(3) 熟悉移位寄存器的应用——实现数据的串行、并行转换和构成环形计数器。

【相关理论】

1. 移位寄存器及其集成块

移位寄存器是一个具有移位功能的寄存器，是指寄存器中所存的代码能够在移位脉冲的作用下依次左移或右移。既能左移又能右移的称为双向移位寄存器，只需要改变左、右移的控制信号便可实现双向移位要求。根据移位寄存器存取信息的方式不同分为：串入串出、串入并出、并入串出、并入并出四种形式。

本实验选用的四位双向通用移位寄存器，型号为 CC40194 或 74LS194，两者功能相同，可互换使用，其逻辑图形符号及引脚排列如图 36-1 所示。

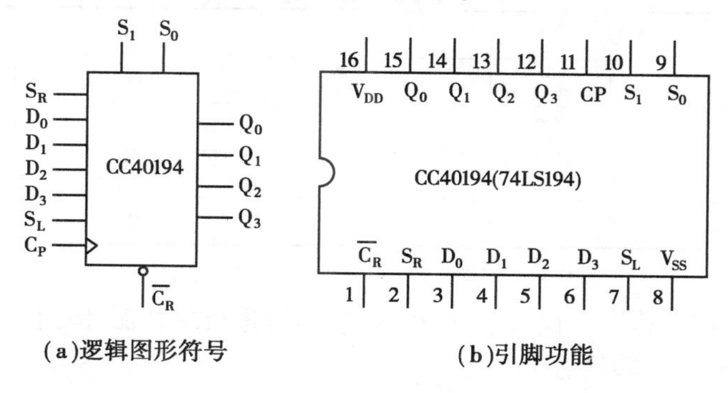

图 36-1　CC40194 的逻辑图形符号及引脚功能

其中 D_0、D_1、D_2、D_3 为并行输入端；Q_0、Q_1、Q_2、Q_3 为并行输出端；S_R 为右移串行输入端，S_L 为左移串行输入端；S_1、S_0 为操作模式控制端；$\overline{C}_R$ 为直接无条件清零端；CP 为时钟脉冲输入端。

CC40194 有 5 种不同操作模式：即并行送数寄存，右移（方向由 $Q_0 \to Q_3$），左移（方向由 $Q_3 \to Q_0$），保持及清零。S_1、S_0 和 $\overline{C}_R$ 端的控制作用见表 36-1。

表 36-1　S_1、S_0 和 $\overline{C}_R$ 的控制作用

功　能	输　入										输　出			
	CP	$\overline{C}_R$	S_1	S_0	S_R	S_L	D_0	D_1	D_2	D_3	Q_0	Q_1	Q_2	Q_3
清除	×	0	×	×	×	×	×	×	×	×	0	0	0	0
送数	↑	1	1	1	×	×	a	b	c	d	a	b	c	d
右移	↑	1	0	1	D_{SR}	×	×	×	×	×	D_{SR}	Q_0	Q_1	Q_2
左移	↑	1	1	0	×	D_{SL}	×	×	×	×	Q_1	Q_2	Q_3	D_{SL}
保持	↑	1	0	0	×	×	×	×	×	×	Q_0^n	Q_1^n	Q_2^n	Q_3^n
保持	↓	1	×	×	×	×	×	×	×	×	Q_0^n	Q_1^n	Q_2^n	Q_3^n

2. 移位寄存器的应用

移位寄存器应用很广，可构成移位寄存器型计数器；顺序脉冲发生器；串行累加器；可用作数据转换，即将串行数据转换为并行数据，或把并行数据转换为串行数据等。本实验研究移位寄存器用作环形计数器和数据的串、并行转换。

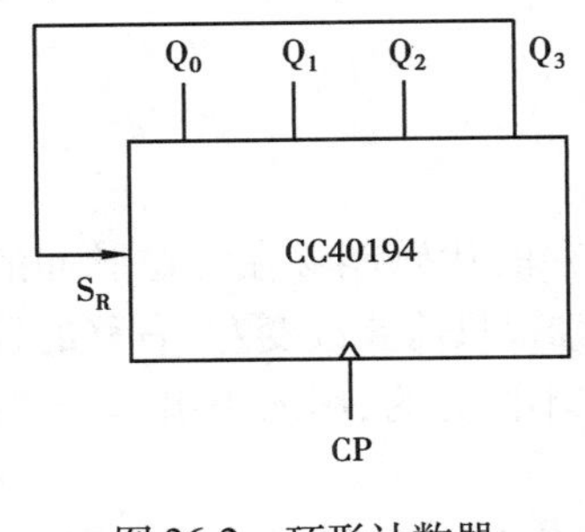

图 36-2　环形计数器

(1)环形计数器。

将移位寄存器的输出反馈到其串行输入端,就可以进行循环移位,如图36-2所示,将输出端 Q_3 和右移串行输入端 S_R 相连接,设初始状态 $Q_0Q_1Q_2Q_3=1000$,则在时钟脉冲作用下 $Q_0Q_1Q_2Q_3$ 将依次变为0100→0010→0001→1000→…,见表36-2,可见其是一个具有4个有效状态的计数器,这种类型的计数器通常称为环形计数器。图36-2所示电路可由各个输出端输出在时间上有先后顺序的脉冲,因此也可作为顺序脉冲发生器。

表 36-2　环形计数器值变化示意表

CP	Q_0	Q_1	Q_2	Q_3
0	1	0	0	0
1	0	1	0	0
2	0	0	1	0
3	0	0	0	1

如果将输出 Q_0 与左移串行输入端 S_L 相连接,即可进行左移循环移位。

(2)实现数据串、并行转换。

①串行/并行转换器。串行/并行转换是指串行输入的数码,经转换电路之后变换成并行输出。

如图36-3所示为用两片CC40194(74LS194)四位双向移位寄存器组成的六位串/并行数据转换电路。

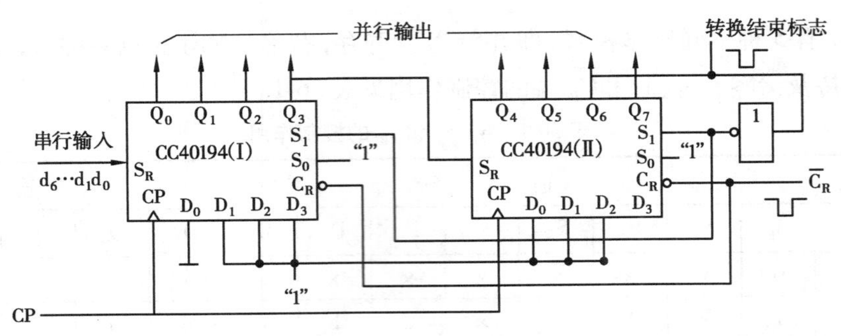

图 36-3　六位串行—并行转换器

电路中 S_0 端接高电平1,S_1 受 Q_6 控制,二片寄存器连接成串行输入右移工作模式。Q_6 是转换结束标志。当 $Q_6=1$ 时,S_1 为0,使之成为 $S_1S_0=01$ 的串入右移工作方式,当 $Q_6=0$ 时,$S_1=1$,有 $S_1S_0=10$,则串行送数结束,标志着串行输入的数据已转换成并行输出了。

串行—并行转换的具体过程如下:

转换前,$\overline{C}_R$ 端加低电平,使1、2两片寄存器的内容清0,此时 $S_1S_0=11$,寄存器执行并行输入工作方式。当第一个CP脉冲到来后,寄存器的输出状态 Q_0 ~ Q_7 为01111111,与此同时 S_1S_0 变为01,转换电路变为执行串入右移工作方式,串行输入数据由1片的 S_R 端加入。随着CP脉冲的依次加入,输出状态的变化可列成表36-3。

表36-3　输出状态变化表

CP	Q_0	Q_1	Q_2	Q_3	Q_4	Q_5	Q_6	Q_7	说明
0	0	0	0	0	0	0	0	0	清零
1	0	1	1	1	1	1	1	1	送数
2	d_0	0	1	1	1	1	1	1	右移操作7次
3	d_1	d_0	0	1	1	1	1	1	
4	d_2	d_1	d_0	0	1	1	1	1	
5	d_3	d_2	d_1	d_0	0	1	1	1	
6	d_4	d_3	d_2	d_1	d_0	0	1	1	
7	d_5	d_4	d_3	d_2	d_1	d_0	0	1	
8	d_6	d_5	d_4	d_3	d_2	d_1	d_0	0	
9	0	1	1	1	1	1	1	1	送数

由表36-3可知，右移操作7次之后，Q_7 变为0，S_1S_0 又变为11，说明串行输入结束。这时，串行输入的数码已经转换成了并行输出了。

当再来一个CP脉冲时，电路又重新执行一次并行输入，为第二组串行数码转换做好了准备。

②并行—串行转换器。并行—串行转换器是指并行输入的数码经转换电路之后，换成串行输出。

如图36-4所示为用两片CC40194(74LS194)组成的七位并行/串行转换电路，比图36-3多了两只与非门 G_1 和 G_2，电路工作方式同样为右移。

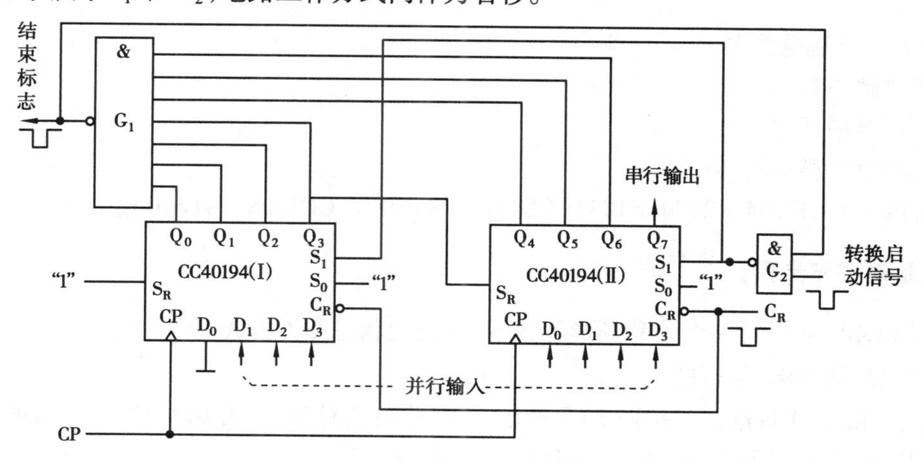

图36-4　七位并行—串行转换器

寄存器清"0"后，加一个转换启动信号(负脉冲或低电平)。此时，由于方式控制 S_1S_0 为11，转换电路执行并行输入操作。当第一个CP脉冲到来后，$Q_0Q_1Q_2Q_3Q_4Q_5Q_6Q_7$ 的状态为 $0D_1D_2D_3D_4D_5D_6D_7$，并行输入数码存入寄存器。从而使得 G_1 输出为1，G_2 输出为0，结果，S_1S_2 变为01，转换电路随着CP脉冲的加入，开始执行右移串行输出，随着CP脉冲的依次加入，输出状态依次右移，待右移操作 7 次后，$Q_0 \sim Q_6$ 的状态都为高电平 1，与非门 G_1 输出为低电平，G_2 门输出为高电平，S_1S_2 又变为 11，表示并/串行转换结束，且为第二次并行输入创造了条件。转换过程见表 36-4。

表 36-4　转换过程示意表

CP	Q_0	Q_1	Q_2	Q_3	Q_4	Q_5	Q_6	Q_7	串行输出						
0	0	0	0	0	0	0	0	0							
1	0	D_1	D_2	D_3	D_4	D_5	D_6	D_7							
2	1	0	D_1	D_2	D_3	D_4	D_5	D_6							
3	1	1	0	D_1	D_2	D_3	D_4	D_5							
4	1	1	1	0	D_1	D_2	D_3	D_4							
5	1	1	1	1	0	D_1	D_2	D_3							
6	1	1	1	1	1	0	D_1	D_2							
7	1	1	1	1	1	1	0	D_1							
8	1	1	1	1	1	1	1	0							
9	0	D_1	D_2	D_3	D_4	D_5	D_6	D_7							

中规模集成移位寄存器，其位数往往以 4 位居多，当需要的位数多于 4 位时，可把几片移位寄存器用级联的方法来扩展位数。

【实验设备与器材】

①+5 V 直流电源。
②单次脉冲源。
③逻辑电平开关。
④逻辑电平显示器。
⑤集成块 CC40194 ×2（74LS194），CC4011（74LS00），CC4068（74LS30）。

【实验内容与步骤】

①用 CC40194 设计一个右移环形计数器，设初始状态 $Q_0Q_1Q_2Q_3 = 1000$。

②实现数据的串、并行转换：

a. 串行输入、并行输出。按图 36-3 所示接线，进行右移串入、并出实验，串入数码自定；改接线路用左移方式实现并行输出。自拟表格，并记录。

b. 并行输入、串行输出。按图 36-4 所示接线，进行并入右移、串出实验，并入数码自定。再改接线路用左移方式实现串行输出。自拟表格，并记录。

实验三十七　555时基电路及其应用

【实验目的】

(1)熟悉555型集成时基电路结构、工作原理及其特点。
(2)掌握555型集成时基电路的基本应用。

【相关理论】

1.555电路的工作原理

555电路的内部电路框图如图37-1所示。它含有两个电压比较器 A_1、A_2,分别使高电平比较器 A_1 的同相输入端和低电平比较器 A_2 的反相输入端的参考电平为$\frac{2}{3}V_{CC}$和$\frac{1}{3}V_{CC}$$\left(即\ U_{A1(+)}=\frac{2}{3}V_{CC},U_{A2(-)}=\frac{1}{3}V_{CC}\right)$。$A_1$ 与 A_2 的输出端控制RS触发器的状态和放电三极管的开关状态。当输入信号来自第6脚,即高电平触发输入并超过参考电平$\frac{2}{3}V_{CC}$时,触发器复位,555的输出端第3脚输出低电平,同时放电开关管导通;当输入信号来自第2脚输入并低于$\frac{1}{3}V_{CC}$时,触发器置位,555的第3脚输出高电平,同时放电开关管截止。$\overline{R}_D$ 是复位端(第4脚),当$\overline{R}_D=0$时,555输出低电平。平时$\overline{R}_D$ 端开路或接 V_{CC},以保证555定时器的正常工作。

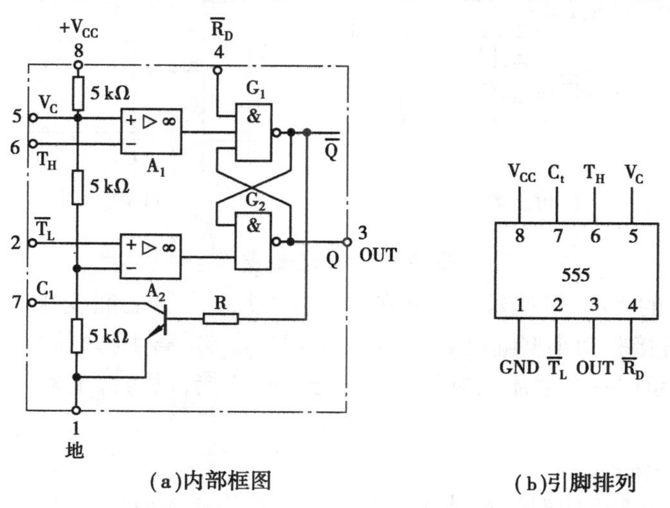

(a)内部框图　　　(b)引脚排列

图37-1　555定时器

V_C 是控制电压端(第5脚),在不接外加电压时,输出为$\frac{2}{3}V_{CC}$作为比较器 A_1 的参考电平,通常接一个0.01 μF的电容器到地,起滤波作用,用以消除外来的干扰,确保参考电平的稳定。若第5脚外接一个输入电压,即改变了比较器的参考电平,从而实现对输出的另一种控制。

VT 为放电三极管,当 VT 导通时,将给接于第 7 脚的电容器提供低阻放电通路。

555 定时器主要是与电阻、电容构成充放电电路,并由两个比较器来检测电容器上的电压,以确定输出电平的高低和放电开关管的通断。这就很方便地构成从微秒到数十分钟的延时电路,可方便地构成单稳态触发器、多谐振荡器、施密特触发器等脉冲产生或波形变换电路。

2. 555 定时器的典型应用

(1)构成单稳态触发器。

图 37-2(a)所示为由 555 定时器和外接定时元件 R、C 构成的单稳态触发器。触发电路由 C_1、R_1、VD 构成,其中 VD 为钳位二极管,稳态时 555 电路输入端处于电源电平,VT 导通,输出端 F 输出低电平,当有一个外部负脉冲触发信号经 C_1 加到 2 端。并使 2 端电位瞬时低于$\frac{1}{3}V_{CC}$,低电平比较器动作,单稳态电路即开始一个暂态过程,电容器 C 开始充电,V_C 按指数规律增长。当 V_C 充电到$\frac{2}{3}V_{CC}$时,高电平比较器动作,比较器 A_1 翻转,输出 V_o 从高电平返回低电平,VT 重新导通,电容器 C 上的电荷很快经放电开关管放电,暂态结束,恢复稳态,为下个触发脉冲的来到做好准备,波形图如图 37-2(b)所示。暂稳态的持续时间 t_w(即为延时时间)为

$$t_w = 1.1RC$$

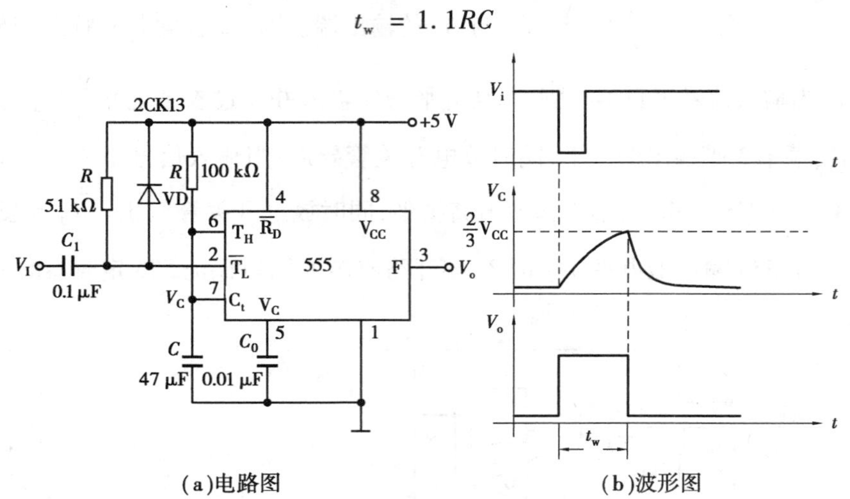

(a)电路图　　　(b)波形图

图 37-2　单稳态触发器

通过改变 R、C 的大小,可使延时时间在几微秒到几十分钟之间变化。当这种单稳态电路作为计时器时,可直接驱动小型继电器,并可以使用复位端(第 4 脚)接地的方法来中止暂态,重新计时。此外尚须用一个续流二极管与继电器线圈并接,以防继电器线圈反电势损坏内部功率管。

(2)构成多谐振荡器。

如图 37-3(a),由 555 定时器和外接元件 R_1、R_2、C 构成多谐振荡器,第 2 脚与第 6 脚直接相连。电路没有稳态,仅存在两个暂稳态,电路亦不需要外加触发信号,利用电源通过 R_1、R_2 向 C 充电,以及 C 通过 R_2 向放电端 C_t 放电,使电路产生振荡。电容器 C 在$\frac{1}{3}V_{CC}$和$\frac{2}{3}V_{CC}$之间充电和放电,其波形如图 37-3(b)所示。输出信号的时间参数为

$$T = t_{w1} + t_{w2},\ t_{w1} = 0.7(R_1 + R_2)C,\ t_{w2} = 0.7R_2C$$

555 电路要求 R_1 与 R_2 均应≥1 kΩ，但 R_1+R_2 应≤3.3 MΩ。

外部元件的稳定性决定了多谐振荡器的稳定性，555 定时器配以少量元件即可获得较高精度的振荡频率和具有较强的功率输出能力，因此这种形式的多谐振荡器应用很广。

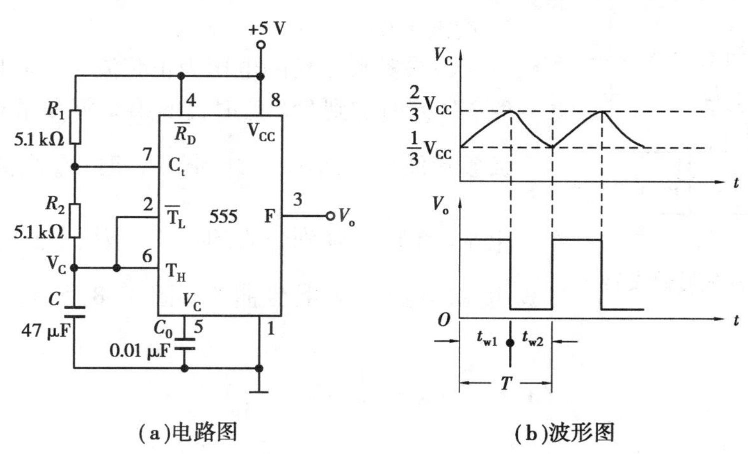

(a)电路图　　(b)波形图

图 37-3　多谐振荡器

(3)组成占空比可调的多谐振荡器。

电路如图 37-4 所示，其比图 37-3 所示电路增加了一个电位器 R_w 和两个导引二极管 VD_1、VD_2。VD_1、VD_2 用来决定电容器充、放电电流流经电阻的途径（充电时 VD_1 导通，VD_2 截止；放电时 VD_2 导通，VD_1 截止）。多谐振荡器的占空比为：

$$P=\frac{t_{w1}}{t_{w1}+t_{w2}}\approx\frac{0.7R_AC}{0.7C(R_A+R_B)}=\frac{R_A}{R_A+R_B}$$

可见，若取 $R_A=R_B$ 电路即可输出占空比为 50% 的方波信号。

(4)组成振荡频率和占空比均连续可调的多谐振荡器。

电路如图 37-5 所示。对 C_1 充电时，充电电流通过 R_1、D_1、R_{w2}和 R_{w1}；放电时通过 R_{w1}、R_{w2}、VD_2、R_2。当 $R_1=R_2$ 且 R_{w2}调至中心点时，因充放电时间基本相等，其占空比约为 50%，此时调节 R_{w1}仅改变频率，占空比不变。如 R_{w2}调至偏离中心点，再调节 R_{w1}，不仅振荡频率改变，而且对占空比也有影响。R_{w1}不变，调节 R_{w2}，仅改变占空比，对频率无影响。因此，当接通电源后，应首先调节 R_{w1}使频率至规定值，再调节 R_{w2}，以获得需要的占空比。若频率调节的范围比较大，还可以用波段开关改变 C_1 的值。

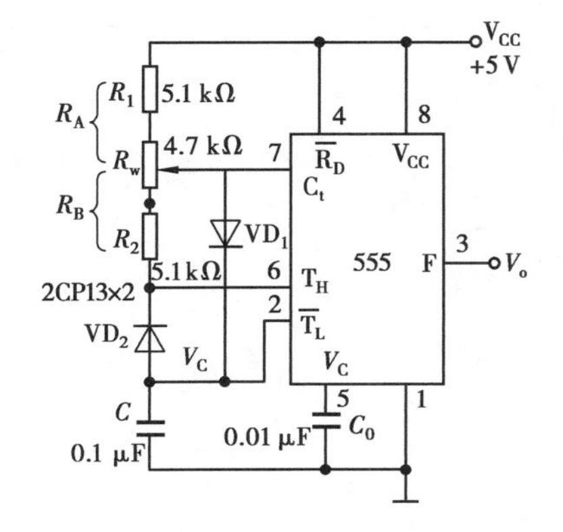

图 37-4　占空比可调的多谐振荡器

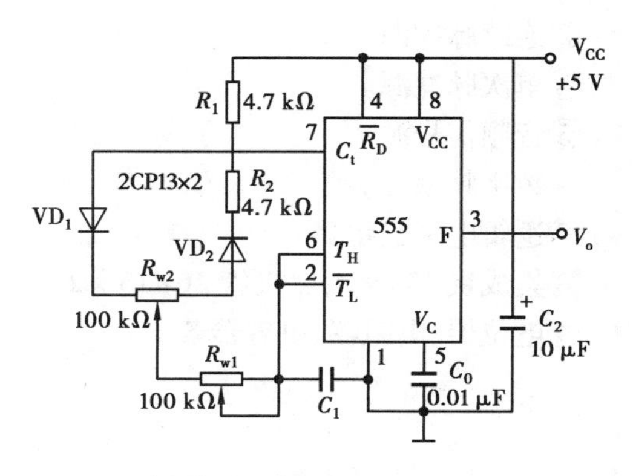

图 37-5　占空比与频率均可调的多谐振荡器

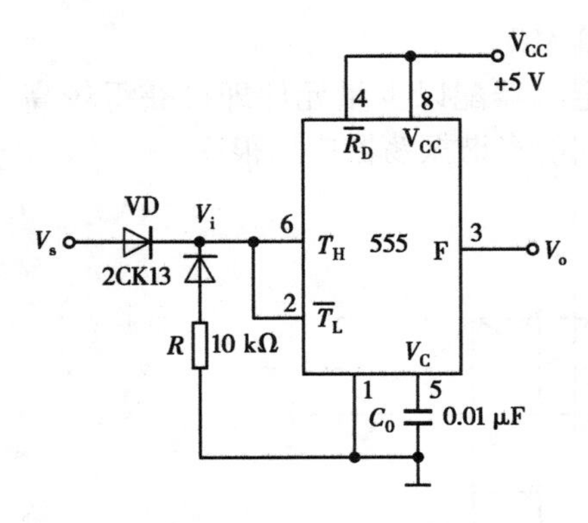

图 37-6　施密特触发器

(5)组成施密特触发器。

电路如图 37-6 所示,只要将引脚 2、6 连在一起作为信号输入端,即得到施密特触发器。图 37-7 示出了 V_s、V_i 和 V_o 的波形图。

设被整形变换的电压为正弦波 V_s,其正半波通过二极管 VD 同时加到 555 定时器的第 2 脚和第 6 脚,得 V_i 为半波整流波形。当 V_i 上升到$\frac{2}{3}\mathrm{V_{CC}}$时,$V_o$ 从高电平翻转为低电平;当 V_i 下降到$\frac{1}{3}\mathrm{V_{CC}}$时,$V_o$ 又从低电平翻转为高电平。电路的电压传输特性曲线如图 37-8 所示。

回差电压为:

$$\Delta V = \frac{2}{3}\mathrm{V_{CC}} - \frac{1}{3}\mathrm{V_{CC}} = \frac{1}{3}\mathrm{V_{CC}}$$

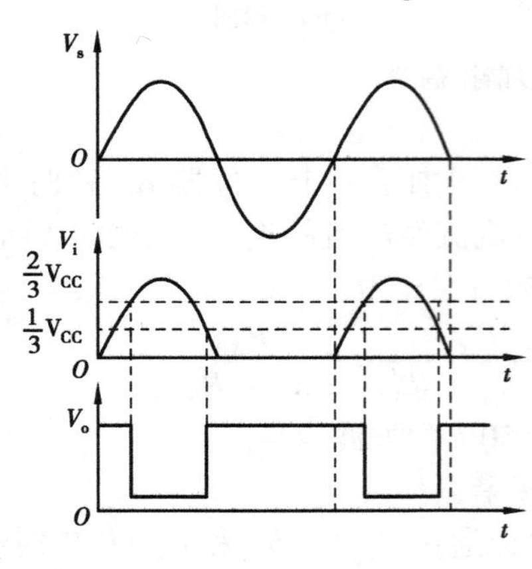

图 37-7　波形变换图

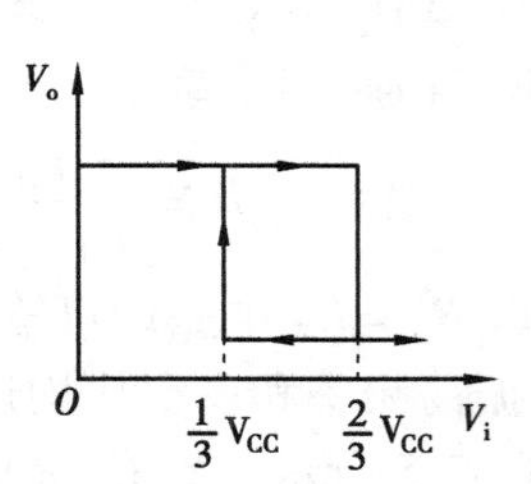

图 37-8　电压传输特性

【实验设备与器材】

①+5 V 直流电源。
②双踪示波器。
③连续脉冲源。
④单次脉冲源。
⑤音频信号源。
⑥数字频率计。
⑦逻辑电平显示器。
⑧集成块 555 ×2,二极管 2CK13 ×2。
⑨电位器、电阻器、电容器若干。

【实验内容与步骤】

1. 多谐振荡器

用 555 定时器设计输出频率 1 kHz 多谐振荡器电路,选用外围电阻、电容元件参数。

2. 单稳态触发器

①按如图 37-2 所示连线,取 $R=100\ \text{k}\Omega$,$C=47\ \mu\text{F}$,输入信号 V_i 由单次脉冲源提供,用双踪示波器观测 V_i,V_C,V_o 波形。测定幅度与暂稳时间。

②将 R 改为 $1\ \text{k}\Omega$,C 改为 $0.1\ \mu\text{F}$,输入端加 1 kHz 的连续脉冲,观测波形 V_i,V_C,V_o,测定幅度及暂稳时间。

3. 多谐振荡器

①按如图 37-3 所示接线,用双踪示波器观测 V_C 与 V_o 的波形,测定频率。

②按如图 37-4 所示接线,组成占空比为 50% 的方波信号发生器。观测 V_C、V_o 波形,测定波形参数。

③按如图 37-5 所示接线,通过调节 R_{w1} 和 R_{w2} 来观测输出波形。

4. 施密特触发器

按如图 37-6 所示接线,输入信号由音频信号源提供,预先调好 V_s 的频率为 1 kHz,接通电源,逐渐加大 V_s 的幅度,观测输出波形,测绘电压传输特性,算出回差电压 ΔU。

5. 模拟声响电路

按如图 37-9 所示接线,组成两个多谐振荡器,调节定时元件,使 Ⅰ 输出较低频率,Ⅱ 输出较高频率,连好线,接通电源,试听音响效果。调换外接阻容元件,再试听音响效果。

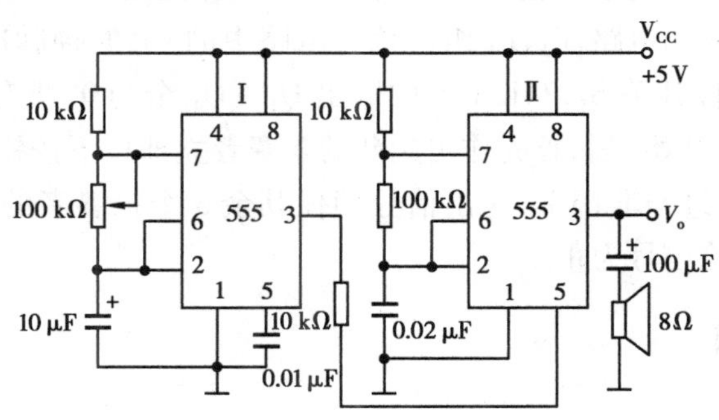

图 37-9 模拟声响电路

实验三十八 智力竞赛抢答装置

【实验目的】

(1)学习数字电路中 D 触发器、分频电路、多谐振荡器、CP 时钟脉冲源等单元电路的综合运用。

(2)熟悉智力竞赛抢答器的工作原理。

(3)了解简单数字系统实验、调试及故障排除方法。

【相关理论】

图 38-1 所示为供 4 人用的智力竞赛抢答装置线路,用以判断抢答优先权。

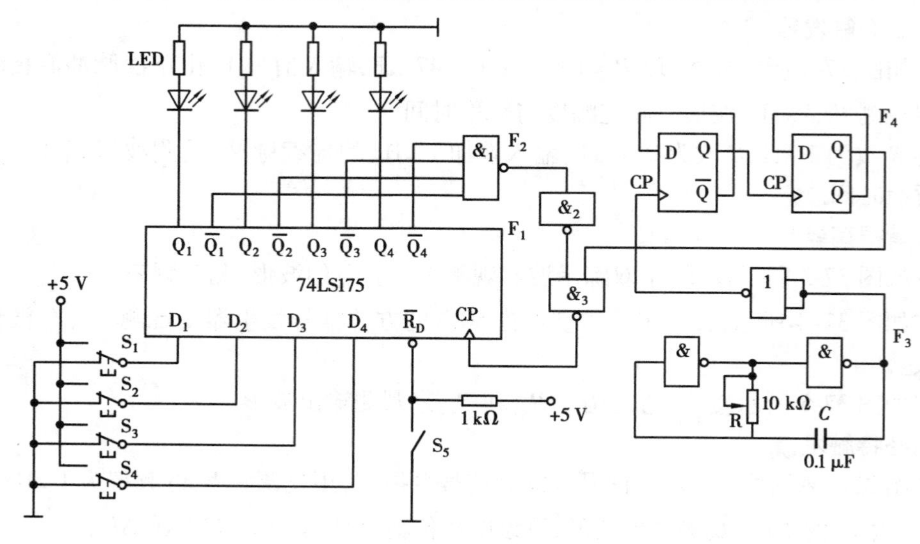

图 38-1　智力竞赛抢答装置原理图

图中:$S_1 \sim S_4$ 为 4 个抢答按钮开关;F_1 为四 D 触发器 74LS175,其具有公共置 0 端和公共 CP 端,引脚排列见附录;F_2 为双 4 输入与非门 74LS20;F_3 是由 74LS00 组成的多谐振荡器;F_4 是由 74LS74 组成的四分频电路,F_3、F_4 组成抢答电路中的 CP 时钟脉冲源,抢答开始时,由主持人清除信号,按下复位开关 S_5,74LS175 的输出 $Q_1 \sim Q_4$ 全为 0,所有发光二极管 LED 均熄灭,当主持人宣布"抢答开始"后,首先作出判断的参赛者立即按下按钮开关 $S_1 \sim S_4$,对应的发光二极管点亮,同时,通过与非门 F_2 送出信号锁住其余 3 个抢答者的电路,不再接受其他信号,直到主持人再次清除信号为止。

【实验设备与器材】

①+5 V 直流电源。
②逻辑电平开关。
③逻辑电平显示器。
④1 kHzCP 脉冲源。
⑤万用表。
⑥集成块 74LS175、74LS20、74LS74、74LS00、74LS11、74LS32。

【实验内容与步骤】

设计 3 路智力竞赛抢答器电路,在试验箱上组装实验电路,调试出如下功能。

①可容纳[1]、[2]、[3]3 组参赛者抢答,每组设置一个抢答按钮供参赛者抢答使用。

②应设置一个主持人发出抢答开始的信号按钮,在主持人按压该按钮后,发出抢答开始信

号—— 一位数显器数码管显示数字0。

③应具有第一抢答信号的鉴别和锁存功能。在主持人按压抢答开始信号按钮，数码管显示数字0后，若某组参赛者在第一时间按压抢答按钮抢答成功，应立即将其输入锁存器自锁，同时闭锁其他组别的抢答信号，使之无效。通过编码、译码和数码显示电路显示出该组参赛者的组号。

④若同时有两组及以上同时抢答时，应具有所有抢答信号无效的闭锁功能，此时数码管继续显示数字0。

第 4 部分 仿真部分

实验三十九　基尔霍夫定律仿真分析

1. 仿真电路图

仿真电路如图 39-1 所示。

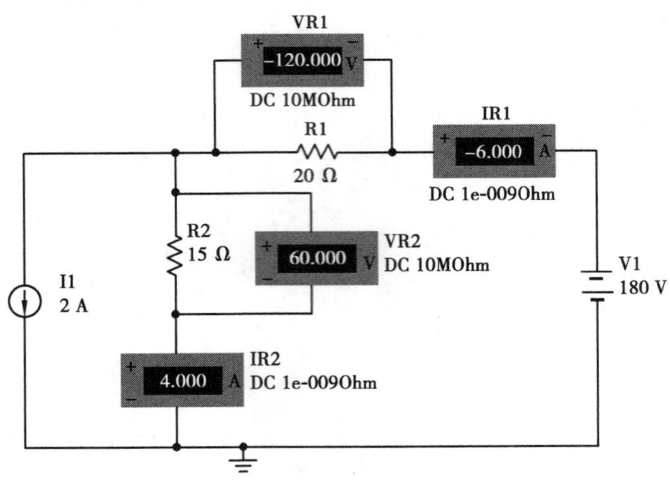

图 39-1

2. 仿真步骤

①依次单击 Multisim12.0 元件工具条上的“Place Sources\Power Sources\DC_Power”放置直流电压源，“Place Sources\Signal_Current Sources\DC_Current”放置直流电流源，“Place Basic\Resister”放置电阻元件，“Place Indicator\Voltmeter”放置电压表，“Place Indicator\Ammeter”放

置电流表,并按图39-1连接好仿真电路图。

②双击元件,在弹出的元件属性对话框中更改元件参数值,具体参数值如图39-1所示。双击电压表和电流表,在出现的属性对话框中,将电压表标签分别更改为 U_{R1},U_{R2},电流表标签分别更改为 I_{R1} 和 I_{R2}。

③按下仿真开关按钮进行仿真,并将各直流电压表和直流电流表的读数记录至表39-1。

表39-1　基尔霍夫定律实验数据

	I_{R1}/A	I_{R2}/A	U_{R1}/V	U_{R2}/V
理论计算值				
仿真测量值				

实验四十　叠加定理的验证

1. 仿真电路图

在线性电阻电路中,任一支路的电流(或电压)都是电路中各个独立电源单独作用于电路时,在该支路上分别产生的电流(或电压)的叠加并满足 $v=v'+v''$,$i=i'+i''$。

在线性电路中,所有激励(独立源)都增大(或减小)同样的倍数,则电路中响应(电压或电流)也增大(或减小)同样的倍数,当激励只有1个时,则响应与激励成正比。这就是电路的齐性定理。

叠加定理只适用于线性电路。在叠加定理的应用中需要注意不作用的独立源要置零,即电压源短路,电流源开路。

仿真电路如图40-1所示。

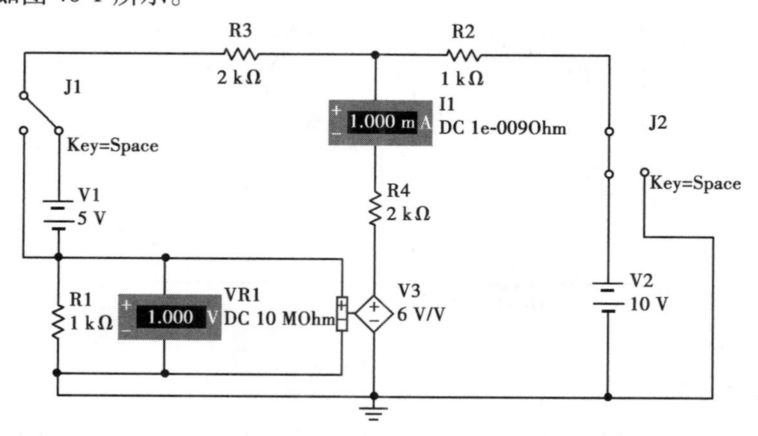

图40-1　叠加定理仿真电路

2. 仿真步骤

①依次单击Multisim12.0元件工具条上的“Place Sources\Power Sources\DC_Power”放置直流电压源,“Place Basic\Resister”放置电阻元件,“Place Sources\Controlled_Voltage_Sources\Voltage_Controlled_Voltage_Source”放置VCVS受控电压源,“Place Basic\Switch_SPDT”放置单

刀双掷开关,"Place Indicator\Voltmeter"放置电压表,"Place Indicator\Ammeter"放置电流表,并按图 40-1 连接好仿真电路图。

②双击元件,在弹出的元件属性对话框中更改元件参数值,具体参数值如图 40-1 所示,并按图 40-1 更改电表标签。

③按下仿真开关按钮进行仿真,将开关 J_1 打向 V_1,J_2 打向短接支路,此时电路由 V_1 单独作用,记录此时的电表读数;将开关 J_1 打向短接支路,J_2 打向 V_2,此时电路由 V_2 单独作用,记录此时电表读数;将开关 J_1 打向 V_1,J_2 打向 V_2,此时电路由 V_1 和 V_2 共同作用,记录此时的电表读数。叠加定理实验数据见表 40-1。

表 40-1 叠加定理实验数据

	理论计算值 V_{R1}/V	仿真测量值 V_{R1}/V	理论计算值 I_1/mA	仿真测量值 I_1/mA
V_1 单独作用				
V_2 单独作用				
V_1,V_2 共同作用				

实验四十一 戴维南定理和诺顿定理的仿真

仿真电路如图 41-1 所示。

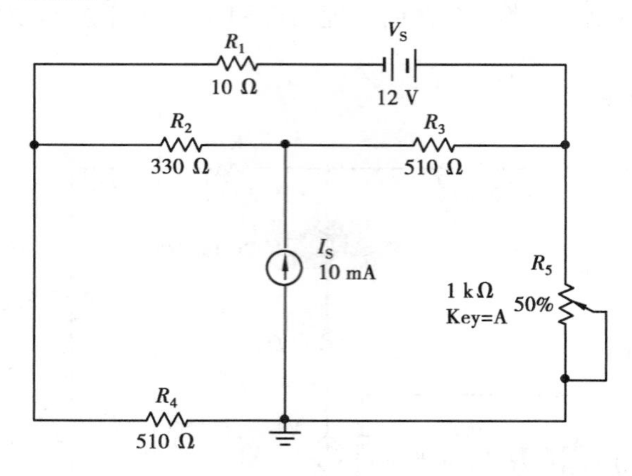

图 41-1 戴维南定理仿真电路

1. 理论分析

根据戴维南定理和诺顿定理,计算得到电路的端口开路电压为 16. 998 V,短路电流为 32. 69 mA,等效电阻为 519. 98 Ω。

2. 戴维南定理和诺顿定理的验证

搭建电路的戴维南等效电路和诺顿等效电路,并根据前面测得的开路电压、短路电流及等效电阻更改元件相应参数值,同时更改各元件标签,如图 41-2 所示。

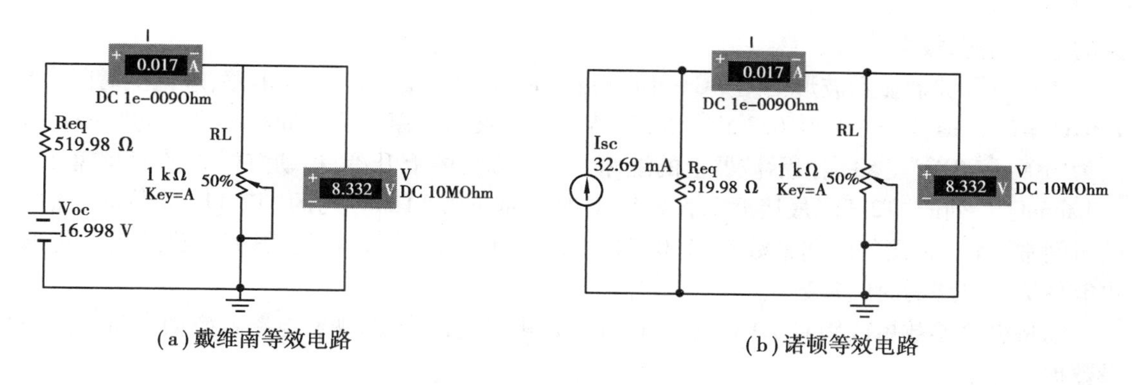

图41-2 戴维南及诺顿等效电路

将滑动变阻器 R_L 的步进值"Increment"更改为"10",移动变阻器滑条更改滑动变阻器的阻值,将电压表和电流表显示值记录下来。

3. 对比表41-1、表41-2的数据,验证戴维南定理和诺顿定理

表41-1 戴维南等效电路端口伏安特性

电阻百分比/%	10	20	30	40	50	60	70	80
V/V								
I/A								

表41-2 诺顿等效电路端口伏安特性

电阻百分比/%	10	20	30	40	50	60	70	80
V/V								
I/A								

实验四十二 RC一阶电路时域响应仿真分析

RC一阶电路仿真步骤如下所述。

①从Multisim12.0元件工具条中相应的模块中调出仿真电路所需的电阻元件和电容元件,从虚拟仪器工作条中调出虚拟函数信号发生器和示波器,并按图42-1所示连接仿真电路。

②双击虚拟函数信号发生器图标,在弹出的面板上选择方波,将信号频率设置为1 kHz,幅值设为2 V。设置完毕,关闭函数信号发生器面板。

③将电容参数设置为 $C=0.1\ \mu F$,电阻参数设置为 $R=1\ k\Omega$,开启仿真开关。双击虚拟示波器图标,在弹出的面板上设置示波器参数。此时在示波器面板上可以看到一阶电

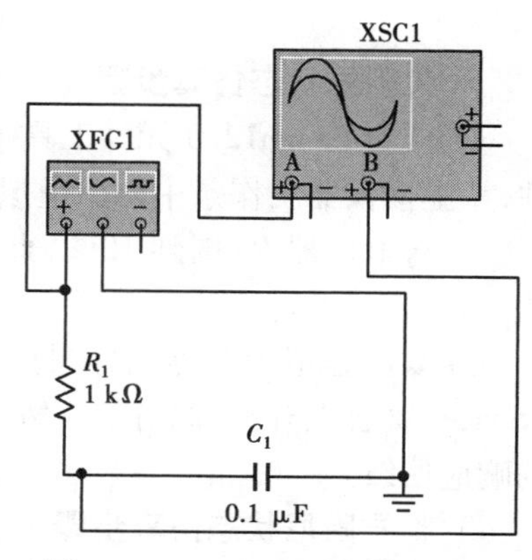

图42-1 RC一阶电路仿真电路

路的电容的充、放电波形。

④通过示波器显示波形估测 RC 一阶电路的时间常数τ。对于上述电路，理论上时间常数$\tau=RC=0.1$ ms，$V_s=4$ V，0.623 $V_S\approx2.528$ V。将示波器屏幕下方“Timebase”里的“Scale”更改为“100 μs/Div”。将虚拟示波器上的游标 1 移至方波的上升沿，移动游标 2，直至屏幕下方“Channel_B”列的“T2-T1”最接近 2.528 V，此时屏幕下方“Time”列的“T2-T1”读数即为估测的时间常数τ。估测的时间常数$\tau=100.746$ μs，与理论值相符。同理，根据电路的放电曲线，也能估测出电路的时间常数τ。

⑤将电路参数更改为 $C=0.01$ μF，$R=1$ kΩ，重复上述步骤，观察电路响应动态曲线，并记录数据。

⑥将电路参数更改为 $C=0.1$ μF，$R=3$ kΩ，重复上述步骤，观察电路响应动态曲线，并记录数据。

实验四十三　二阶电路的时域分析

1. 理论分析

仿真电路如图 43-1 所示。由图可得电路的阻尼电阻为：

$$R_d=2\sqrt{\frac{L}{C}}=2\sqrt{\frac{100\times10^{-3}}{100\times10^{-9}}}=2\times10^3\ \Omega$$

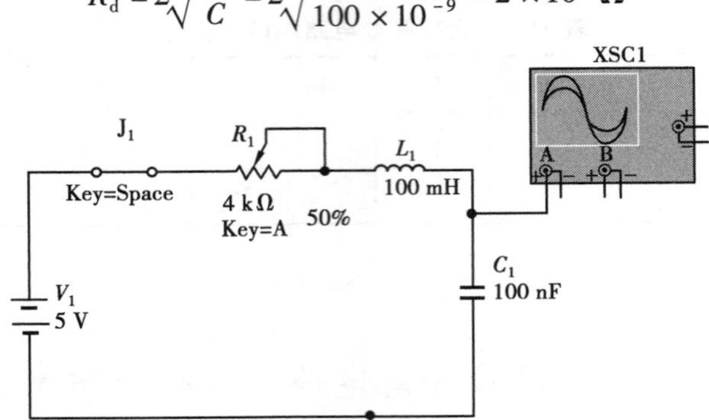

图 43-1　二阶电路时域响应仿真电路

2. 欠阻尼状态仿真步骤

①从 Multisim12.0 元件工具条中相应的模块中调出仿真电路所需的电阻元件和电容元件，从虚拟仪器工作条中调出虚拟示波器，并按图 43-1 连接仿真电路。

②将电位器 R_1 调到 10%，此时接入电路中的电阻阻值为 400 Ω，小于 R_d，处于欠阻尼状态。

③双击虚拟示波器图标，打开示波器面板界面，断开开关 J_1，开启仿真开关，按下键盘上“Space”键合上开关，同时按下暂停按钮，就能够在示波器上观察到二阶电路的欠阻尼状态下的响应曲线。

3. 临界阻尼状态仿真步骤

①将图 43-1 中的电位器 R_1 调到 50%，此时接入电路中的电阻阻值为 2 kΩ，等于 R_d，处于

临界阻尼状态。

②双击虚拟示波器图标，打开示波器面板界面，断开开关 J_1，开启仿真开关，按下键盘上"Space"键合上开关，同时按下暂停按钮，就能够在示波器上观察到二阶电路的临界阻尼状态下的响应曲线。

4. 过阻尼状态仿真步骤

①将图 43-1 中所示的电位器 R_1 调到 80%，此时接入电路中的电阻阻值为 3.2 kΩ，大于 R_d，处于过阻尼状态。

②双击虚拟示波器图标，打开示波器面板界面，断开开关 J_1，开启仿真开关，按下键盘上"Space"键合上开关，同时按下暂停按钮，就能够在示波器上观察到二阶电路的过阻尼状态下的响应曲线。

实验四十四　RLC 串联谐振电路

RLC 串联谐振电路仿真分析如下所述。

1. 理论分析

仿真电路如图 44-1 所示。

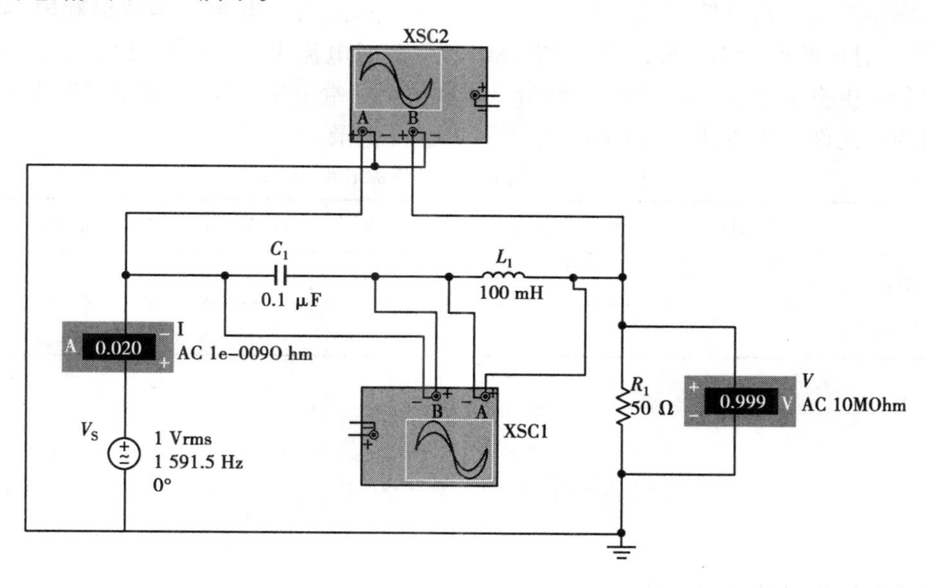

图 44-1　RLC 串联谐振仿真电路

2. RLC 串联谐振仿真步骤

①从 Multisim12.0 元件工具条中相应的模块中调出仿真电路所需的电阻元件、电容元件、电感元件和电压表及电流表，从 Multisim12.0 虚拟仪器工具条中调出虚拟示波器，并按图 44-1 连接仿真电路，同时更改各元件参数及标签。

②双击电流表(电压表)，在出现对话框中的"Value"选项下将电流表(电压表)更改为交流模式，如图 44-2 所示。

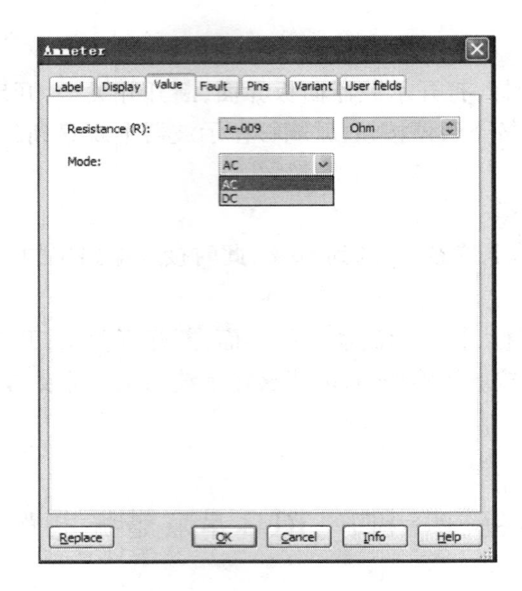

图 44-2　更改电表为交流模式

开启仿真开关,根据理论计算的结果调整正弦激励源的频率,观察 XSC1 示波器中激励源和电阻电压的波形,直到两个波形重合,此时电路发生串联谐振,移动示波器上游标测量电阻电压波形周期即可获知电路的谐振频率。观察 XSC2 示波器中电感电压波形和电容电压波形,发现谐振时两波形大小相等,相位相差 180°。将此时电流表和电压表读数记录至表44-1。将电压表分别更换至电容和电感两端,测量电容和电感两端电压,并将结果记录至表 44-1。根据测量出的各元件电压值计算出电路的品质因数 Q 并记录。

表 44-1　串联谐振电路电流和电压

	f_0/Hz	I/A	V_R/V	V_L/V	V_C/V	Q	B_W/Hz
理论计算值							
仿真测量值							

实验四十五　三相电路

1. 三相四线制电路仿真步骤

①从 Multisim12.0 元件工具条中相应的模块中调出仿真电路所需的电阻元件、电感元件、星形连接三相负载、电压表及电流表,按如图 45-1 所示连接仿真电路图,注意电压表及电流表都应该是交流(AC)模式。

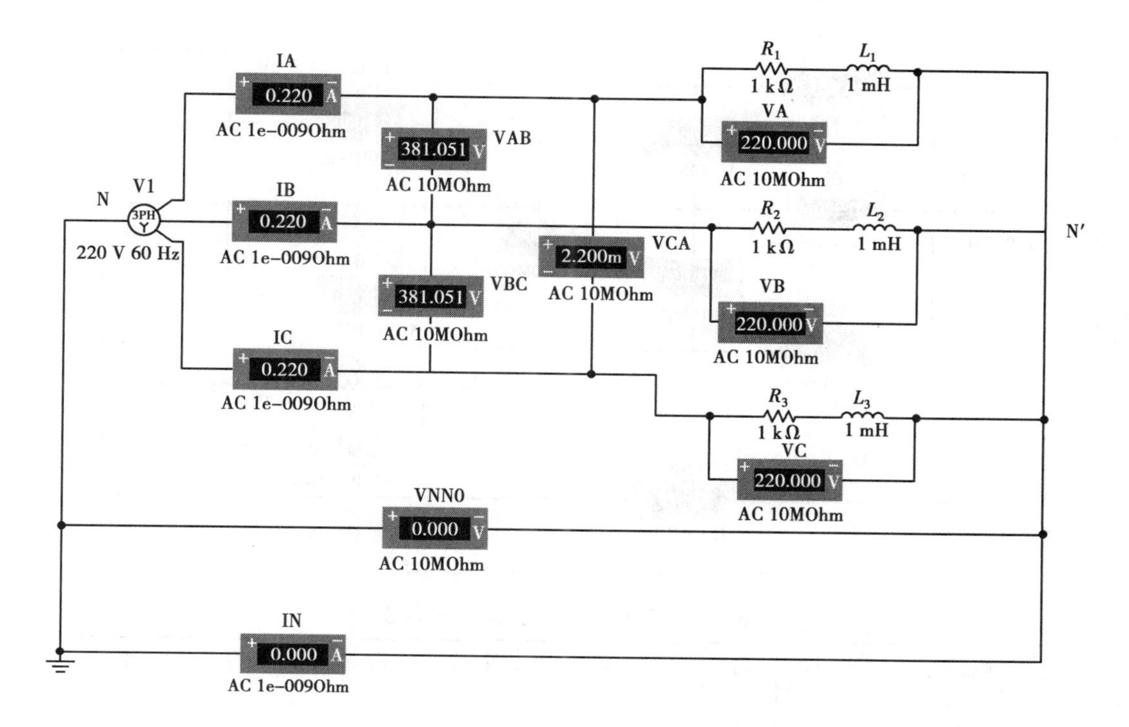

图 45-1　三相四线制电路

②开启仿真开关，将各电表读数记录至表 45-1。

表 45-1　三相四线制连接

测量数据	I_A	I_B	I_C	V_{AB}	V_{BC}	V_{CA}	V_A	V_B	V_C	I_N	$V_{NN'}$
对称负载											
不对称负载											

注：表中电流单位为安培(A)，电压单位为伏特(V)。

③关闭仿真开关，更改 A 相负载值 R_1 为 500 Ω，L_1 为 5 mH，使星形负载不再对称，开启仿真开关，观察此时各电表变化，并记录至表 45-1。

2. 三相三线制电路仿真步骤(星形负载)

①将图 45-1 中的中线去除，如图 45-2 所示，即为三相三线制(星形负载)电路。

②开启仿真开关，将各电表读数记录至表 45-2。

③关闭仿真开关，更改 A 相负载值 R_1 为 500 Ω，L_1 为 5 mH，使星形负载不再对称，开启仿真开关，观察此时各电表变化，并记录至表 45-2。

3. 三相三线制电路仿真步骤(三角形负载)

①从 Multisim12.0 元件工具条中相应的模块中调出仿真电路所需的电阻元件、电感元件、星形连接三相负载、电压表及电流表，按如图 45-3 所示连接仿真电路图，注意电压表及电流表都应该是交流(AC)模式。

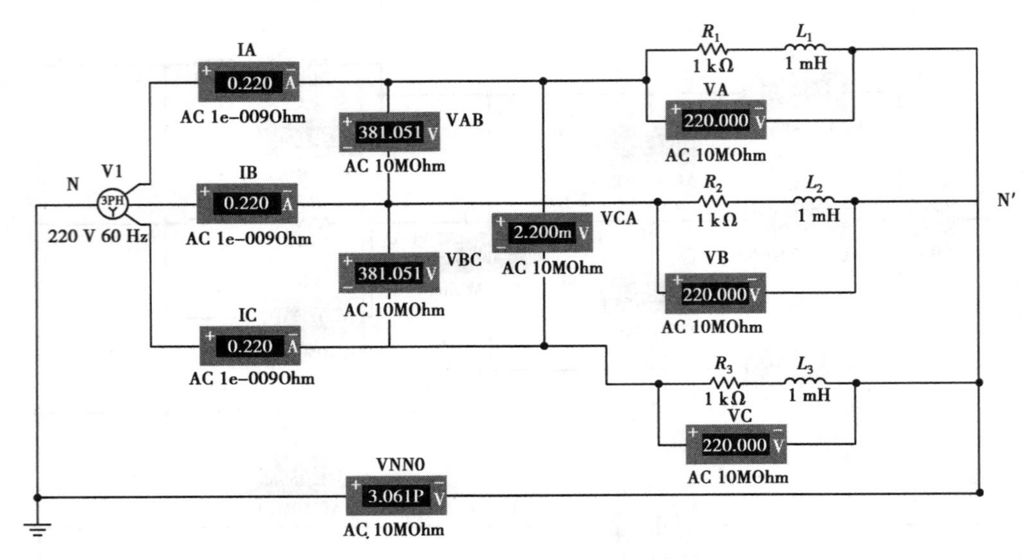

图 45-2　三相三线制(星形负载)连接电路

表 45-2　三相三线制连接(星形负载)

测量数据	I_A	I_B	I_C	V_{AB}	V_{BC}	V_{CA}	V_A	V_B	V_C	I_N	$U_{NN'}$
对称负载											
不对称负载											

注:表中电流单位为安培(A),电压单位为伏特(V)。

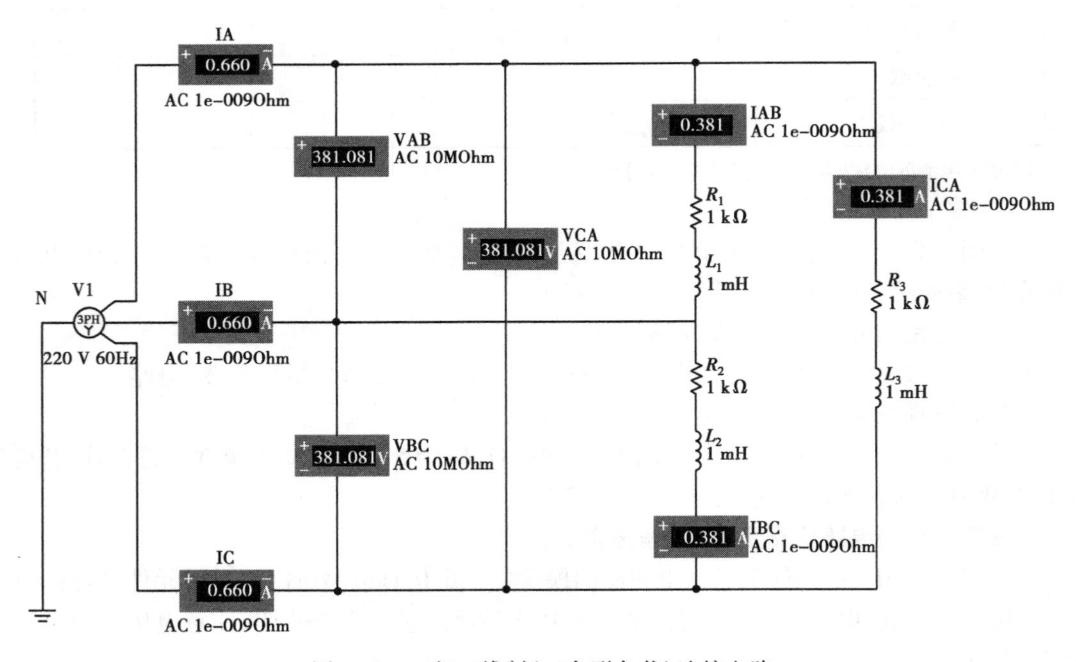

图 45-3　三相三线制(三角形负载)连接电路

②开启仿真开关,将各电表读数记录至表 45-3。

③关闭仿真开关,更改 AB 间负载值 R_1 为 500 Ω,L_1 为 5 mH,使三角形负载不再对称,开

启仿真开关,观察此时各电表变化,并记录至表45-3。

表45-3 三相三线制连接(三角形负载)

测量数据	I_A	I_B	I_C	I_{AB}	I_{BC}	I_{CA}	V_{AB}	V_{BC}	V_{CA}
对称负载									
不对称负载									

注:表中电流单位为安培(A),电压单位为伏特(V)。

实验四十六 半波整流滤波电路仿真实验

1. 仿真电路图

建立电路文件,从元件库选取电阻、电容、二极管和稳压管等,将元件连接成如图46-1所示的电路,观察半波整流输出电压波形并验证 $U_0=0.45U_2$。

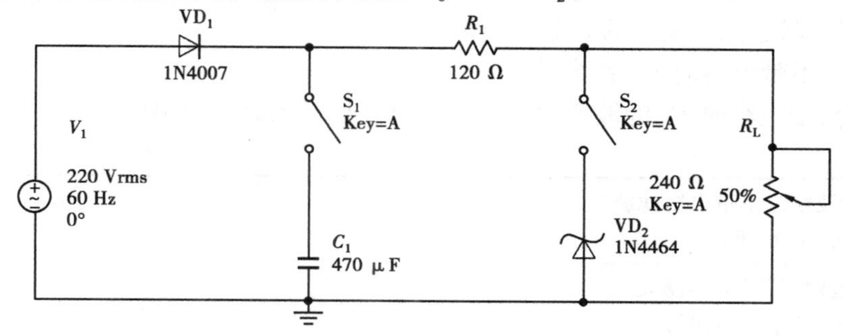

图46-1 半波整流滤波电路

2. 仿真步骤

①闭合 S_1,断开 S_2,观察带电容滤波后输出电压的波形,并测量 U_0 的大小。

②观察带并联稳压后输出的波形(S_2 闭合)。

a. S_1 断开,不带电容时 U_0 的波形。

b. S_1 闭合,带电容时 U_0 的波形。将以上测量波形计入表46-1中。

表46-1

半波整流不带电容滤波(S_1、S_2 断开)	
半波整流带电容滤波(S_1 闭合、S_2 断开)	

实验四十七 全波整流滤波电路仿真实验

1. 仿真电路图

建立电路文件,从元件库选取电阻、电容、二极管和稳压管等,将元件连接成如图47-1所示的电路，观察半波整流输出电压波形并验证 $U_0=0.9U_1$。

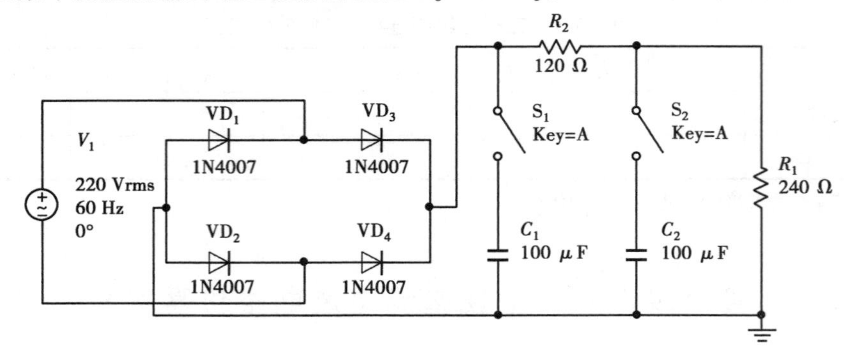

图 47-1　全波整流滤波电路

2. 仿真步骤

①闭合 S_1，断开 S_2，观察带电容滤波后输出电压的波形，并测量 U_0 的大小。

②观察带并联稳压后输出的波形(S_2 闭合)。

a. S_1 断开，不带电容时 U_0 的波形；

b. S_1 闭合，带电容时 U_0 的波形。将以上测量波形计入表 47-1 中。

表 47-1

全波整流不带电容滤波 (S_1、S_2 断开)	
全波整流带电容滤波 (S_1 闭合、S_2 断开)	
全波整流带并联稳压 (S_1 断开、S_2 闭合)	
全波整流带电容滤波及并联稳压 (S_1、S_2 闭合)	

实验四十八　晶体管共射极单管放大电路仿真实验

1. 仿真电路图

建立电路文件，从元件库调用电阻、电容、可变电阻和三极管等元件，构成如图 48-1 所示电路。在此电路基础上测量放大器静态工作点及放大器动态指标。

2. 仿真步骤

①调试静态工作点

在接通直流电源前，先将 R_W 调至最大，函数信号发生器输出为零。接通 +12 V 电源，调节 R_W，使 $U_{CE}\approx 6$ V，用万用表测量 U_B、U_E、U_C 及 R_{B2}的值。

②测量电压放大倍数

在放大器输入端加入频率为 1 kHz 的正弦信号 U_S，调节函数信号发生器的输出旋钮使放

大器输入电压 $U_i \approx 100$ mV，同时用示波器观察放大器输出电压 U_o 波形，在波形不失真的条件下用交流毫伏表测量 $R_L = \infty$ 和 $R_L = 2.4$ kΩ 时的 U_o 值。

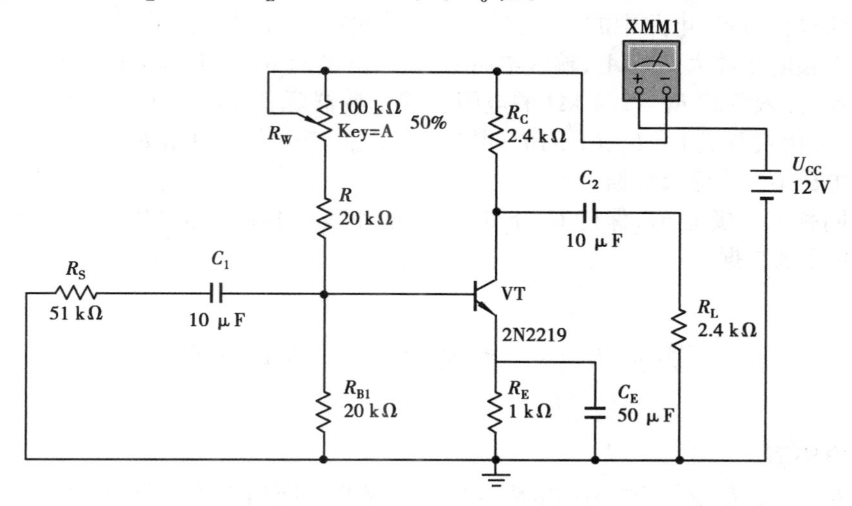

图 48-1 晶体管共射极单管放大电路

实验四十九 负反馈放大电路仿真实验

1. 仿真电路图

建立电路文件，从元件库调用电容、电阻、三极管等元件，构成如图 49-1 所示的电路。用以测量静态工作点和测试放大器的性能指标。

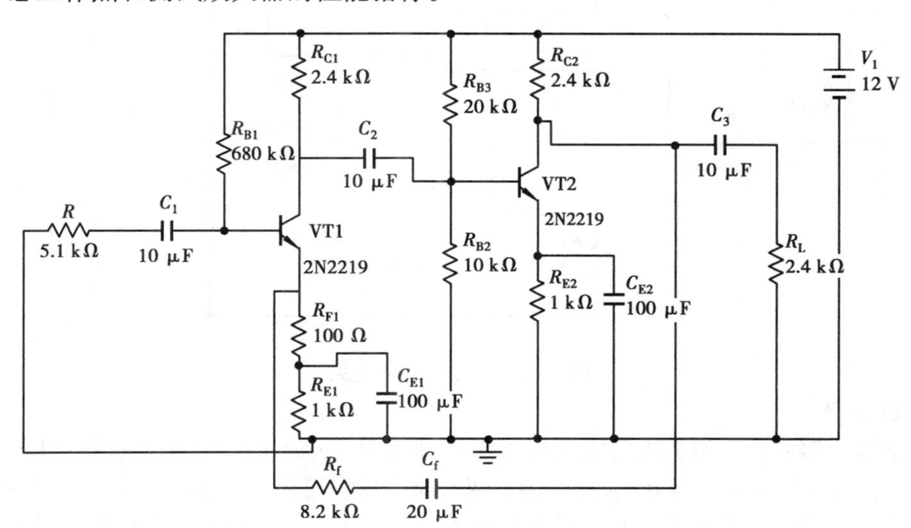

图 49-1 串联负反馈的两级阻容耦合放大器

2. 仿真步骤

①测量静态工作点

连接好实验电路后，取 $U_{CC} = 12$ V，$U_i = 0$，用万用表分别测量第一级、第二级的静态工作点，即测量 U_B、U_E、U_C 和 I_C 的值。

②测试放大器的性能指标

将原电路进行改接，电路中的 R_f 断开后分别并联在 R_{F1} 和 R_L 上。

a. 测量中频电压放大倍数 A_u，输入电阻 R_i 和输出电阻 R_o。将 $f=1$ kHz，$U_S \approx 5$ V 正弦信号输入放大器，接入负载 $R_L=2.4$ kΩ 的电阻。用示波器观察输出波形 U_o，在 U_o 不失真的情况下，用交流毫伏表测量 U_S、U_i、U_L 的值；保持 U_S 不变，断开负载电阻 R_L（不断开 R_f），测量空载时的输出电压 U_o，并记录数据。

b. 测量同频带。接上 R_L，保持 U_S 不变，然后增加和减小输入信号的频率，找出上、下限频率 f_H 和 f_L，并记录数据。

实验五十　差动放大器仿真实验

1. 仿真电路图

建立电路文件，从元件库中调用电阻、电容、三极管、可变电阻等元器件，构成如图 50-1 所示电路。其用以测量静态工作点和测试差动放大电路性能。

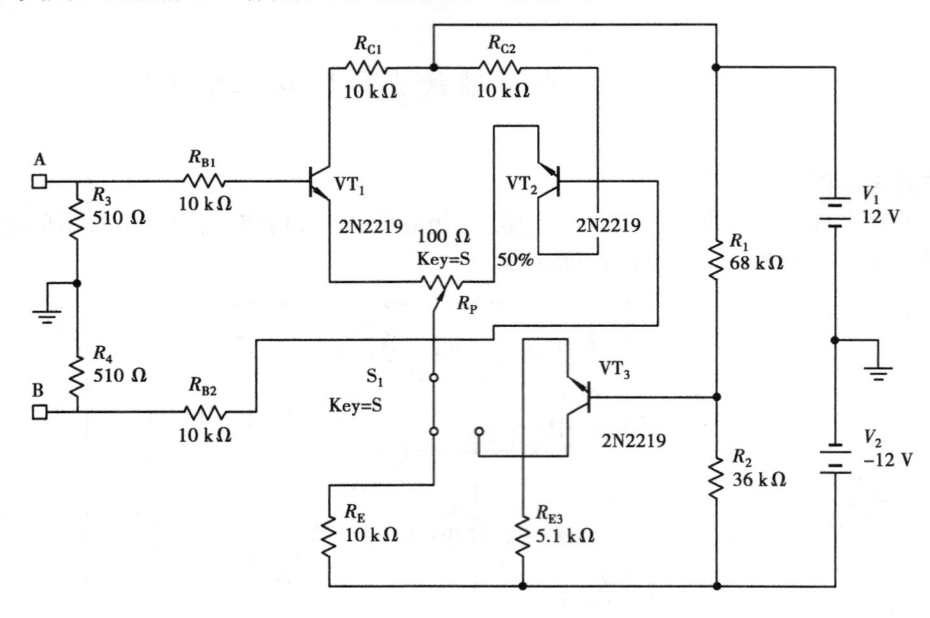

图 50-1　差动放大器电路

2. 仿真步骤

①调节放大器零点。将放大器输入端 A、B 与地短接，接通 ±12 V 直流电源，用万用表测量输出电压 U_o，调节调零电位器 R_p，使 $U_o=0$。测量时电压挡量程应尽量小，以便准确度更高。

②零点调好以后，用直流电压表测量晶体管 VT_1、VT_2 各电极电位及射极电阻 R_E 两端电压 U_{RE}，并记录测量数据。

③断开直流电源，将放大器输入 A 端接函数信号发生器的输出端，放大器输入 B 端接地构成单端输入方式，接通电源，调节输入的正弦信号（$f=1$ kHz，$U_i=50$ mV），在输出波形无失真的情况下，用交流毫伏表测 U_i、U_{C1}、U_{C2}，并记录数据。

④将放大器输入端 A、B 短接，信号源接 A 端与地之间，构成共模输入方式，调节输入信号 $f=1$ kHz，$U_i=1$ V，在输出电压无失真的情况下，测量 U_{C1}，U_{C2} 并记录数据。

⑤将开关 S_1 接通 VT_3 的集电极，构成具有恒流源的差动放大电路。测量 U_{C1}，U_{C2} 并记录数据。

实验五十一 模拟运算电路仿真实验

1. 仿真电路图

建立电路文件，从元件库调用集成运放 741 和电阻等元器件，构成如图 51-1 所示电路。用以测量输出电压，并观察输入电压和输出电压的波形关系。

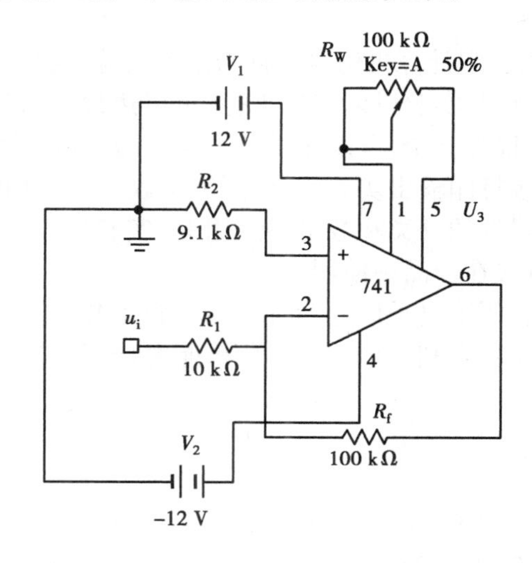

图 51-1 反相比例运算电路

2. 仿真步骤

①按照如图 51-1 所示电路连接好电路，接通 ±12 V 电源，输入端对地短接，进行调零和消振。

②输入正弦交流信号，交流信号为 $f=100$ Hz，$U_i=0.5$ V，测量响应的 U_o，并记录数据。用示波器观察 U_o 和 U_i 的相位关系，并记录显示的波形。

实验五十二 Multisim 12.0 数字电路仿真

【Multisim 12.0 **软件介绍**】

Multisim 12.0 是美国国家仪器公司最新推出的 Multisim 最新版本。Multisim 12.0 用软件的方法虚拟电子与电工元器件，虚拟电子与电工仪器和仪表，实现了“软件即元器件”“软件即仪器”。其是一个原理电路设计、电路功能测试的虚拟仿真软件。Multisim 12.0 的元器件提供数千种电路元器件供试验选用，同时也可以新建或扩充已有的元器件库，而且建库所需的元器件参数可以从生产厂商的产品使用手册中查到，因此可很方便地在工程设计中使用。

Multisim 12.0 的虚拟测试仪器仪表种类齐全，有一般实验用的通用仪器，如万用表、函数信号发生器、双踪示波器、直流电源；而且还有一般实验室少有或没有的仪器，如伯得图仪、字信号发生器、逻辑分析仪、逻辑转换器、失真仪、频谱分析仪和网络分析仪等。

Multisim 12.0 具有较为详细的电路分析功能，可以完成电路的瞬态分析和稳态分析、时域和频域分析、器件的线性和非线性分析、电路的噪声分析和失真分析、离散傅立叶分析、电路零极点分析、交直流灵敏度分析等电路分析方法，以帮助设计人员分析电路的性能。

Multisim 12.0 可以设计、测试和演示各种电子电路，包括电工学、模拟电路、数字电路、射频电路、微控制器和接口电路等。可以对被仿真的电路中的元器件设置各种故障，如开路、短路和不同程度的漏电等，从而观察不同故障情况下的电路工作状况。在进行仿真的同时，软件还可以存储测试点的所有数据，列出被仿真电路的所有元器件清单，以及存储测试仪器的工作状态、显示波形和具体数据等。

利用 Multisim 12.0 可以实现计算机仿真设计与虚拟实验，与传统的电子电路设计与实验方法相比，具有如下特点：设计与实验可以同步进行，可以边设计边实验，修改调试方便；设计和实验的元器件及测试仪器仪表齐全，可以完成各种类型的电路设计与实验；可方便地对电路参数进行测试和分析；可直接打印输出实验数据、测试参数、曲线和电路原理图；实验中不消耗实际的元器件，实验所需元器件的种类和数量不受限制，实验成本低，实验速度快，效率高；设计和实验成功的电路可以直接在产品中使用。

Multisim 12.0 易学易用，便于电子信息、通信工程、自动化、电气控制类等专业学生自学，便于开展综合性的设计和实验，有利于培养综合分析能力、开发和创新的能力。

【Multisim 基本操作】

1. 主窗口界面

单击“开始”→“程序”→“National Instruments”→“Circuit Design Suite 12.0”→“Multisim”，即可启动 Multisim 12.0，可以看到如图 52-1 所示的 Multisim 的主窗口。

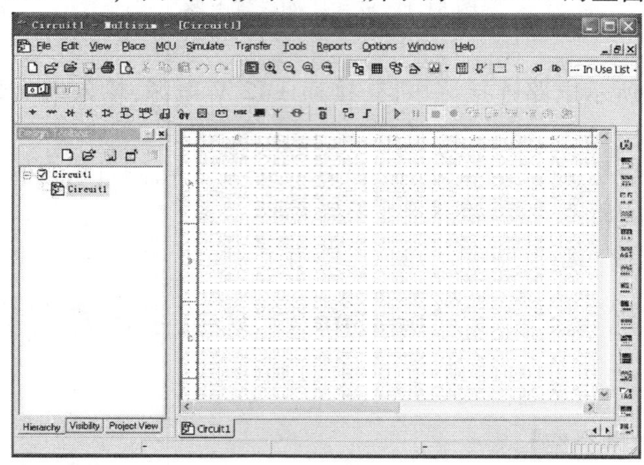

图 52-1 Multisim 主窗口

2. Multisim 菜单栏

其主菜单栏如图 52-2 所示。

File Edit View Place MCU Simulate Transfer Tools Reports Options Window Help

图 52-2　Multisim 主菜单栏

Multisim 主菜单栏的命令菜单从左到右依次为:文件、编辑、视窗、放置、微控制器、仿真、文件输出、工具、报告、选项、窗口、帮助。每一个命令菜单的下拉菜单又提供了多种功能菜单。

(1)File(文件)菜单。

File 菜单提供了 19 条文件操作命令,如打开、保存和打印等,File 菜单中的命令及功能如图 52-3 所示。

(2)Edit(编辑)菜单。

Edit 菜单提供了 21 条文件操作命令,如剪切、复制和粘贴等,Edit 菜单中的命令及功能如图 52-4 所示。

图 52-3　File 菜单

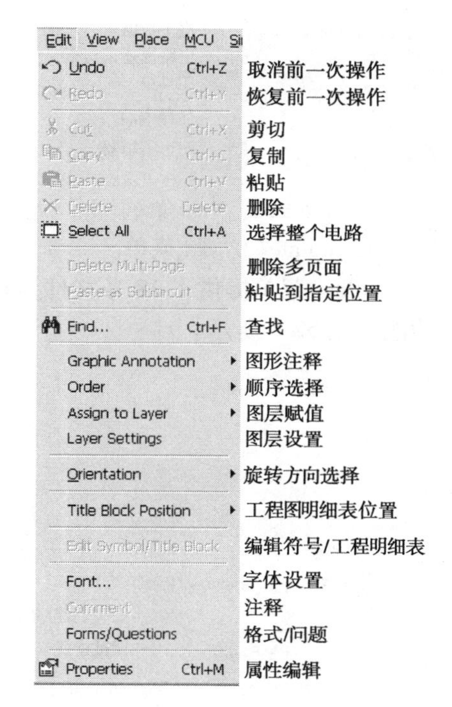

图 52-4　Edit 菜单

(3)View(视窗)菜单。

View 菜单提供了 19 条文件操作命令,如全屏、放大和缩小等,View 菜单中的命令及功能如图 52-5 所示。

(4)Place(放置)菜单。

Place 菜单提供了 17 条文件操作命令,如元件、节点和总线等,Place 菜单中的命令及功能如图 52-6 所示。

(5)MCU(微控制器)菜单。

MCU 菜单提供了 11 条文件操作命令,如暂停、进入和离开等,MCU 菜单中的命令及功能如图 52-7 所示。

图 52-5　View 菜单

Place MCU Simulate Transfer Tools Reports		
Component...	Ctrl+W	元件
Junction	Ctrl+J	节点
Wire	Ctrl+Q	导线
Bus	Ctrl+U	总线
Connectors		(端口)连接器
New Hierarchical Block...		新建层次模块
Replace by Hierarchical Block	Ctrl+Shift+H	替换层次模块
Hierarchical Block from File...	Ctrl+H	来自文件的层次模块
New Subcircuit	Ctrl+B	新建子电路
Replace by Subcircuit	Ctrl+Shift+B	子电路替换
Multi-Page		设置多项
Merge Bus...		合并总线
Bus Vector Connect...		总线适量连接
Comment		注释
Text	Ctrl+T	文字
Graphics		图形
Title Block...		工程标题栏

图 52-6　Place 菜单

(6)Simulate(仿真)菜单。

Simulate 菜单提供了 18 条文件操作命令,如运行、分析和仿真等,Simulate 菜单中的命令及功能如图 52-8 所示。

图 52-7　MCU 菜单

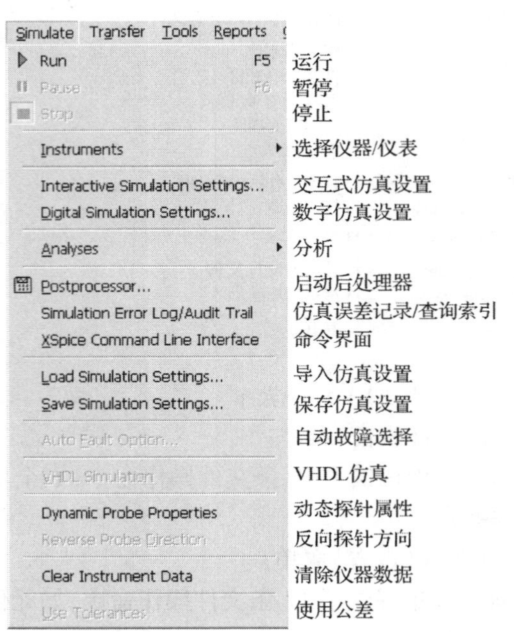

图 52-8　Simulate 菜单

(7)Transfer(文件输出)菜单。

Transfer 菜单提供了 8 条文件操作命令,Transfer 菜单中的命令及功能如图 52-9 所示。

将电路图传送给Uliboard 10
将电路图传送给Uliboard 9或更早版本
输出PCB设计图
创建Uliboard注释文件
创建Uliboard 9或者其他早期版本注释文件
修改Uliboard注释文件
加亮所选择的Uliboard
输出网表

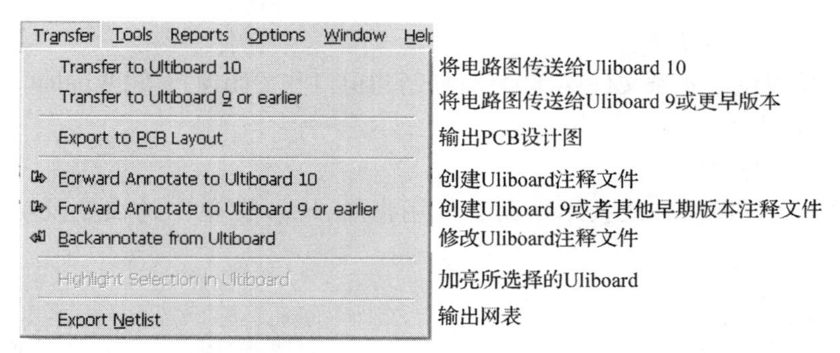

图 52-9　Transfer 菜单

（8）Tools（工具）菜单。

Tools 菜单提供了 17 条文件操作命令，如元器件编辑和数据库等，Tools 菜单中的命令及功能如图 52-10 所示。

元件编辑器
数据库
变量管理器
设置动态变量
电路编辑器
元件的重新命名/编号
元件替换
更新电路元件
更新HB/SC符号
电气规则检验
清除ERC标志
设置NC标志
符号编辑器
工程图明细表比较器
描述箱比较器
编辑标签
抓屏显图范围

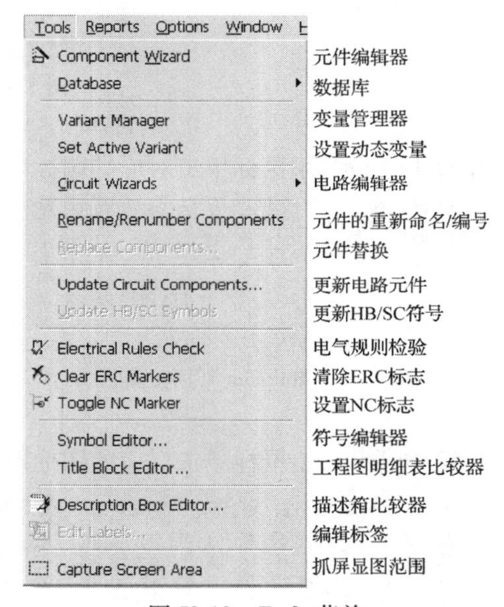

图 52-10　Tools 菜单

（9）Reports（报告）菜单。

Reports 菜单提供了 6 条文件操作命令，如材料清单和统计报告等，Reports 菜单中的命令及功能如图 52-11 所示。

（10）Options（选项）菜单。

Options 菜单提供了 3 条文件操作命令，Options 菜单中的命令及功能如图 52-12 所示。

材料清单
元件详细报告
网络表报告
参照表报告
统计报告
剩余门电路报告

图 52-11　Reports 菜单

全部参数设置
工作台界面设置
用户界面设置

图 52-12　Options 菜单

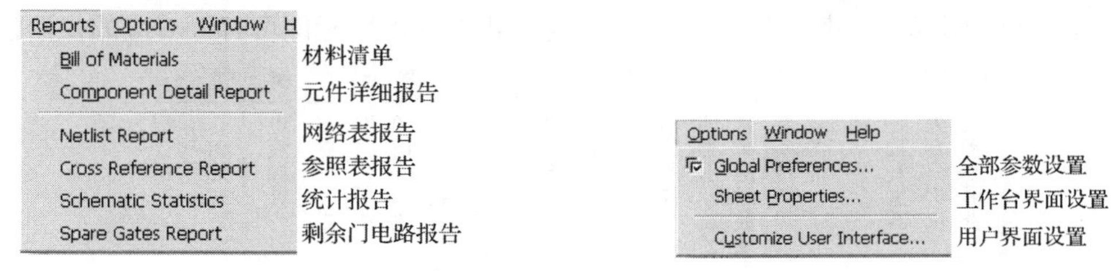

(11)Window(窗口)菜单。

Window 菜单提供了 8 条文件操作命令,如新建窗口和关闭窗口等,Window 菜单中的命令及功能如图 52-13 所示。

(12)Help(帮助)菜单。

Help 菜单为用户提供在线技术帮助和使用指导,Help 菜单中的命令及功能如图 52-14 所示。

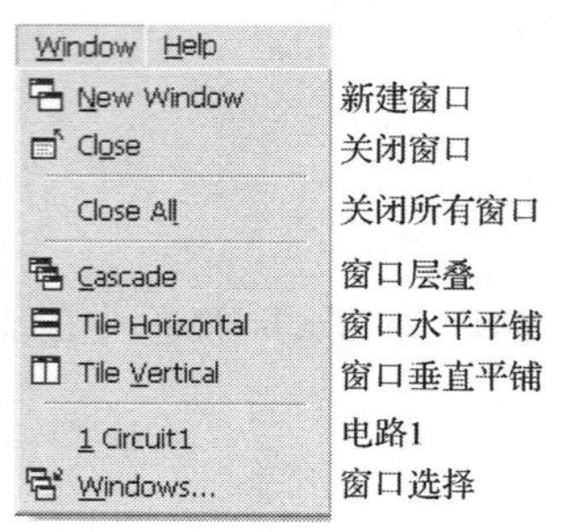

图 52-13 Window 菜单

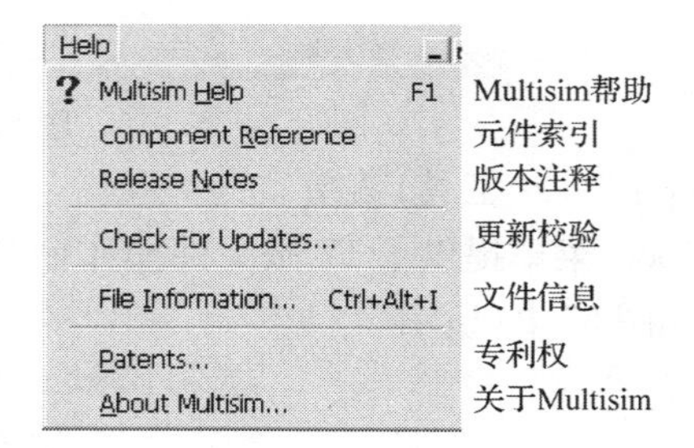

图 52-14 Help 菜单

3. Multisim 工具栏

Multisim 常用工具栏如图 52-15 所示,用鼠标单击对应的图标即可实现对应的功能。

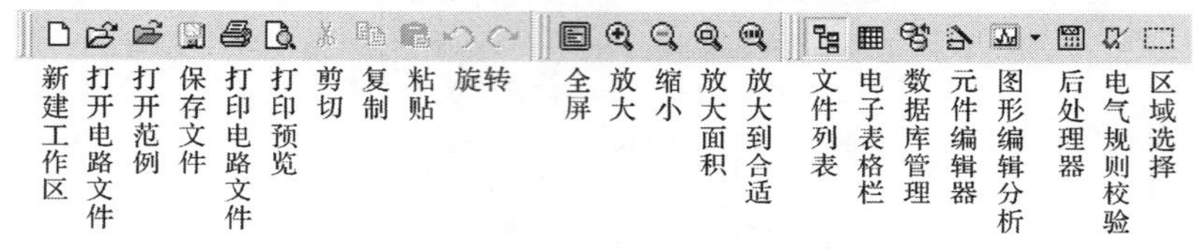

图 52-15 Multisim 常用工具栏

4. Multisim 元器件库栏

Multisim 元器件库栏如图 52-16 所示,用鼠标单击对应的图标即可打开对应的元器件库。

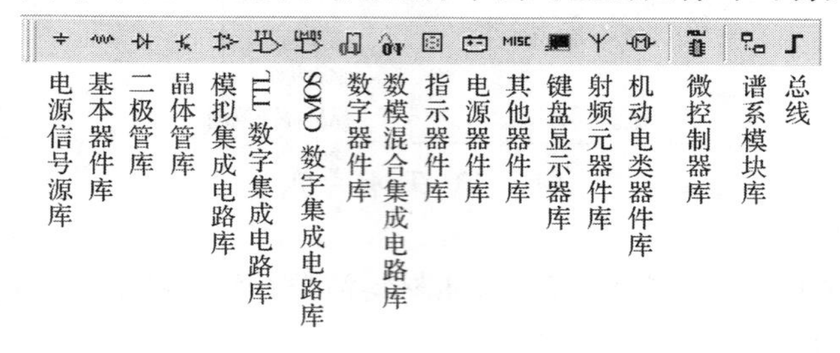

图 52-16 Multisim 元器件库栏

5. Multisim 仪器仪表栏

Multisim 仪器仪表栏如图 52-17 所示,用鼠标单击对应的图标即可打开对应的仪器仪表。

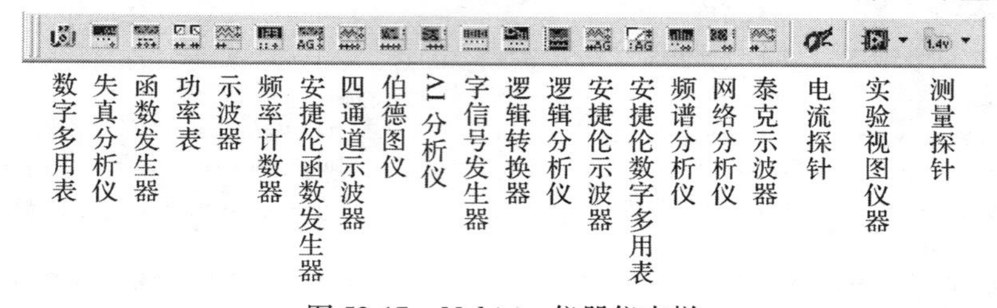

图 52-17 Multisim 仪器仪表栏

【Multisim 12.0 **仿真实验 1**】

74LS00N 为四 2 输入与非门,可以实现两个信号输入一个信号与非输出的功能。74LS20N 为双 4 输入与非门,可以实现 4 个信号输入一个信号与非输出的功能。具体引脚见附录。

1. 逻辑分析

利用逻辑转换仪(Logic Converter)分析转换电路。如图 52-18 所示,从仪器仪表栏中选取逻辑转换仪,将逻辑表(真值表)输入逻辑转换仪中,将逻辑表(真值表)转换为最简表达式以及门电路连接图,并将结果记录下来。

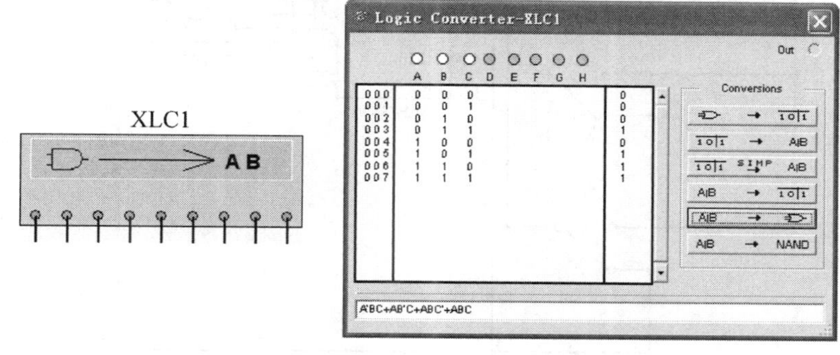

图 52-18　逻辑转换仪逻辑分析

2. 建立电路文件

逻辑电路由 TTL 门电路组成,首先从元件库中选择相应的与门、非门、与非门等,再将相应的输入端和输出端连接好,指示灯用发光二极管取代。图 52-19 所示为一参考电路,该电路由与非门组成,根据电路选择 74LS00N、74LS20N、LED 和电阻,再用导线连接号,然后依照电路图修改各元件参数。

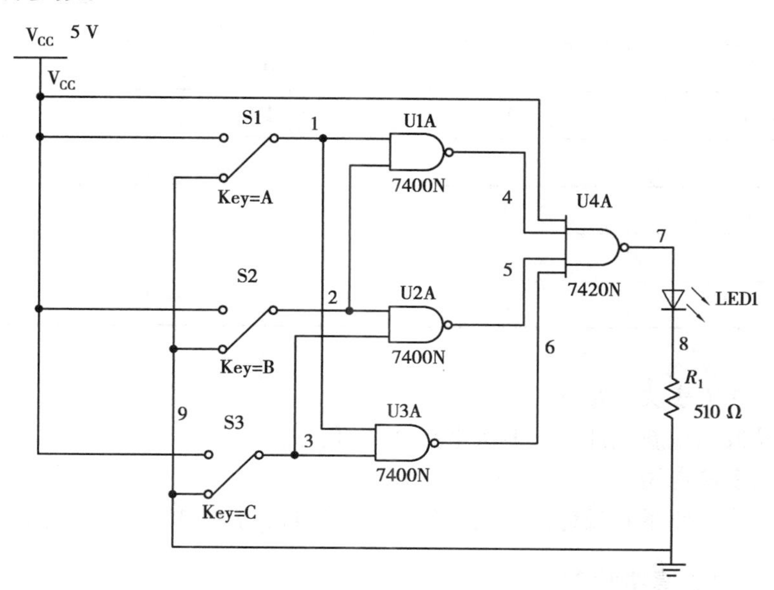

图 52-19　3 人表决电路仿真电路

3. 调试电路、仿真并分析结果

根据图 52-20，以 A、B、C 模拟输入，开关接高电平“1”表示赞成，接低电平“0”表示否决，发光二极管 LED1 的亮与灭模拟表决结果。对应逻辑状态表(表 52-1 所示的真值表)进行仿真记录结果并分析。

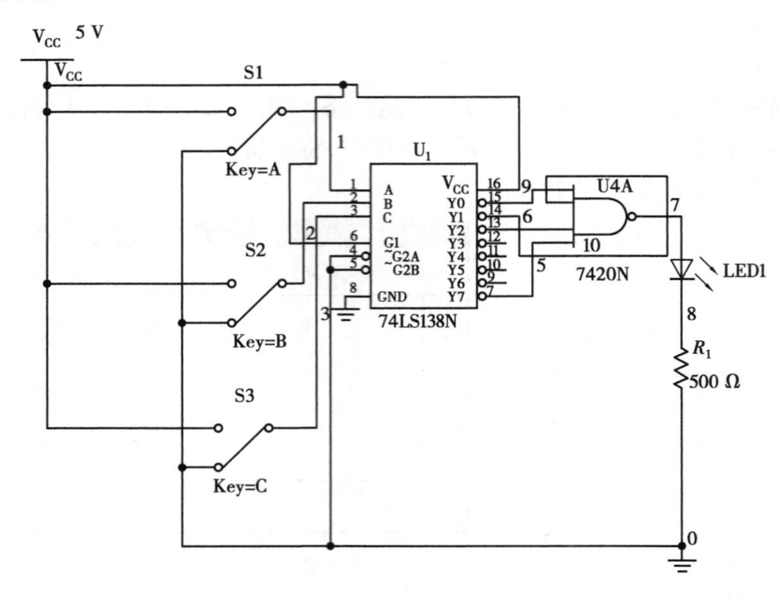

图 52-20　74LS138 实现逻辑函数仿真电路

表 52-1　3 人表决电路的逻辑表

A	B	C	
0	0	0	
0	0	1	
0	1	0	
0	1	1	
1	0	0	
1	0	1	
1	1	0	
1	1	1	

4. 重新设计 3 人表决电路

改用与门及或门重新设计 3 人表决电路并仿真。

5. 设计 4 人表决电路

根据 3 人表决电路重新设计 4 人表决电路，并将自己得到的电路图和仿真结果记录下来。

【Multisim 12.0 **仿真实验 2**】

译码器是一个多输入、多输出的组合逻辑电路。比如译码器有 3 个输入端和 8 个输出端，称为 3 线 ~8 线译码器。如有 4 个输入端和 10 个输出端,称为 4 线 ~10 线译码器。常见的译码器芯片有 74LS138,下面利用该芯片进行仿真实验。

①仿真 74LS138 译码器实现逻辑函数 $Z=\bar{A}\bar{B}\bar{C}+\bar{A}B\bar{C}+A\bar{B}\bar{C}+ABC$ 建立电路文件。从元器件库中选取四输入与非门、74LS138、LED 和电阻,将元器件连接成如图 52-20 所示的参考电路。

调试、仿真并分析。如图所示,以开关 A、B、C 输入 000 ~111 变量,观察 LED1 的亮灭,并记录下仿真结果。

②将 74LS20N 的输出端连接示波器,观察输出的波形并记录下来。

③根据仿真实例,仿真 74LS138 实现其他的逻辑函数。将仿真电路图记录下来。

【Multisim 12.0 **仿真实验** 3】

数据选择器又称为多路开关,其功能和数据分配器正好相反,是从输入的多路数据中选择其中一路信号作为输出的电路。常见的有 4 选 1 数据选择器和 8 选 1 数据选择器,该仿真实验利用芯片 74LS151 作为数据选择器。

①仿真 74LS151 实现逻辑函数 $F=A\bar{B}+\bar{A}C+B\bar{C}$。建立电路文件。从元器件库中选取 74LS151、LED 和电阻,将元器件连接成如图 52-21 所示的电路。连接好后再从开关 S1、S2、S3 输入 000 ~111 变量,观察 LED1 的亮灭,并记录下仿真结果。

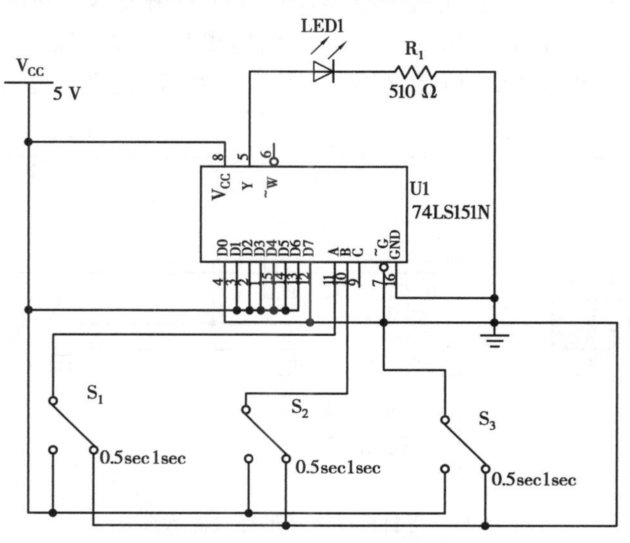

图 52-21　74LS151 实现逻辑函数仿真电路

②仿真 74LS153 实现逻辑函数 $F=\bar{A}BC+A\bar{B}C+AB\bar{C}+ABC$。建立电路文件。从元器件库中选取 74LS153、LED 和电阻,将元器件连接成如图 52-22 所示的电路。连接好后再从开关 S1、S2、S3 输入 000 ~111 变量,观察 LED1 的亮灭,并记录下仿真结果。

③选用其他的仪器仪表接到 74LS151 和 74LS153 的输出端,观察其输出的波形并记录下来。

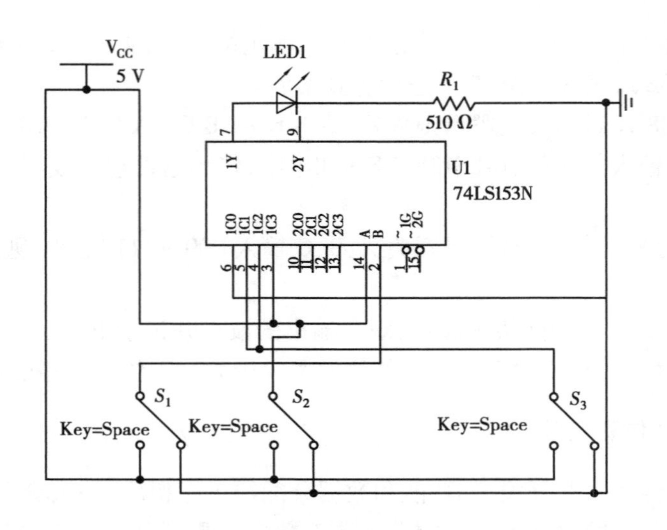

图 52-22　74LS153 实现逻辑函数仿真电路

【Multisim 12.0 **仿真实验** 4】

触发器是在输入信号和时钟的共同作用下得到输出信号的。输入信号端 1D、2D、3D、4D 和 1Q、2Q、3Q、4Q 相对应。该仿真实验选择 74LS175(四 D 触发器)、74LS00 连接成如图 52-23 所示的可自启动的环形计数器,选择 X1 和 X2 作为输出显示,选用函数发生器 XFG1 提供时钟信号。全部连接好后开始调试、仿真,观察指示灯 X1 和 X2 的亮灭并自制表格记录下来。

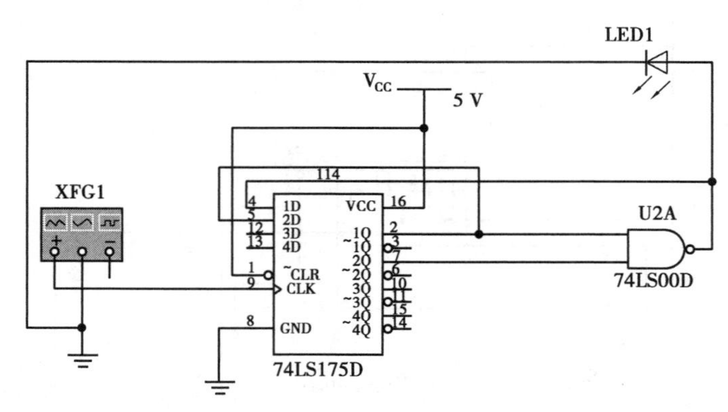

图 52-23　可自启动的环形计数器仿真电路

【Multisim 12.0 **仿真实验** 5】

74LS192 是双时钟方式的十进制可逆计数器。CPU 端为加计数时钟输入端,CPD 端为减计数时钟输入端。LD 端为预置输入控制端,异步预置。CR 端为复位输入端,高电平有效,异步清除。CO 端为进位输出端,状态为 1001 后负脉冲输出。BO 为借位输出端,状态为 0000 后负脉冲输出。

①选取 74LS192、七段数码管和函数发生器 XFG1 构成如图 52-24 所示的加法计数器,电路连接好后进行调试、仿真。设置函数发生器 XFG1 的不同频率,提供不同周期的时钟脉冲,观察七段数码管数字的变化情况。

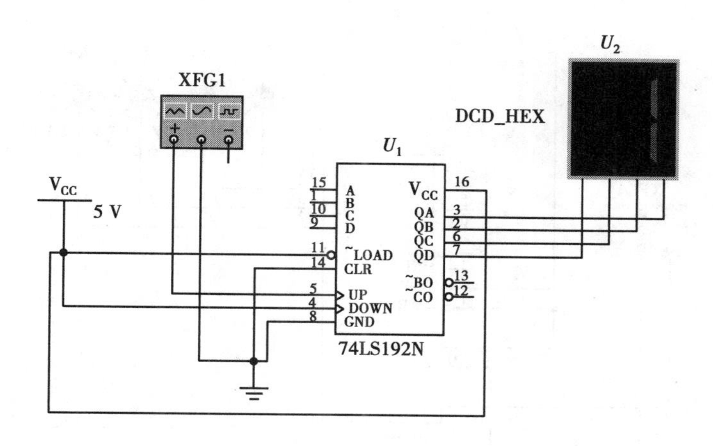

图 52-24　74LS192 构成十进制加法计数器仿真电路

②设计 74LS192 构成十进制减法计数器的仿真电路。按照上述方法观察七段数码管的变化情况。

【Multisim 12.0 **仿真实验 6**】

CC40194 构成 4 位双向移位寄存器。它既可以右移,也可以左移;既可以串行输入输出,也可以并行输入输出。在控制信号的作用下,功能分别有置数、右移、左移和保持 4 种情况。此实验也可以用 74LS194 代替。

①选取 CC40194、函数发生器 XFG1 构成如图 52-25 所示的向右移位的移位寄存器,并选用 X1、X2、X3 和 X4 作为指示灯图形符号连接到输出端以显示移位方向。

②连接好电路后进行调试、仿真,函数发生器 XFG1 给出时钟脉冲后可以观察到 X1 ~ X4 依次点亮,如图 52-26 所示。

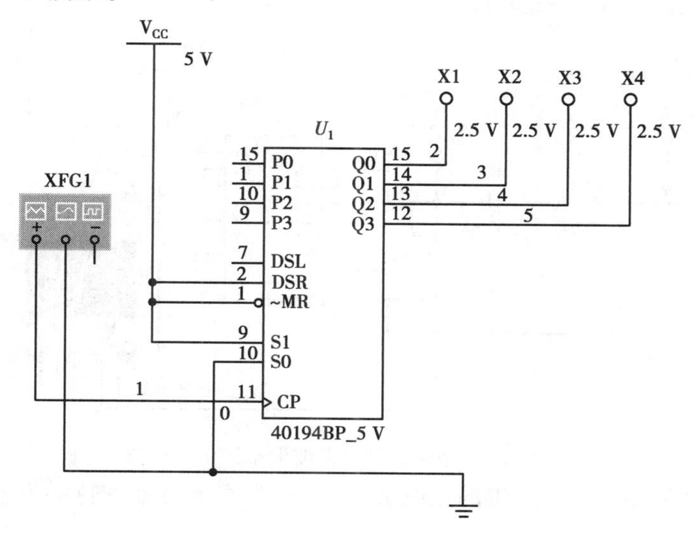

图 52-25　向右移位寄存器仿真电路

③选用 CC40194 设计出左移移位寄存器仿真电路,并调试、仿真。

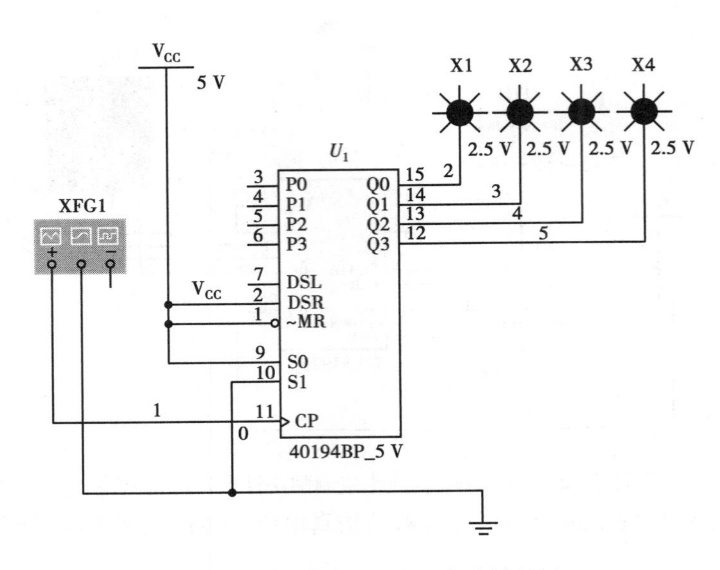

图 52-26　向右移位寄存器仿真效果图

【Multisim 12.0 **仿真实验 7**】

CC40106 由 6 个斯密特触发器电路组成。每个电路均为在两输入具有斯密特触发器功能的反相器。芯片引脚 2、4、6、8、10 和 12 脚为数据输出端，引脚 1、3、5、9、11 和 13 脚为数据输入端，14 脚为电源输入端，7 脚为接地端。触发器在信号的上升沿和下降沿的不同点开、关。上升电压（UT +）和下降沿（UT −）之差定义为滞后电压。

①选取 CC40106、函数发生器、示波器、C1、R1、R2 和 R3 构成图 52-27 所示的施密特触发器波形整形的仿真电路。用函数发生器 XFG1 给出正弦波，通过施密特触发器整形后，在示波器 XSC1 中观察得到图 52-28 的波形。

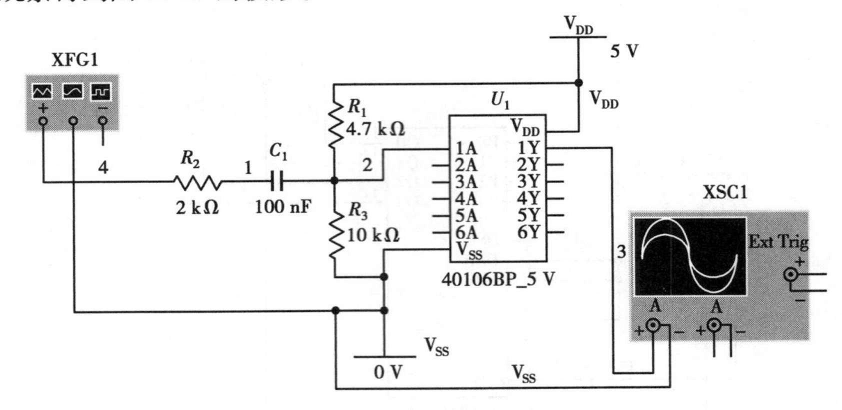

图 52-27　施密特触发器波形整形仿真电路

②改变函数发生器 XFG1 产生的正弦波的频率，观察通过施密特触发器整形后示波器中的波形，并记录下来。

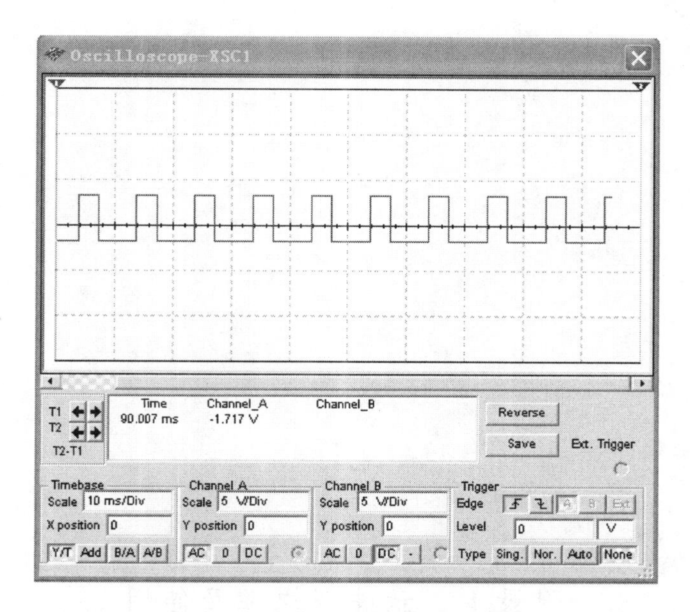

图 52-28 仿真电路示波器的波形图

【Multisim 12.0 **仿真实验 8**】

555 定时器的 1 脚接地端 GND。2 脚为触发端 TRI,当此引脚电压降低至 $1/3V_{CC}$(或由控制端决定的阈值电压)时,输出端输出高电平。3 脚为信号输出端 OUT,此端输出高低电平。4 脚为信号复位端 RST,当此引脚接高电平时,定时器工作;当此引脚接地时,芯片复位,输出低电平。5 脚为控制信号端 CON,此端用于控制芯片的阈值电压。6 脚为阈值端 THR,当此引脚电压升至 $2/3V_{CC}$时,输出端输出低电平。7 脚为放电端 DIS,内接 OC 门,用于给电容放电。8 脚为电源端,接 V_{CC},给芯片供电。

①建立仿真电路。选取 555 定时器和外围的阻容元件构成多谐振荡器,要求第一个的振荡器频率为 1 Hz,第二个的振荡器频率为 2 kHz。将两个多谐振荡器连接成如图 52-29 所示的仿真电路。

②仿真、调试电路。

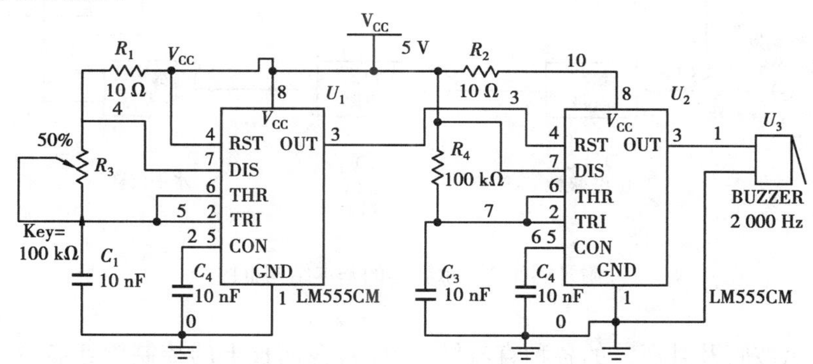

图 52-29 模拟声响仿真电路

③使用一个两通道的示波器分别连接到两个多谐振荡器的输出端,观察振荡器的输出波形,并记录下来。

附　录

附录Ⅰ　示波器原理及使用

一、示波器的基本结构

示波器的种类很多,但它们都包含下列基本组成部分,如附录图Ⅰ-1 所示。

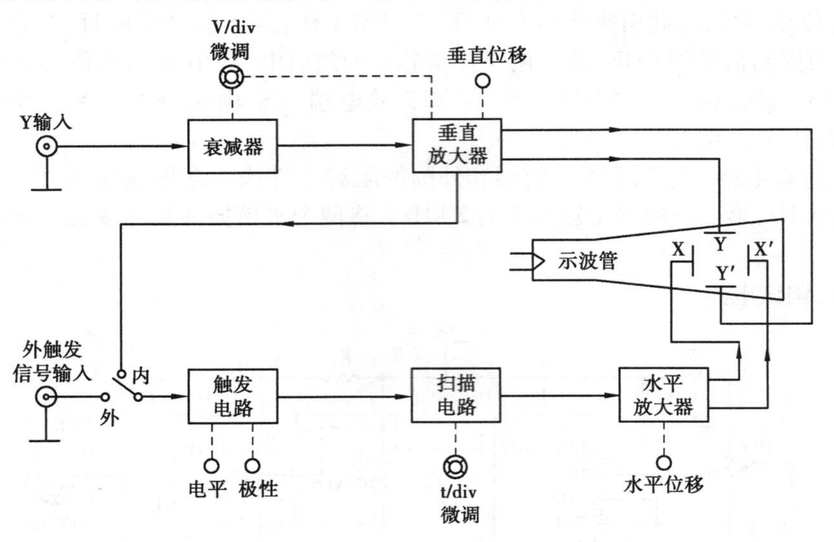

附录图Ⅰ-1　示波器的基本结构框图

1. 主机

主机包括示波管及其所需的各种直流供电电路,在面板上的控制旋钮有辉度、聚焦、水平移位、垂直移位等。

2. 垂直通道

垂直通道主要用来控制电子束按被测信号的幅值大小在垂直方向上的偏移。其包括 Y 轴衰减器、Y 轴放大器和配用的高频探头。

通常示波管的偏转灵敏度比较低。因此,在一般情况下,被测信号往往需要通过 Y 轴放大器放大后加到垂直偏转板上,才能在屏幕上显示出一定幅度的波形。Y 轴放大器的作用提高了示波管 Y 轴偏转灵敏度。为了保证 Y 轴放大不失真,加到 Y 轴放大器的信号不宜太大,但是实际的被测信号幅度往往在很大范围内变化,此 Y 轴放大器前还必须加一个 Y 轴衰减器,以适应观察不同幅度的被测信号。示波器面板上设有“Y 轴衰减器”(通常称为“Y 轴灵敏度选择”开关)和“Y 轴增益微调”旋钮,分别调节 Y 轴衰减器的衰减量和 Y 轴放大器的增益。

对 Y 轴放大器的要求是:增益大,频响好,输入阻抗高。

为了避免杂散信号的干扰,被测信号一般都通过同轴电缆或带有探头的同轴电缆加到示波器 Y 轴输入端。但必须注意,被测信号通过探头,幅值将衰减(或不衰减),其衰减比为 10∶1(或 1∶1)。

3. 水平通道

水平通道主要是控制电子束按时间值在水平方向上的偏移。其主要由扫描发生器、水平放大器、触发电路组成。

(1)扫描发生器。

扫描发生器又称锯齿波发生器,用来产生频率调节范围宽的锯齿波,作为 X 轴偏转板的扫描电压。锯齿波的频率(或周期)调节是由“扫描速率选择”开关和“扫速微调”旋钮控制的。使用时,调节“扫速选择”开关和“扫速微调”旋钮,使其扫描周期为被测信号周期的整数倍,以保证屏幕上显示稳定的波形。

(2)水平放大器。

其作用与垂直放大器一样,将扫描发生器产生的锯齿波放大到 X 轴偏转板所需的数值。

(3)触发电路。

触发电路是用于产生触发信号以实现触发扫描的电路。为了扩展示波器应用范围,一般示波器上都设有触发源控制开关,触发电平与极性控制旋钮和触发方式选择开关等。

二、示波器的二踪显示

1. 二踪显示原理

示波器的二踪显示是依靠电子开关的控制作用来实现的。

电子开关由“显示方式”开关控制,共有 5 种工作状态,即 Y_1、Y_2、Y_1+Y_2、交替、断续。当开关置于“交替”或“断续”位置时,荧光屏上便可同时显示两个波形。当开关置于“交替”位置时,电子开关的转换频率受扫描系统控制,工作过程如附录图I-2 所示。即电子开关首先接通 Y_2 通道,进行第一次扫描,显示由 Y_2 通道送入的被测信号的波形;然后电子开关接通 Y_1 通道,进行第二次扫描,显示由 Y_1 通道送入的被测信号的波形;接着再接通 Y_2 通道……这样便轮流地对 Y_2 和 Y_1 两通道送入的信号进行扫描、显示,由于电子开关转换速度较快,每次扫描的回扫线在荧光屏上又不显示出来,借助于荧光屏的余晖作用和人眼的视觉暂留特性,使用者便能在荧光屏上同时观察到两个清晰的波形。这种工作方式适宜用于观察频率较高的输入信号场合。

当开关置于“断续”位置时,相当于将一次扫描分成许多个相等的时间间隔。在第一次扫描的第一个时间间隔内显示 Y_2 信号波形的某一段;在第二个时间间隔内显示 Y_1 信号波形的某一段;以后各个时间间隔轮流地显示 Y_2、Y_1 两信号波形的其余段,经过若干次断续转换,使荧光屏上显示出两个由光点组成的完整波形,如附录图Ⅰ-3(a)所示。由于转换的频率很高,光点靠得很近,其间隙用肉眼几乎分辨不出来,再利用消隐的方法使两通道间转换过程的过渡线不显示出来,如附录图Ⅰ-3(b)所示,因而同样可达到同时清晰地显示两个波形的目的。这种工作方式适合于输入信号频率较低时使用。

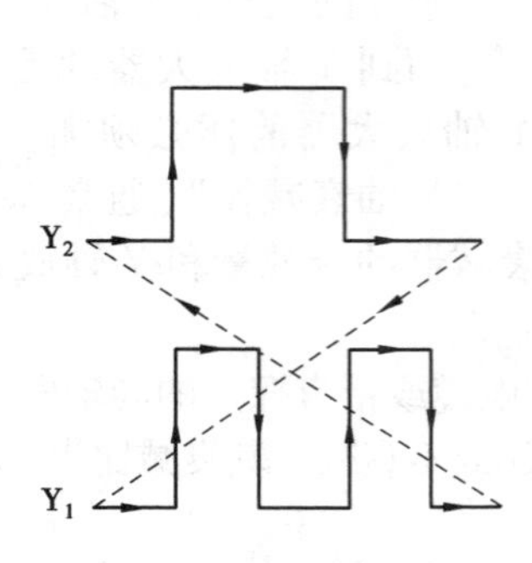

附录图Ⅰ-2　交替方式显示波形

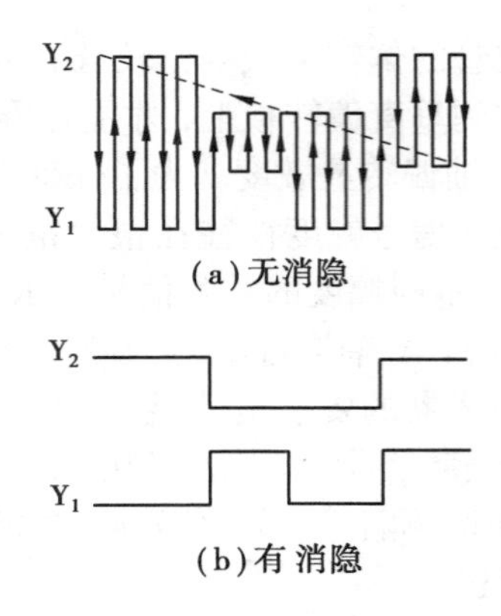

附录图Ⅰ-3　断续方式显示波形

2.触发扫描

在普通示波器中,X 轴的扫描总是连续进行的,称为“连续扫描”。为了能更好地观测各种脉冲波形,在脉冲示波器中,通常采用“触发扫描”。采用这种扫描方式时,扫描发生器将工作在待触发状态。它仅在外加触发信号作用下,时基信号才开始扫描,否则便不扫描。这个外加触发信号通过触发选择开关分别取自“内触发”(Y 轴的输入信号经由内触发放大器输出触发信号),也可取自“外触发”输入端的外接同步信号。其基本原理是利用这些触发脉冲信号的上升沿或下降沿来触发扫描发生器,产生锯齿波扫描电压,然后经 X 轴放大后送 X 轴偏转板进行光点扫描。适当地调节“扫描速率”开关和“电平”调节旋钮,能方便地在荧光屏上显示具有合适宽度的被测信号波形。上面介绍了示波器的基本结构,下面将结合使用介绍电子技术实验中常用的 CA8020 型双踪示波器。

三、CA8020 型双踪示波器

1.概述

CA8020 型双踪示波器为便携式双通道示波器。本机垂直系统具有 0 ~ 20 MHz 的频带宽度和 5 mV/div ~ 5 V/div 的偏转灵敏度,配以 10:1探极,灵敏度可达 5 V/div。本机在全频带范围内可获得稳定触发,触发方式设有常态、自动、TV 和峰值自动,尤其是峰值自动给使用带来了极大方便。内触设置了交替触发,可以稳定地显示两个频率不相关的信号。本机水平系统具有 0.5 s/div ~ 0.2 μs/div 的扫描速度,并设有扩展“ ×10”,可将最快扫速度提高到 20 ns/div。

2.面板控制件介绍

CA8020 型双踪示波器面板图如附录图Ⅰ-4 所示。各序号名称和功能见附录表Ⅰ-1。

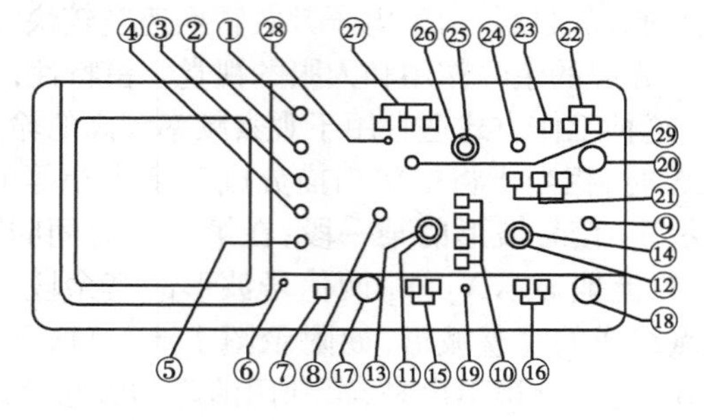

附录图Ⅰ-4　CA8020 型双踪示波器面板图

附录表Ⅰ-1

序　号	控制件名称	功　能
①	亮度	调节光迹的亮度
②	辅助聚焦	与聚焦配合,调节光迹的清晰度
③	聚焦	调节光迹的清晰度
④	迹线旋转	调节光迹与水平刻度线平行
⑤	校正信号	提供幅度为0.5 V,频率为1 kHz的方波信号,用于校正10:1探极的补偿电容器和检测示波器垂直与水平的偏转因数
⑥	电源指示	电源接通时,灯亮
⑦	电源开关	电源接通或关闭
⑧	CH1 移位 PULL　CH1-X　CH2-Y	调节通道1光迹在屏幕上的垂直位置,用作X-Y显示
⑨	CH2 移位 PULL　INVERT	调节通道2光迹在屏幕上的垂直位置,在ADD方式时使CH1 + CH2或CH1 - CH2
⑩	垂直方式	CH1或CH2:通道1或通道2单独显示 ALT:两个通道交替显示 CHOP:两个通道断续显示,用于扫速较慢时的双踪显示 ADD:用于两个通道的代数和或差
⑪	垂直衰减器	调节CH1垂直偏转灵敏度
⑫	垂直衰减器	调节CH2垂直偏转灵敏度
⑬	微调	用于连续调节CH1垂直偏转灵敏度,顺时针旋足为校正位置
⑭	微调	用于连续调节CH2垂直偏转灵敏度,顺时针旋足为校正位置
⑮	耦合方式 (AC-DC-GND)	用于选择被测信号输入垂直通道的耦合方式
⑯	耦合方式 (AC-DC-GND)	用于选择被测信号输入垂直通道的耦合方式
⑰	CH1　OR　X	被测信号的输入插座
⑱	CH2　OR　Y	被测信号的输入插座
⑲	接地(GND)	与机壳相连的接地端
⑳	外触发输入	外触发输入插座
㉑	内触发源	用于选择CH1、CH2或交替触发

续表

序　号	控制件名称	功　能
㉒	触发源选择	用于选择触发源为 INT(内)、EXT(外)或 LINE(电源)
㉓	触发极性	用于选择信号的上升或下降沿触发扫描
㉔	电平	用于调节被测信号在某一电平触发扫描
㉕	微调	用于连续调节扫描速度,顺时针旋足为校正位置
㉖	扫描速率	用于调节扫描速度
㉗	触发方式	常态(NORM):无信号时,屏幕上无显示;有信号时,与电平控制配合显示稳定波形 自动(AUTO):无信号时,屏幕上显示光迹;有信号时,与电平控制配合显示稳定波形 电视场(TV):用于显示电视场信号 峰值自动(P-P　AUTO):无信号时,屏幕上显示光迹;有信号时,无须调节电平即能获得稳定波形显示
㉘	触发指示	在触发扫描时,指示灯亮
㉙	水平移位 PULL×10	调节迹线在屏幕上的水平位置拉出时扫描速度被扩展10倍

3. **操作方法**

(1)电源检查。

CA8020 双踪示波器电源电压为 220 V±10%。在接通电源前,检查当地电源电压,如果不相符合,则严格禁止使用!

(2)面板一般功能检查。

①将有关控制件按附录表Ⅰ-2 置位。

附录表Ⅰ-2

控制件名称	作用位置	控制件名称	作用位置
亮度	居中	触发方式	峰值自动
聚焦	居中	扫描速率	0.5 ms/div
位移	居中	极性	正
垂直方式	CH1	触发源	INT
灵敏度选择	10 mV/div	内触发源	CH1
微调	校正位置	输入耦合	AC

②接通电源,电源指示灯亮,稍预热后,屏幕上出现扫描光迹,分别调节亮度、聚焦、辅助聚焦、迹线旋转、垂直、水平移位等控制件,使光迹清晰并与水平刻度平行。

③用 10:1探极将校正信号输入至 CH1 输入插座。

④调节示波器有关控制件,使荧光屏上显示稳定且易观察方波波形。

⑤将探极换至 CH2 输入插座,垂直方式置于“CH2”,内触发源置于“CH2”,重复④操作。

(3)垂直系统的操作。

①垂直方式的选择。

当只需观察一路信号时,将“垂直方式”开关置于“CH1”或“CH2”位置,此时被选中的通道有效,被测信号可从通道端口输入。当需要同时观察两路信号时,将“垂直方式”开关置于“交替”位置,该方式使两个通道的信号被交替显示,交替显示的频率受扫描周期控制。当扫速低于一定频率时,交替方式显示会出现闪烁,此时应将开关置于“断续”位置。当需要观察两路信号代数和时,将“垂直方式”开关置于“代数和”位置,在选择这种方式时,两个通道的衰减设置必须一致,CH2 移位处于常态时为 CH1 + CH2,CH2 移位拉出时为 CH1 - CH2。

②输入耦合方式的选择。

A. 直流(DC)耦合:适用于观察包含直流成分的被测信号,如信号的逻辑电平和静态信号的直流电平,当被测信号的频率很低时,也必须采用这种方式。

B. 交流(AC)耦合:信号中的直流分量被隔断,用于观察信号的交流分量,如观察较高直流电平上的小信号。

C. 接地(GND):通道输入端接地(输入信号断开),用于确定输入为零时光迹所处位置。

③灵敏度选择(V/div)的设定。

按被测信号幅值的大小选择合适的挡级。“灵敏度选择”开关外旋钮为粗调,中心旋钮为细调(微调),微调旋钮按顺时针方向旋足至校正位置时,可根据粗调旋钮的示值(V/div)和波形在垂直轴方向上的格数读出被测信号幅值。

(4)触发源的选择。

①触发源选择。

当触发源开关置于“电源”触发位置时,机内 50 Hz 信号输入触发电路。当触发源开关置于“常态”触发,有两种选择,一种是“外触发”,由面板上外触发输入插座输入触发信号;另一种是“内触发”,由内触发源选择开关控制。

②内触发源选择。

“CH1”触发:触发源取自通道 1。

“CH2”触发:触发源取自通道 2。

“交替触发”:触发源受垂直方式开关控制,当垂直方式开关置于“CH1”时,触发源自动切换到通道 1;当垂直方式开关置于“CH2”时,触发源自动切换到通道 2;当垂直方式开关置于“交替”,触发源与通道 1、通道 2 同步切换,在这种状态使用时,两个不相关的信号其频率不应相差很大,同时垂直输入耦合应置于“AC”,触发方式应置于“自动”或“常态”。当垂直方式开关置于“断续”和“代数和”时,内触发源选择应置于“CH1”或”CH2”。

(5)水平系统的操作。

①扫描速度选择(t/div)的设定。

按被测信号频率高低选择合适的挡级,“扫描速率”开关外旋钮为粗调,中心旋钮为细调(微调),微调旋钮按顺时针方向旋足至校正位置时,可根据粗调旋钮的示值(t/div)和波形在水平轴方向上的格数读出被测信号的时间参数。当需要观察波形某一个细节时,可进行水平扩展“×10”,此时原波形在水平轴方向上被扩展10倍。

②触发方式的选择。

a.“常态”:无信号输入时,屏幕上无光迹显示;有信号输入时,触发电平调节在合适位置上,电路被触发扫描。当被测信号频率低于20 Hz时,必须选择这种方式。

b.“自动”:无信号输入时,屏幕上有光迹显示;一旦有信号输入时,电平调节在合适位置上,电路自动转换到触发扫描状态,显示稳定的波形,当被测信号频率高于20 Hz时,最常使用这一种方式。

c.“电视场”:对电视信号中的场信号进行同步,如果是正极性,则可以由CH2输入,借助于CH2移位拉出,把正极性转变为负极性后测量。

d.“峰值自动”:这种方式同自动方式,但无须调节电平即能同步,它一般适用于正弦波、对称方波或占空比相差不大的脉冲波。对于频率较高的测试信号,有时也要借助于电平调节,它的触发同步灵敏度要比“常态”或“自动”稍低一些。

③“极性”的选择。

用于选择被测试信号的上升沿或下降沿去触发扫描。

④“电平”的位置。

用于调节被测信号在某一合适的电平上启动扫描,当产生触发扫描后,触发指示灯亮。

4.测量电参数

(1)电压测量。

示波器的电压测量实际上是对所显示波形的幅度进行测量,测量时应使被测波形稳定地显示在荧光屏中央,幅度一般不宜超过6 div,以避免非线性失真造成的测量误差。

1)交流电压的测量。

①将信号输入至CH1或CH2插座,将垂直方式置于被选用的通道。

②将Y轴“灵敏度微调”旋钮置校准位置,调整示波器有关控制件,使荧光屏上显示稳定、易观察的波形,则交流电压幅值:

V_p-p = 垂直方向格数(div)×垂直偏转因数(V/div)

2)直流电平的测量。

①设置面板控制件,使屏幕显示扫描基线。

②设置被选用通道的输入耦合方式为“GND”。

③调节垂直移位,将扫描基线调至合适位置,作为零电平基准线。

④将“灵敏度微调”旋钮置校准位置,输入耦合方式置“DC”,被测电平由相应Y输入端输入,这时扫描基线将偏移,读出扫描基线在垂直方向偏移的格数(div),则被测电平:

V=垂直方向偏移格数(div)×垂直偏转因数(V/div)×偏转方向(+或-)

式中,基线向上偏移取正号,基线向下偏移取负号。

(2)时间测量。

时间测量是指对脉冲波形的宽度、周期、边沿时间及两个信号波形间的时间间隔(相位差)等参数的测量。一般要求被测部分在荧光屏X轴方向应占4~6 div。

1)时间间隔的测量。

对于一个波形中两点间的时间间隔的测量,测量时先将“扫描微调”旋钮置校准位置,调整示波器有关控制件，使荧光屏上波形在 X 轴方向大小适中，读出波形中需测量两点间水平方向格数，则时间间隔：

$$时间间隔 = 两点之间水平方向格数(div) \times 扫描时间因数(t/div)$$

2）脉冲边沿时间的测量。

上升（或下降）时间的测量方法和时间间隔的测量方法一样，只不过是测量被测波形满幅度的 10% 和 90% 两点之间的水平方向距离，如附录图Ⅰ-5 所示。

用示波器观察脉冲波形的上升边沿、下降边沿时，必须合理选择示波器的触发极性（用触发极性开关控制）。显示波形的上升边沿用“＋”极性触发，显示波形下降边沿用“－”极性触发。如波形的上升沿或下降沿较快，则可将水平扩展 ×10，使波形在水平方向上扩展 10 倍，则上升（或下降）时间：

$$上升(或下降)时间 = \frac{水平方向格数(div) \times 扫描时间因数(t/div)}{水平扩展倍数}$$

相位差的测量

①参考信号和一个待比较信号分别馈入“CH1”和“CH2”输入插座。

②根据信号频率，将垂直方式置于“交替”或“断续”位置。

③设置内触发源至参考信号那个通道。

④将 CH1 和 CH2 输入耦合方式置“上”，调节 CH1、CH2 移位旋钮，使两条扫描基线重合。

⑤将 CH1、CH2 耦合方式开关置“AC”，调整有关控制件，使荧光屏显示大小适中、便于观察两路信号，如附录图Ⅰ-6 所示。读出两波形水平方向的差距格数 D 及信号周期所占格数 T，则相位差：

$$\theta = \frac{D}{T} \times 360^\circ$$

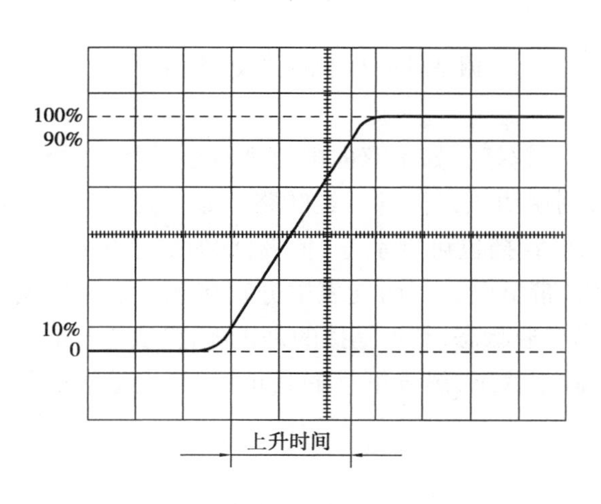

附录图Ⅰ-5　上升时间的测量

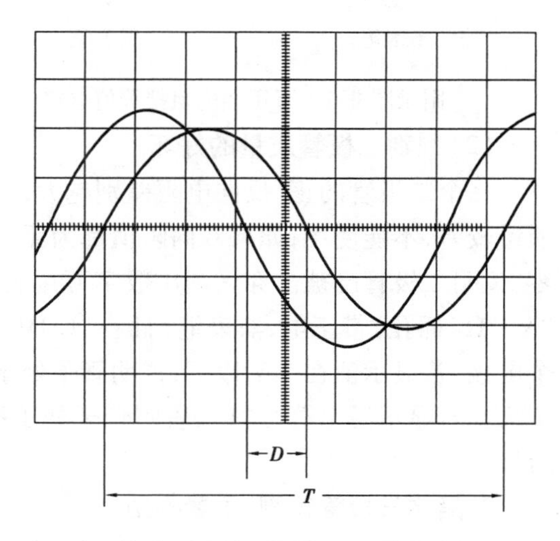

附录图Ⅰ-6　相位差的测量

附录Ⅱ 用万用电表对常用电子元器件检测

用万用表可对晶体二极管、三极管、电阻、电容等进行粗测。万用表电阻挡等值电路如附录图Ⅱ-1所示，其中的R_0为等效电阻，E_o为表内电池，当万用表处于$R\times1$、$R\times100$、$R\times1$ k挡时，一般，$E_0=1.5$ V，而处于$R\times10$ k挡时，$E_o=15$ V。测试电阻时要记住，红表笔接在表内电池负端（表笔插孔标“+”号），而黑表笔接在正端（表笔插孔标“-”号）。

1.晶体二极管管脚极性、质量的判别

晶体二极管由一个PN结组成，具有单向导电性，其正向电阻小（一般为几百欧），而反向电阻大（一般为几十千欧至几百千欧），利用此点可进行判别。

（1）管脚极性判别。

将万用表拨到$R\times100$（或$R\times1$ k）的欧姆挡，将二极管的两只管脚分别接到万用表的两根测试笔上，如附录图Ⅱ-2所示。如果测出的电阻较小（约几百欧），则与万用表黑表笔相接的一端是正极，另一端就是负极。相反，如果测出的电阻较大（约百千欧），那么与万用表黑表笔相连接的一端是负极，另一端就是正极。

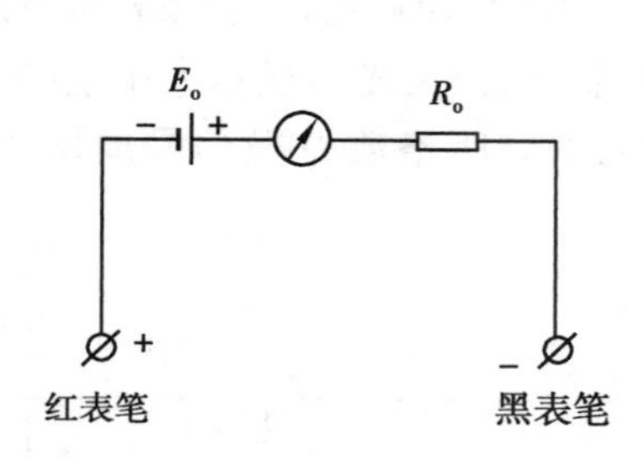

附录图Ⅱ-1 万用表电阻挡等值电路

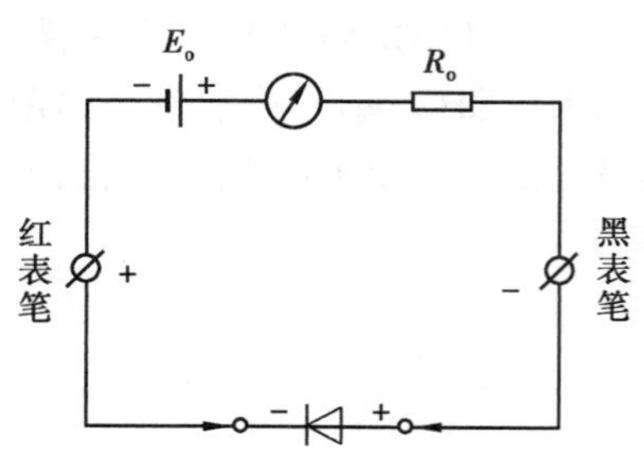

附录图Ⅱ-2 判断二极管极性

（2）判别二极管质量的好坏。

一个二极管的正、反向电阻差别越大，其性能就越好。如果双向电值都较小，说明二极管质量较差，不能使用；如果双向阻值都为无穷大，则说明该二极管已经断路。如双向阻值均为零，说明二极管已被击穿。利用数字万用表的二极管挡也可判别正、负极，此时红表笔（插在“V·Ω”插孔）带正电，黑表笔（插在“COM”插孔）带负电。用两支表笔分别接触二极管的两个电极，若显示值在1 V以下，说明管子处于正向导通状态，红表笔接的是正极，黑表笔接的是负极。若显示溢出符号“1”，表明管子处于反向截止状态，黑表笔接的是正极，红表笔接的是负极。

2.晶体三极管管脚、质量判别

可以把晶体三极管的结构看作两个背靠背的PN结，对NPN型来说，基极是两个PN结的公共阳极，对PNP型来说，基极是两个PN结的公共阴极，分别如附录图Ⅱ-3所示。

（1）管型与基极的判别。

万用表置电阻挡，量程选1 k挡（或$R\times100$），将万用表任一表笔先接触某一个电极（假定的公共极），另一表笔分别接触其他两个电极，当两次测得的电阻均很小（或均很大），则前者所接电极就是基极,如两次测得的阻值一大、一小,相差很多,则前者假定的基极有错,应更换其他电极重测。

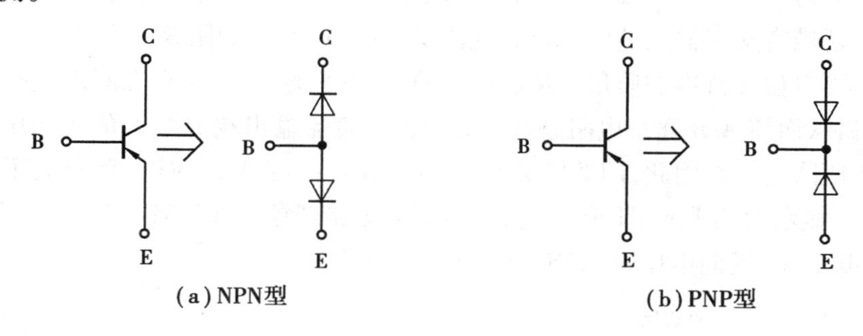

附录图Ⅱ-3　晶体三极管结构示意图

根据上述方法,可以找出公共极,该公共极就是基极 B,若公共极是阳极,该管属 NPN 型管,反之则是 PNP 型管。

(2)发射极与集电极的判别。

为使三极管具有电流放大作用,发射结需加正偏置,集电结加反偏置,如附录图Ⅱ-4 所示。

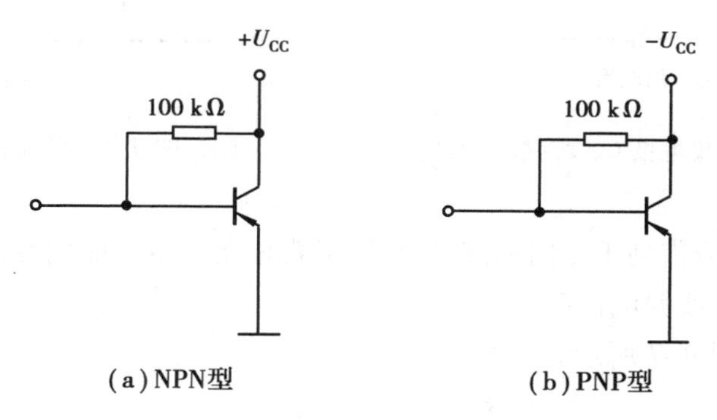

附录图Ⅱ-4　晶体三极管的偏置情况

当三极管基极 B 确定后,便可判别集电极 C 和发射极 E,同时还可以大致了解穿透电流 I_{CEO}和电流放大系数 β 的大小。

以 PNP 型管为例,若用红表笔(对应表内电池的负极)接集电极 C,黑表笔接 E 极(相当 C、E 极间电源正确接法),如附录图Ⅱ-5 所示,这时万用表指针摆动很小,它所指示的电阻值反映了管子穿透电流 I_{CEO}的大小(电阻值越大,表示 I_{CEO}越小)。如果在 C、B 间跨接一只 R_B = 100 kΩ 电阻,此时万用表指针将有较大摆动,它指示的电阻值较小,反映了集电极电流 $I_C = I_{CEO} + \beta_{IB}$的大小。且电阻值减小越多表示 β 越大。如果 C、E 极接反(相当于 C-E 间电源极性反接)则三极管处于倒置工作状态,此时电流放大系数很小(一般 <1)于是万用表指针摆动很小。因此,比较 C-E 极两种不同电源极性接法,便可判断 C 极和 E 极了。同时还可大致了解穿透电流 I_{CEO}和电流放大系数 β 的大小,如万用表上有 h_{FE}插孔,可利用 h_{FE}来测量电流放大系数 β。

3. 检查整流桥堆的质量

整流桥堆是将4只硅整流二极管接成桥式电路,再用环氧树脂(或绝缘塑料)封装而成的半导体器件。桥堆有交流输入端(A、B)和直流输出端(C、D),如附录图Ⅱ-6所示。采用判定二极管的方法可以检查桥堆的质量。从图中可看出,交流输入端A-B之间总会有一只二极管处于截止状态,从而使A-B间总电阻趋向于无穷大。直流输出端D-C间的正向压降则等于两只硅二极管的压降之和。因此,用数字万用表的二极管挡测A-B的正、反向电压时均显示溢出,而测D-C时显示大约1 V,即可证明桥堆内部无短路现象。如果有一只二极管已经击穿短路,那么测A-B的正、反向电压时,必定有一次显示0.5 V左右。

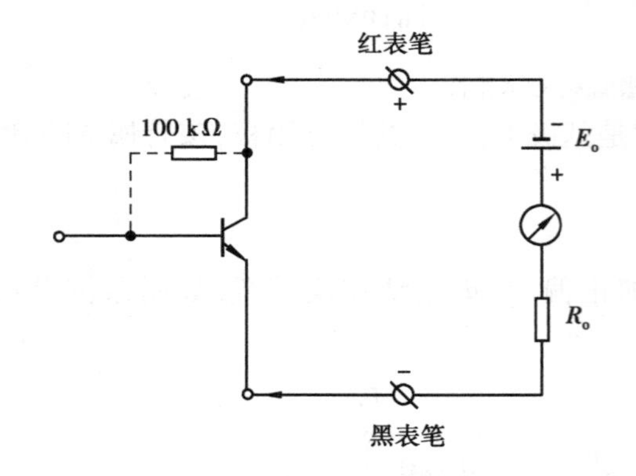

附录图Ⅱ-5　晶体三极管集电极C、发射极E的判别

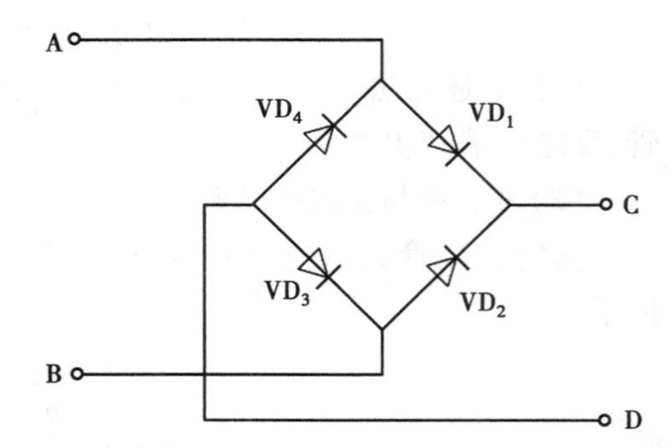

附录图Ⅱ-6　整流桥堆管脚及质量判别

4. 电容的测量

电容的测量,一般应借助于专门的测试仪器,通常使用电桥。而用万用表仅能粗略地检查一下电解电容是否失效或漏电情况。

测量电路如附录图Ⅱ-7所示。

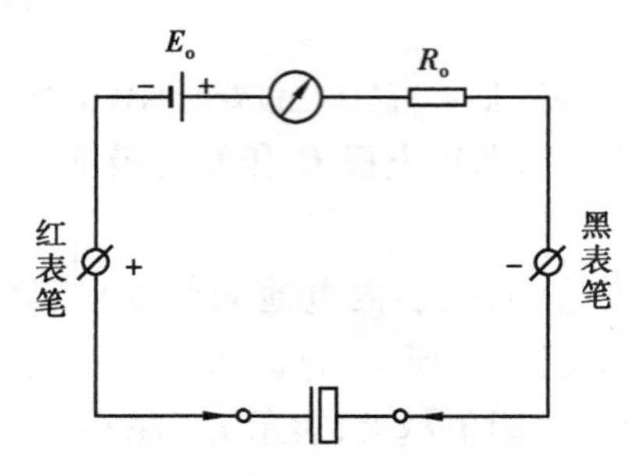

附录图Ⅱ-7　电容的测量

测量前应先将电解电容的两个引出线短接一下,使其上所充的电荷释放。然后将万用表置于1 kΩ挡,并将电解电容的正、负极分别与万用表的黑表笔、红表笔接触。在正常情况下,可以看到表头指针先是产生较大偏转(向零欧姆处),以后逐渐向起始零位(高阻值处)返回。这反映了电容器的充电过程,指针的偏转反映电容器充电电流的变化情况。

一般来说,表头指针偏转越大,返回速度越慢,则说明电容器的容量越大,若指针返回到接近零位(高阻值),说明电容器漏电阻很大,指针所指示电阻值,即为该电容器的漏电阻。对于合格的电解电容器而言,该阻值通常在500 kΩ以上。电解电容在失效时(电解液干涸,容量大幅度下降)表头指针就偏转很小,甚至不偏转。已被击穿的电容器,其阻值接近于零。

对于容量较小的电容器(云母、瓷质电容等),原则上也可以用上述方法进行检查,但由于电容量较小,表头指针偏转也很小,返回速度又很快,实际上难以对它们的电容量和性能进行鉴别,仅能检查它们是否短路或断路。这时应选用 $R\times10\ \text{k}\Omega$ 挡测量。

附录Ⅲ 电阻器的标称值及精度色环标志法

色环标志法是用不同颜色的色环在电阻器表面标称阻值和允许偏差。

1. 两位有效数字的色环标志法

普通电阻器用 4 条色环表示标称阻值和允许偏差,其中 3 条表示阻值,1 条表示偏差,如附录图Ⅲ-1 所示。

2. 三位有效数字的色环标志法

精密电阻器用 5 条色环表示标称阻值和允许偏差,如附录图Ⅲ-2 所示。

示例:

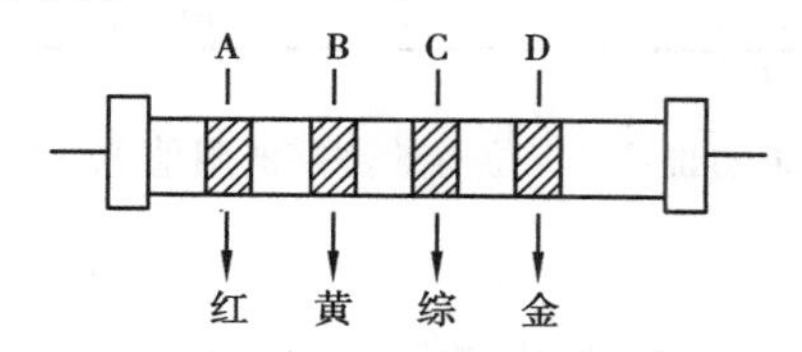

如:色环 A—红色;B—黄色

C—棕色;D—金色

则该电阻标称值及精度为:

24×101 = 240 Ω 精度:±5%

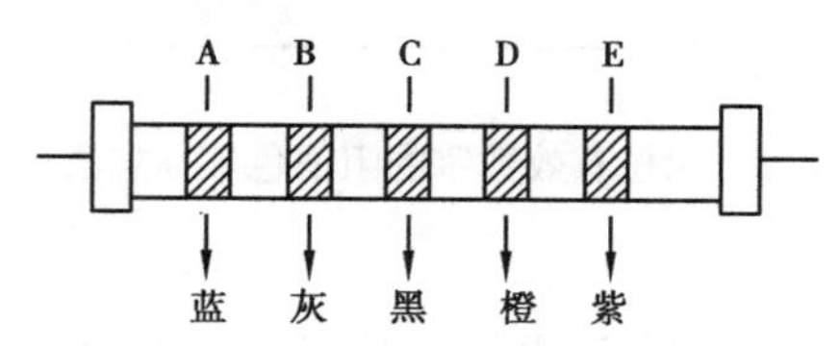

如:色环 A—蓝色;B—灰色;C—黑色

D—橙色;E—紫色

则该电阻标称值及精度为:

680×103 = 680 kΩ 精度:±0.1%

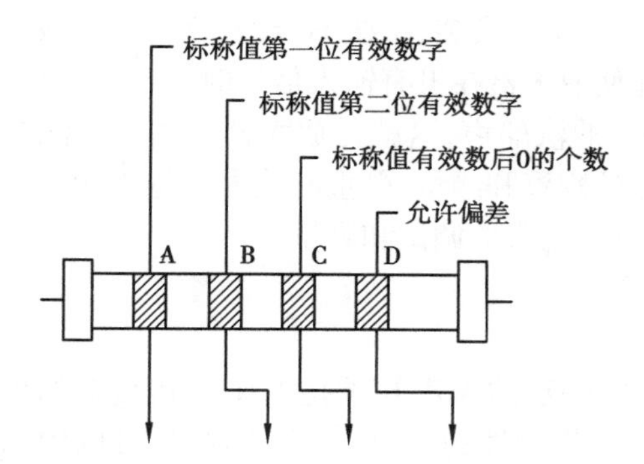

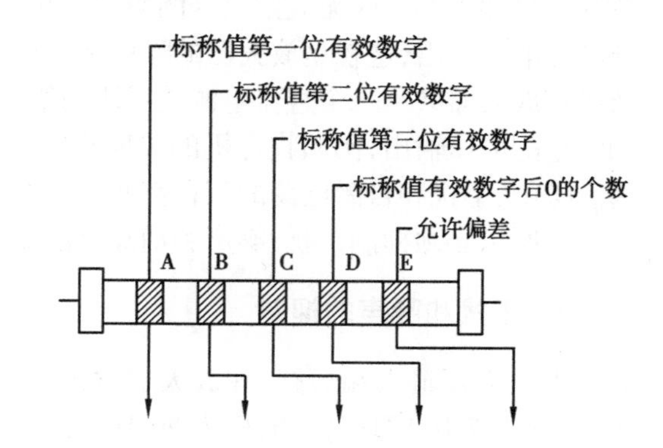

颜 色	第一有效期	第二有效期	倍 率	允许偏差
黑	0	0	10^0	
棕	1	1	10^2	
红	2	2	10^2	
橙	3	3	10^3	
黄	4	4	10^4	
绿	5	5	10^5	
蓝	6	6	10^6	
紫	7	7	10^7	
灰	8	8	10^8	
白	9	9	10^9	+50% −20%
金			10^{-1}	±5%
银			10^{-2}	±10%
无色				±20%

附录图Ⅲ-1　两位有效数字的阻值色环标志法

颜 色	第一有效数	第二有效数	第三有效数	倍 率	允许偏差
黑	0	0	0	10^0	
棕	1	1	1	10^1	±1%
红	2	2	2	10^2	±2%
橙	3	3	3	10^3	
黄	4	4	4	10^4	
绿	5	5	5	10^5	±0.5%
蓝	6	6	6	10^6	±0.25%
紫	7	7	7	10^7	±0.1%
灰	8	8	8	10^8	
白	9	9	9	10^9	
金				10^{-1}	
银				10^{-2}	

附录图Ⅲ-2　三位有效数字的阻值色环标志法

附录Ⅳ　放大器干扰、噪声抑制和自激振荡的消除

放大器的调试一般包括调整和测量静态工作点。调整和测量放大器的性能指标:放大倍数、输入电阻、输出电阻和通频带等。由于放大电路是一种弱电系统,具有很高的灵敏度,因此很容易受外界和内部一些无规则信号的影响。也就是在放大器的输入端短路时,输出端仍有杂乱无规则的电压输出,这就是放大器的噪声和干扰电压。另外,由于安装、布线不合理,负反馈太深以及各级放大器共用一个直流电源造成级间耦合等,也能使放大器在没有输入信号时,有一定幅度和频率的电压输出,例如收音机的尖叫声或“突突……”的汽船声,这就是放大器发生了自激振荡。噪声、干扰和自激振荡的存在都妨碍了对有用信号的观察和测量,严重时放大器将不能正常工作。所以必须抑制干扰、噪声和消除自激振荡,才能进行正常的调试和测量。

一、干扰和噪声的抑制

把放大器输入端短路,在放大器输出端仍可测量到一定的噪声和干扰电压。其频率如果是50 Hz(或100 Hz),一般称为50 Hz交流声,有时是非周期性的,没有一定的规律,可以用示波器观察到如附录图Ⅳ-1所示波形。50 Hz交流声大都来自电源变压器或交流电源线,100 Hz交流声往往是由整流滤波不良所造成的。另外,由电路周围的电磁波干扰信号引起的干扰电压也是常见的。由于放大器的放大倍数很高(特别是多级放大器),只要在它的前级引进一点微弱的干扰,经过几级放大,在输出端就可以产生一个很大的干扰电压。还有,电路中的地线接得不合理,也会引起干扰。

抑制干扰和噪声的措施一般有下述几种。

附录图Ⅳ-1　噪声和干扰电压图

1. 选用低噪声的元器件

低噪声的元器件包括噪声小的集成运放和金属膜电阻等,另外可加低噪声的前置差动放大电路。由于集成运放内部电路复杂,因此它的噪声较大。即使是"极低噪声"的集成运放,也不如某些噪声小的场效应对管,或双极型超 β 对管,所以在要求噪声系数极低的场合,以挑选噪声小对管组成前置差动放大电路为宜,也可加有源滤波器。

2. 合理布线

放大器输入回路的导线和输出回路、交流电源的导线要分开,不要平行铺设或捆扎在一起,以免相互感应。

3. 屏蔽

小信号的输入线可以采用具有金属丝外套的屏蔽线,外套接地。整个输入级用单独金属盒罩起来,外罩接地。电源变压器的初、次级之间加屏蔽层。电源变压器要远离放大器前级,必要时可以把变压器也用金属盒罩起来,以利隔离。

4. 滤波

为防止电源串入干扰信号,可在交(直)流电源线的进线处加滤波电路。

附录图Ⅳ-2(a)、(b)、(c)所示的无源滤波器可以滤除天电干扰(雷电等引起)和工业干扰(电机、电磁铁等设备起、制动时引起)等干扰信号,而不影响50 Hz 电源的引入。图中电感、电容元件,一般电感为几～几十毫亨,电容为几千皮法。图(d)中阻容串联电路对电源电压的突变有吸收作用,以免其进入放大器。R 和 C 的数值可选 100 Ω 和 2 μF 左右。

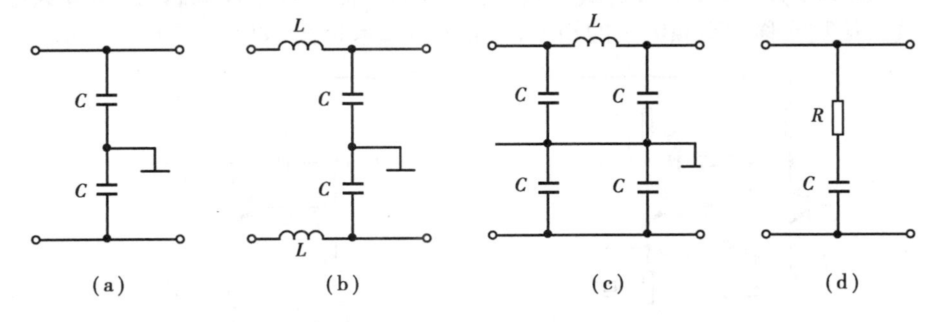

附录图Ⅳ-2　加滤波电路图

5. 选择合理的接地点

在各级放大电路中,如果接地点安排不当,会造成严重的干扰。例如,在附录图Ⅳ-3 中,同一台电子设备的放大器由前置放大级和功率放大级组成。当接地点如图中实线所示时,功率级的输出电流是比较大的,此电流通过导线产生的压降,与电源电压一起,作用于前置级,引起扰动,甚至产生振荡。还因负载电流流回电源时,造成机壳(地)与电源负端之间电压波动,而将前置放大级的输入端接到这个不稳定的"地"上,会引起更为严重的干扰。如将接地点改成图中虚线所示,则可克服上述弊端。

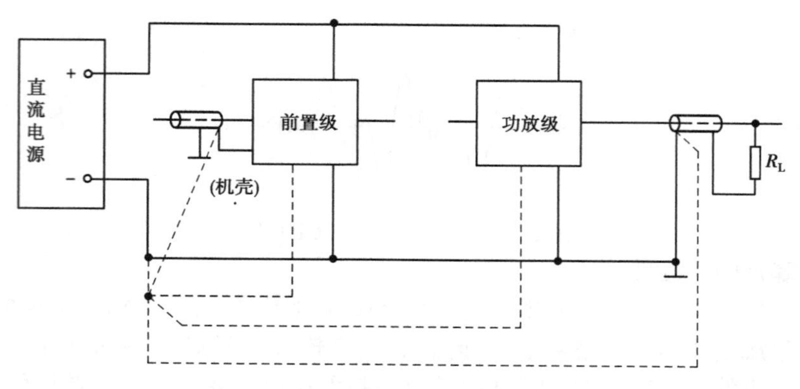

附录图Ⅳ-3　接地点不同的干扰图

二、自激振荡的消除

检查放大器是否发生自激振荡,可以把输入端短路用示波器(或毫伏表)接在放大器的输出端进行观察,如附录图Ⅳ-4 所示波形。自激振荡和噪声的区别是,自激振荡的频率一般为比较高的或极低的数值,而且频率随着放大器元件参数不同而改变(甚至拨动一下放大器内部导线的位置,频率也会发生改变),振荡波形一般是比较规则的,幅度也较大,往往使三极管处于饱和和截止状态。

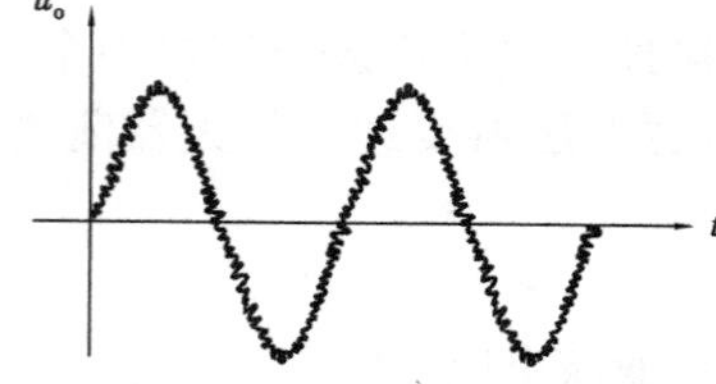

附录图Ⅳ-4　放大器自激振荡图

高频振荡主要是因安装、布线不合理引起的。例如输入和输出线靠得太近,产生正反馈作用。对此应从安装工艺方面解决,如元件布置紧凑,接线要短等。也可以用一个小电容(例如 1 000 pF 左右)一端接地,另一端逐级接触管子的输入端,或电路中合适部位,找到抑制振荡的最灵敏的一点(即电容接此点时,自激振荡消失),在此处外接一个合适的电阻电容或单一电容(一般 100 pF ~ 0.1 μF,由试验决定)进行高频滤波或负反馈,以压低放大电路对高频信号的放大倍数或移动高频电压的相位,从而抑制高频振荡,如附录图Ⅳ-5 所示。

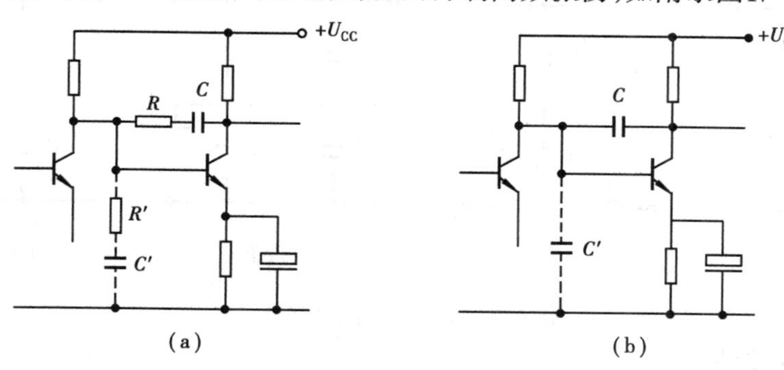

附录图Ⅳ-5　抑制高频振荡图

低频振荡是由各级放大电路共用一个直流电源所引起的。如附录图Ⅳ-6 所示,因为电源总有一定的内阻 R_o,特别是电池用的时间过长或稳压电源质量不高,使得内阻 R_o 比较大时,则会引起 U'_{CC} 处电位的波动,U'_{CC} 的波动作用到前级,使前级输出电压相应变化,经放大后,使波动更为厉害,如此循环,就会造成振荡现象。最常用的消除办法是在放大电路各级之间加上“去耦电路”,如图中的 R 和 C,从电源方面使前后级减小相互影响。去耦电路 R 的值一般为几百欧,电容 C 选几十微法或更大一些。

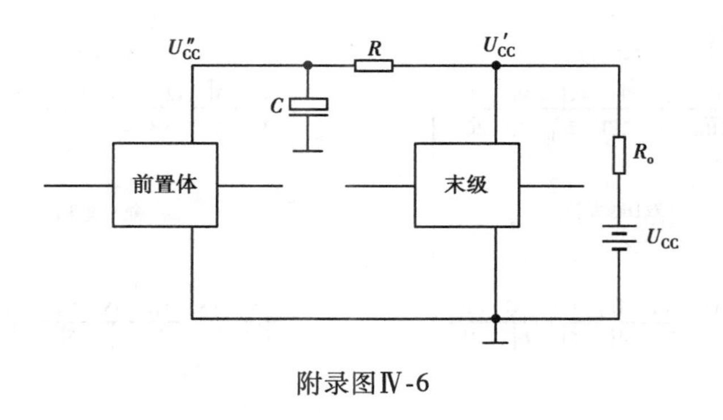

附录图Ⅳ-6

附录Ⅴ 部分集成电路引脚排列

一、74LS 系列

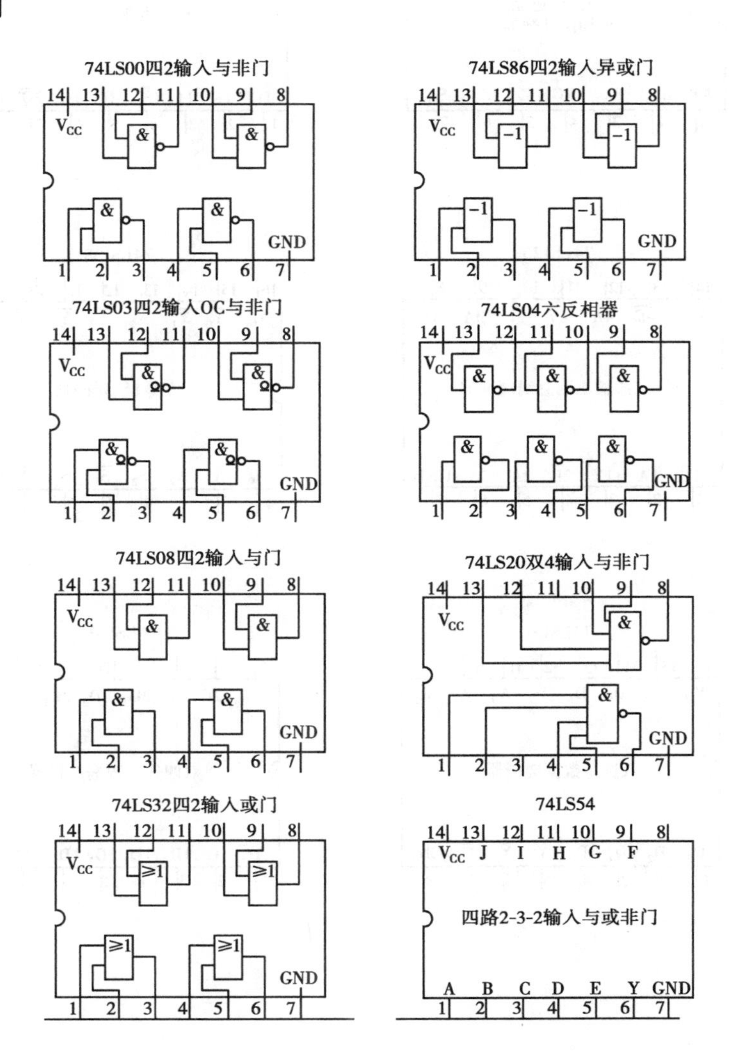

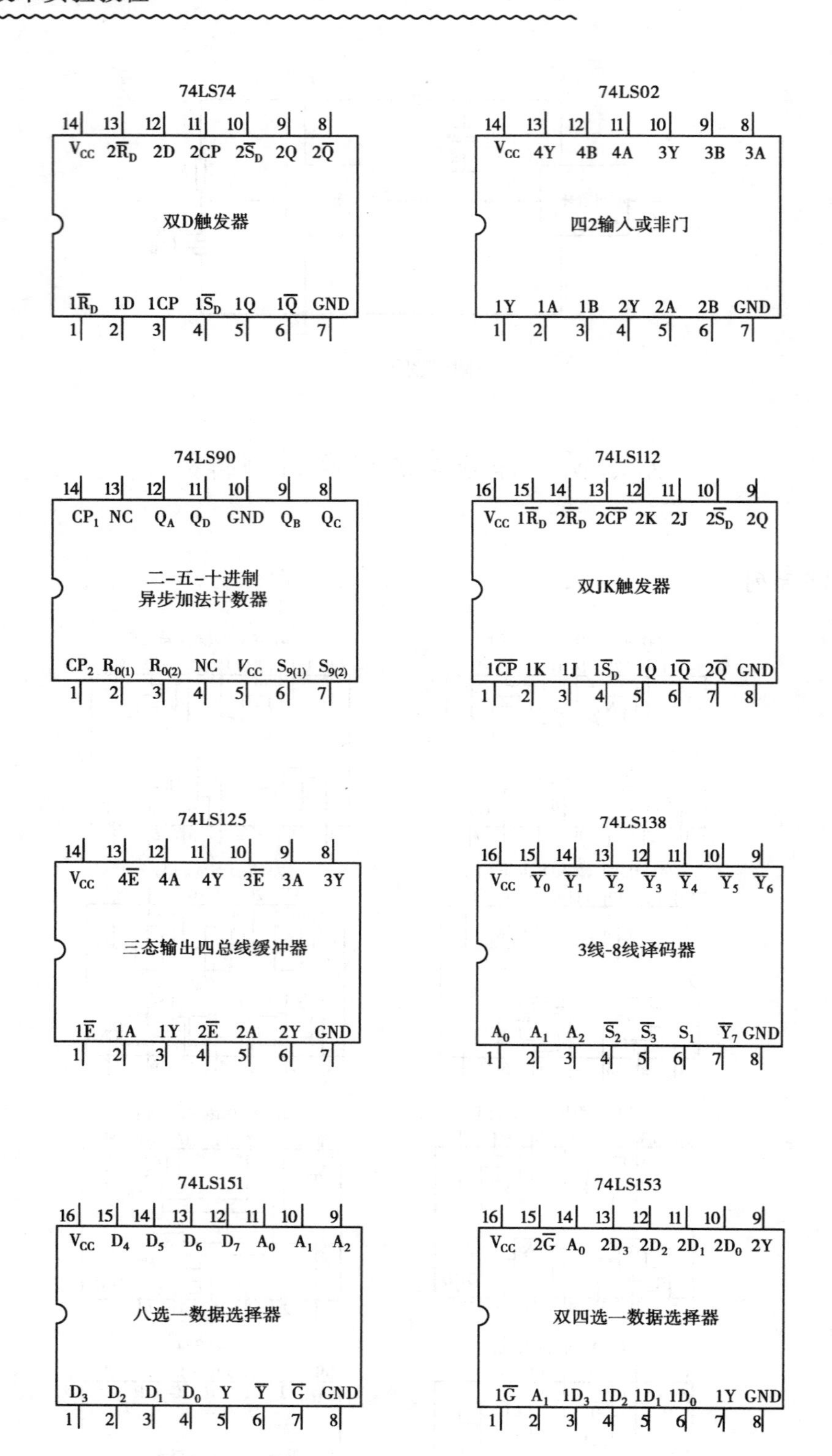
74LS74
14 13 12 11 10 9 8
Vcc 2R̄D 2D 2CP 2S̄D 2Q 2Q̄
双D触发器
1R̄D 1D 1CP 1S̄D 1Q 1Q̄ GND
1 2 3 4 5 6 7
74LS02
14 13 12 11 10 9 8
Vcc 4Y 4B 4A 3Y 3B 3A
四2输入或非门
1Y 1A 1B 2Y 2A 2B GND
1 2 3 4 5 6 7
74LS90
14 13 12 11 10 9 8
CP1 NC QA QD GND QB QC
二-五-十进制
异步加法计数器
CP2 R0(1) R0(2) NC Vcc S9(1) S9(2)
1 2 3 4 5 6 7
74LS112
16 15 14 13 12 11 10 9
Vcc 1R̄D 2R̄D 2CP̄ 2K 2J 2S̄D 2Q
双JK触发器
1CP̄ 1K 1J 1S̄D 1Q 1Q̄ 2Q̄ GND
1 2 3 4 5 6 7 8
74LS125
14 13 12 11 10 9 8
Vcc 4Ē 4A 4Y 3Ē 3A 3Y
三态输出四总线缓冲器
1Ē 1A 1Y 2Ē 2A 2Y GND
1 2 3 4 5 6 7
74LS138
16 15 14 13 12 11 10 9
Vcc Ȳ0 Ȳ1 Ȳ2 Ȳ3 Ȳ4 Ȳ5 Ȳ6
3线-8线译码器
A0 A1 A2 S̄2 S̄3 S1 Ȳ7 GND
1 2 3 4 5 6 7 8
74LS151
16 15 14 13 12 11 10 9
Vcc D4 D5 D6 D7 A0 A1 A2
八选一数据选择器
D3 D2 D1 D0 Y Ȳ Ḡ GND
1 2 3 4 5 6 7 8
74LS153
16 15 14 13 12 11 10 9
Vcc 2Ḡ A0 2D3 2D2 2D1 2D0 2Y
双四选一数据选择器
1Ḡ A1 1D3 1D2 1D1 1D0 1Y GND
1 2 3 4 5 6 7 8

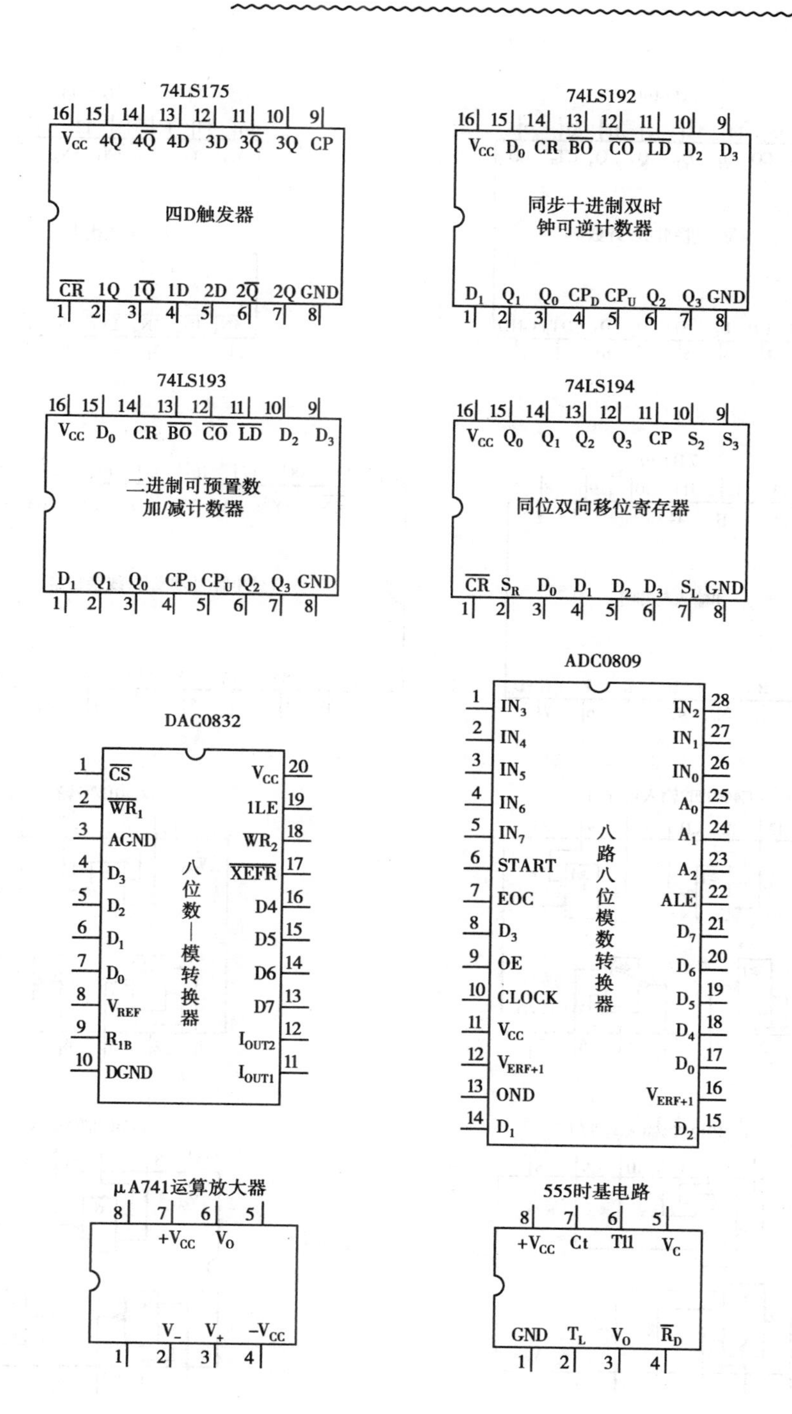
74LS175
16 15 14 13 12 11 10 9
Vcc 4Q 4Q 4D 3D 3Q 3Q CP
四D触发器
CR 1Q 1Q 1D 2D 2Q 2Q GND
1 2 3 4 5 6 7 8
74LS192
16 15 14 13 12 11 10 9
Vcc D0 CR BO CO LD D2 D3
同步十进制双时
钟可逆计数器
D1 Q1 Q0 CPD CPU Q2 Q3 GND
1 2 3 4 5 6 7 8
74LS193
16 15 14 13 12 11 10 9
Vcc D0 CR BO CO LD D2 D3
二进制可预置数
加/减计数器
D1 Q1 Q0 CPD CPU Q2 Q3 GND
1 2 3 4 5 6 7 8
74LS194
16 15 14 13 12 11 10 9
Vcc Q0 Q1 Q2 Q3 CP S2 S3
同位双向移位寄存器
CR SR D0 D1 D2 D3 SL GND
1 2 3 4 5 6 7 8
DAC0832
1 CS
2 WR1
3 AGND
4 D3
5 D2
6 D1
7 D0
8 VREF
9 R1B
10 DGND
20 Vcc
19 ILE
18 WR2
17 XEFR
16 D4
15 D5
14 D6
13 D7
12 IOUT2
11 IOUT1
八位数—模转换器
ADC0809
1 IN3
2 IN4
3 IN5
4 IN6
5 IN7
6 START
7 EOC
8 D3
9 OE
10 CLOCK
11 Vcc
12 VERF+1
13 OND
14 D1
28 IN2
27 IN1
26 IN0
25 A0
24 A1
23 A2
22 ALE
21 D7
20 D6
19 D5
18 D4
17 D0
16 VERF+1
15 D2
八路八位模数转换器
μA741运算放大器
8 7 6 5
+Vcc V0
V- V+ -Vcc
1 2 3 4
555时基电路
8 7 6 5
+Vcc Ct T11 Vc
GND TL V0 RD
1 2 3 4

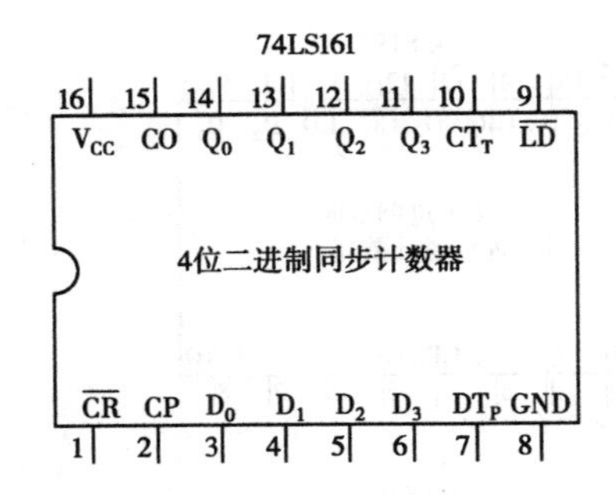
74LS161
16 15 14 13 12 11 10 9
VCC CO Q0 Q1 Q2 Q3 CTT LD
4位二进制同步计数器
CR CP D0 D1 D2 D3 DTP GND
1 2 3 4 5 6 7 8

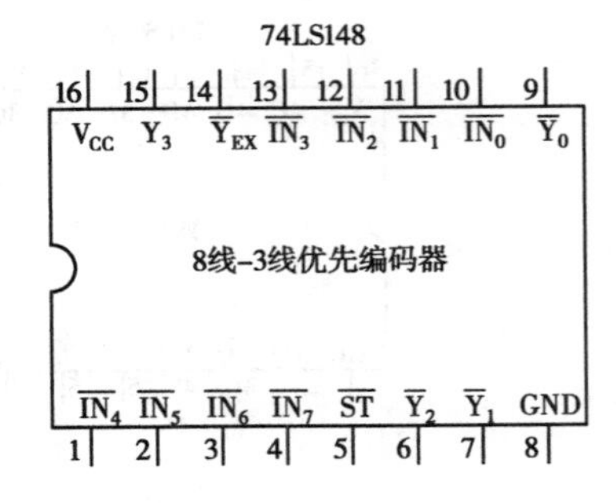
74LS148
16 15 14 13 12 11 10 9
VCC Y3 YEX IN3 IN2 IN1 IN0 Y0
8线-3线优先编码器
IN4 IN5 IN6 IN7 ST Y2 Y1 GND
1 2 3 4 5 6 7 8

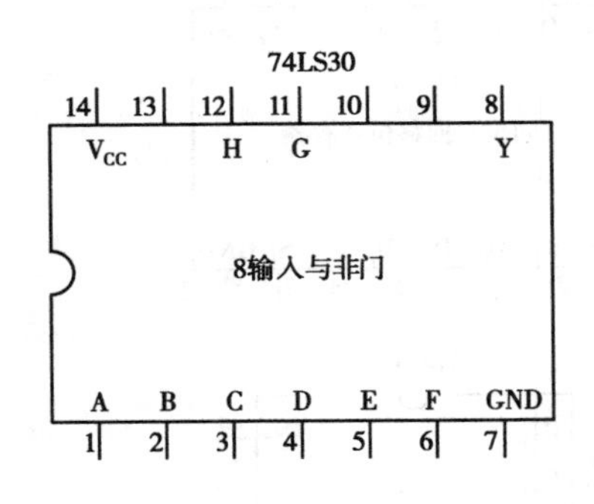
74LS30
14 13 12 11 10 9 8
VCC H G Y
8输入与非门
A B C D E F GND
1 2 3 4 5 6 7

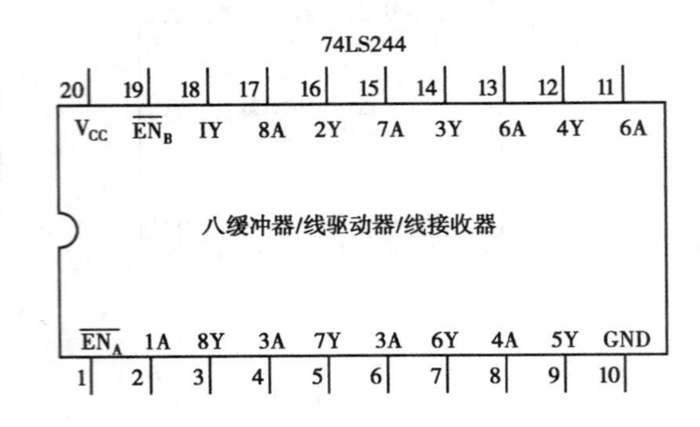
74LS244
20 19 18 17 16 15 14 13 12 11
VCC ENB IY 8A 2Y 7A 3Y 6A 4Y 6A
八缓冲器/线驱动器/线接收器
ENA 1A 8Y 3A 7Y 3A 6Y 4A 5Y GND
1 2 3 4 5 6 7 8 9 10

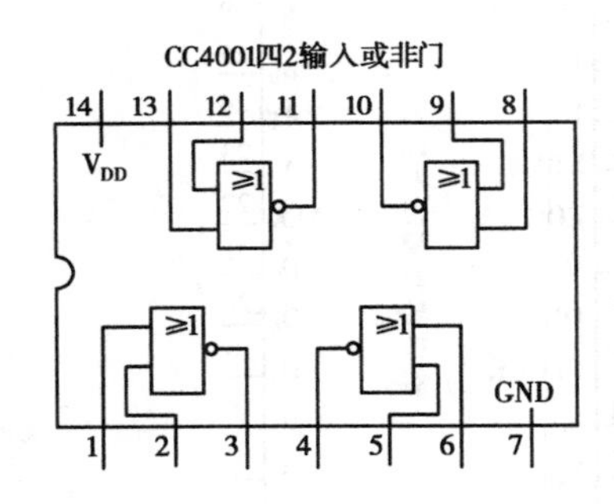
CC4001四2输入或非门
14 13 12 11 10 9 8
VDD
≥1
GND
1 2 3 4 5 6 7

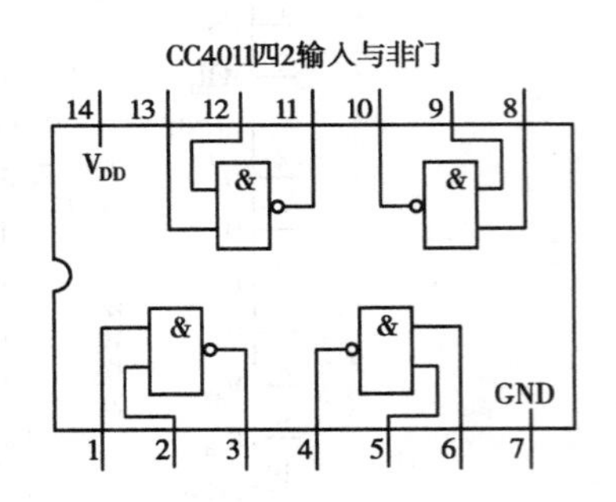
CC4011四2输入与非门
14 13 12 11 10 9 8
VDD
&
GND
1 2 3 4 5 6 7

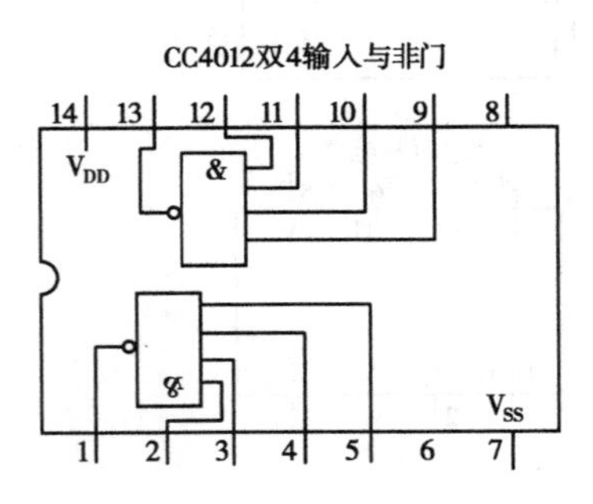
CC4012双4输入与非门
14 13 12 11 10 9 8
VDD
&
VSS
1 2 3 4 5 6 7

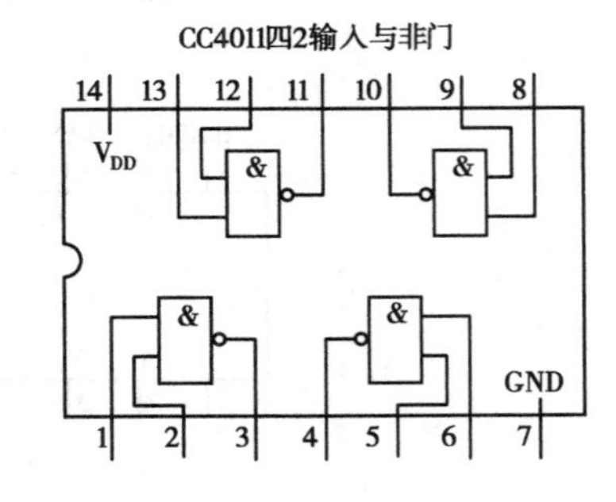
CC4011四2输入与非门
14 13 12 11 10 9 8
VDD
&
GND
1 2 3 4 5 6 7

CC4071四2输入或门

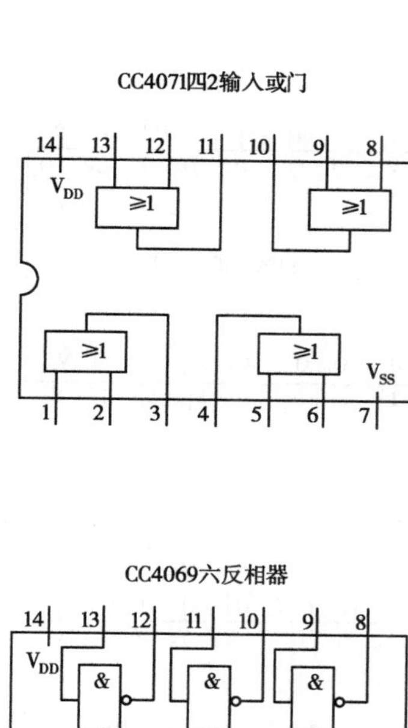

CC4081四2输入与门

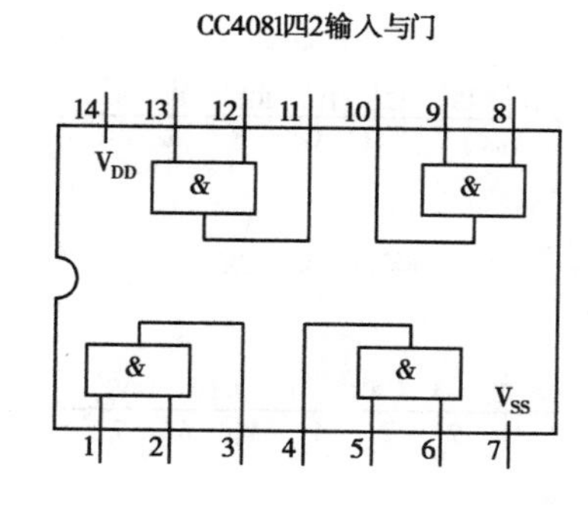

CC4069六反相器

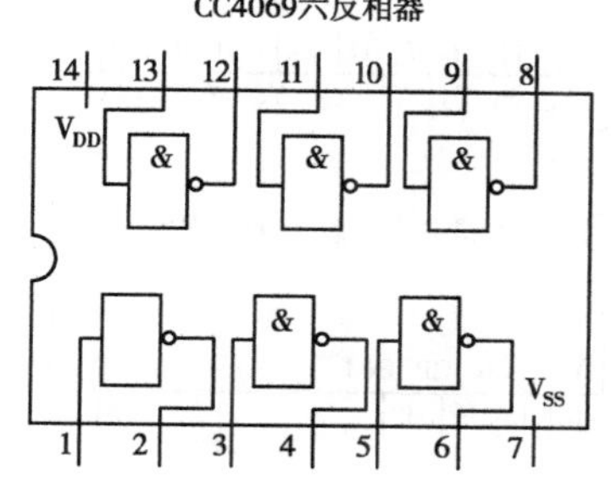

CC40106六施密特触发器

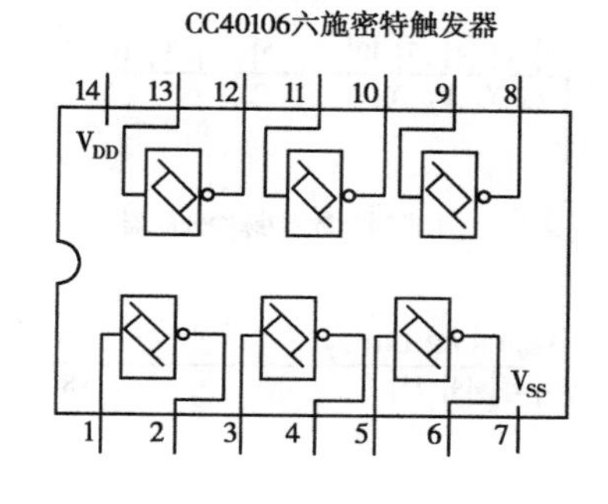

CC4027

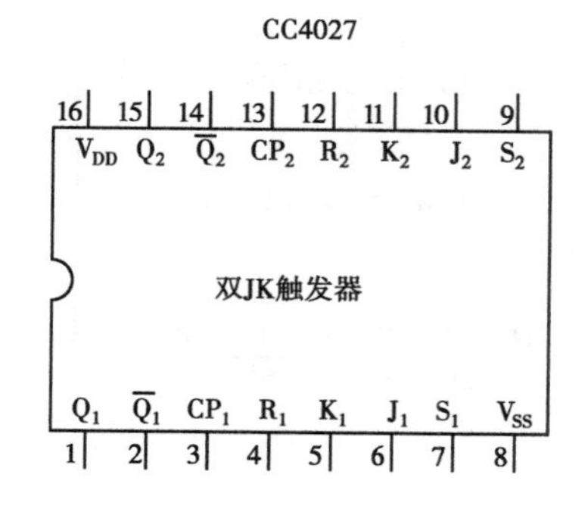

CC4028

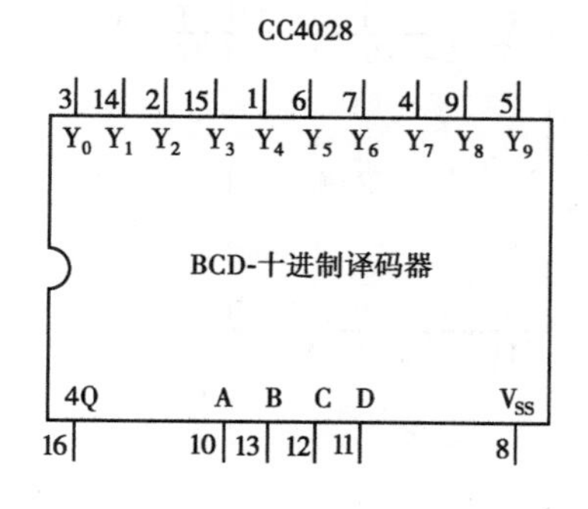

CC4013

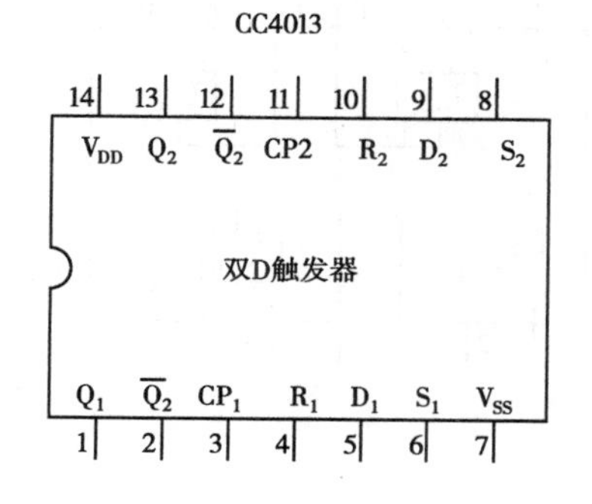

CC4042

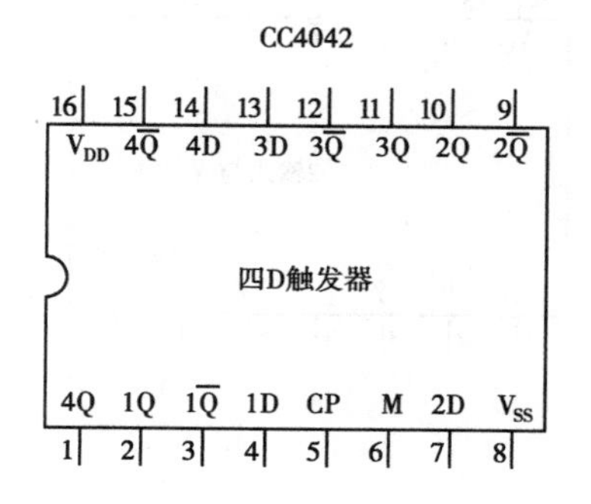

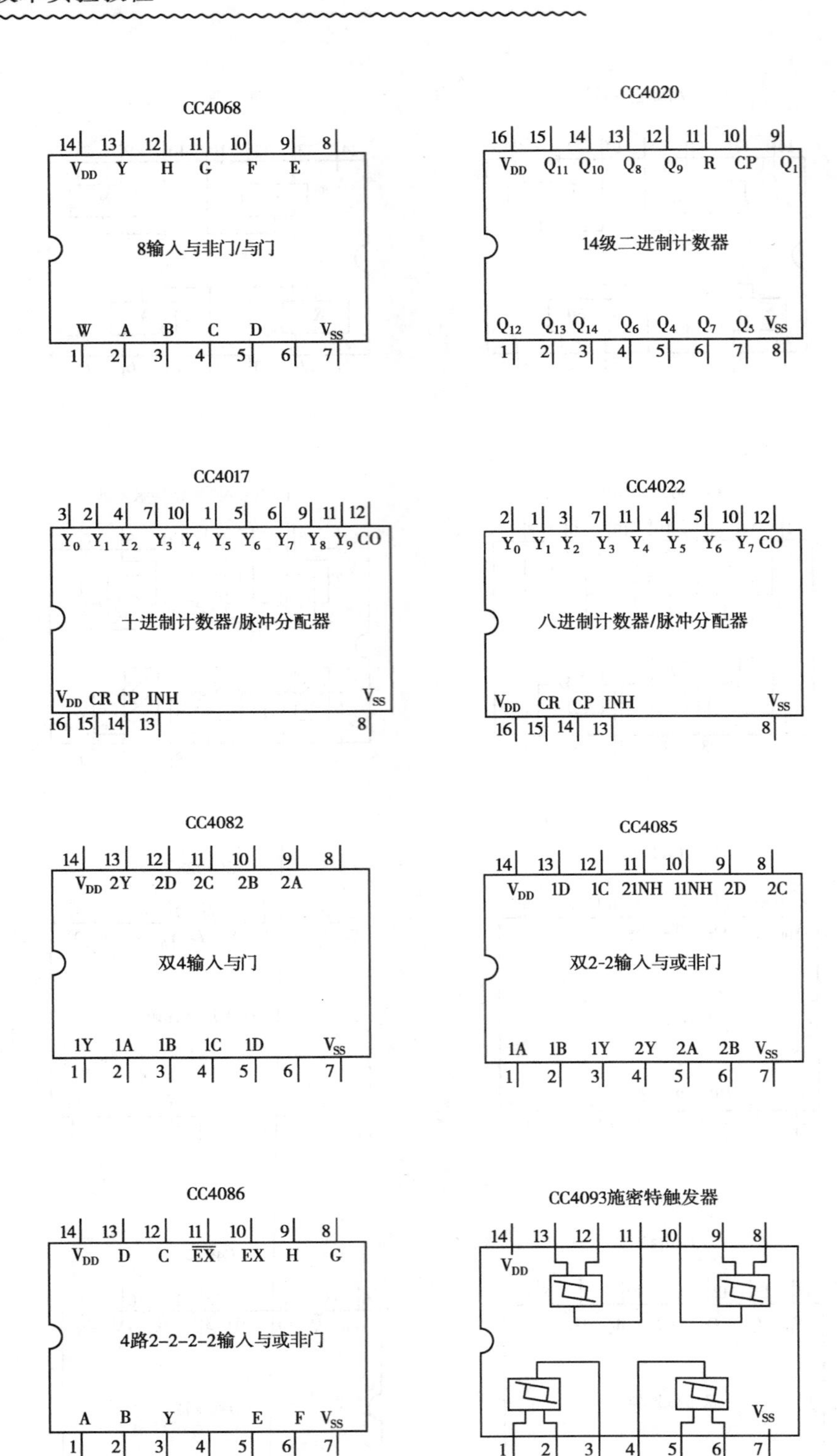
CC4068
14 13 12 11 10 9 8
VDD Y H G F E
8输入与非门/与门
W A B C D VSS
1 2 3 4 5 6 7
CC4020
16 15 14 13 12 11 10 9
VDD Q11 Q10 Q8 Q9 R CP Q1
14级二进制计数器
Q12 Q13 Q14 Q6 Q4 Q7 Q5 VSS
1 2 3 4 5 6 7 8
CC4017
3 2 4 7 10 1 5 6 9 11 12
Y0 Y1 Y2 Y3 Y4 Y5 Y6 Y7 Y8 Y9 CO
十进制计数器/脉冲分配器
VDD CR CP INH VSS
16 15 14 13 8
CC4022
2 1 3 7 11 4 5 10 12
Y0 Y1 Y2 Y3 Y4 Y5 Y6 Y7 CO
八进制计数器/脉冲分配器
VDD CR CP INH VSS
16 15 14 13 8
CC4082
14 13 12 11 10 9 8
VDD 2Y 2D 2C 2B 2A
双4输入与门
1Y 1A 1B 1C 1D VSS
1 2 3 4 5 6 7
CC4085
14 13 12 11 10 9 8
VDD 1D 1C 21NH 11NH 2D 2C
双2-2输入与或非门
1A 1B 1Y 2Y 2A 2B VSS
1 2 3 4 5 6 7
CC4086
14 13 12 11 10 9 8
VDD D C EX EX H G
4路2-2-2-2输入与或非门
A B Y E F VSS
1 2 3 4 5 6 7
CC4093施密特触发器
14 13 12 11 10 9 8
VDD
VSS
1 2 3 4 5 6 7

CC14528(CC4098)

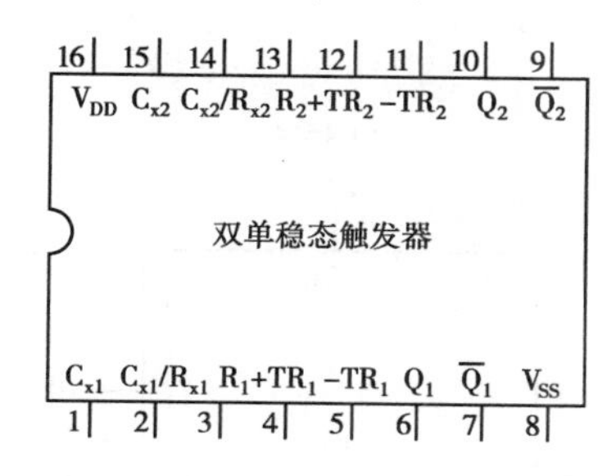

双时钟BCD可预置数
十进制同步加/减计数器

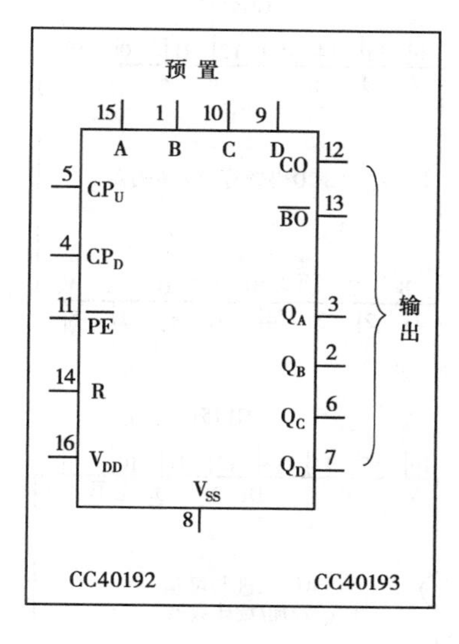

CC4024

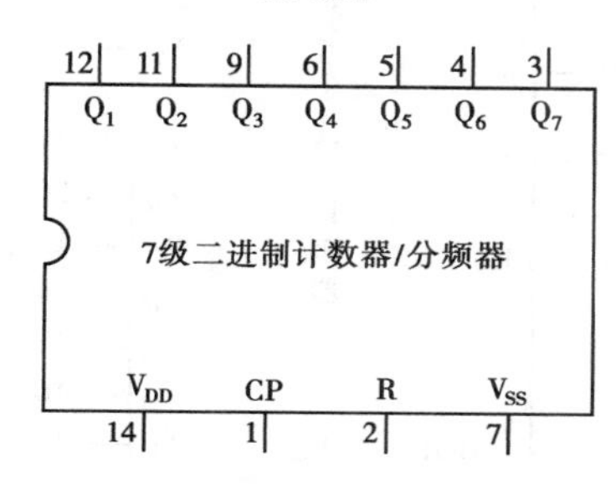

CC40194

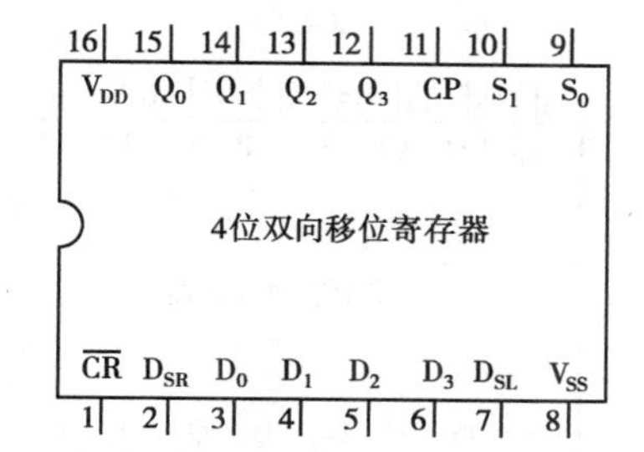

CC7107

引脚	名称	名称	引脚
1	V+	OSC1	40
2	DU	OSC2	39
3	cU	OSC3	38
4	bU	TEST	37
5	aU	V_{REF+}	36
6	fU	V_{REF-}	35
7	gU	C_{REF}	34
8	eU	C_{REF}	33
9	dT	COM	32
10	cT	IN+	31
11	bT	IN−	30
12	aT	AZ	29
13	fT	BUF	28
14	eT	INT	27
15	dH	V−	26
16	bH	GT	25
17	fH	cH	24
18	eH	aH	23
19	abK	gH	22
20	PM	GND	21

CC14433

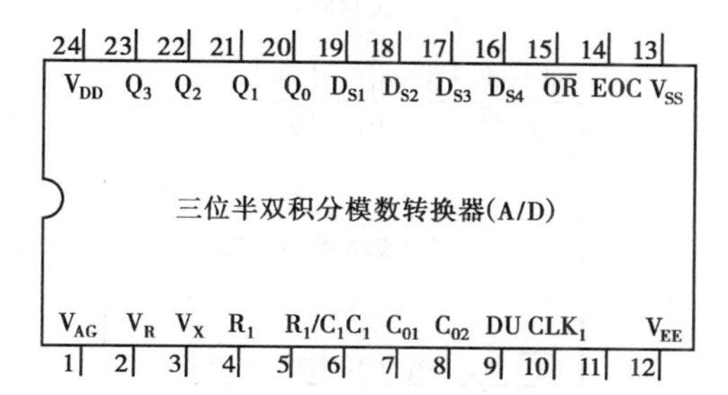

二、CC4500 系列

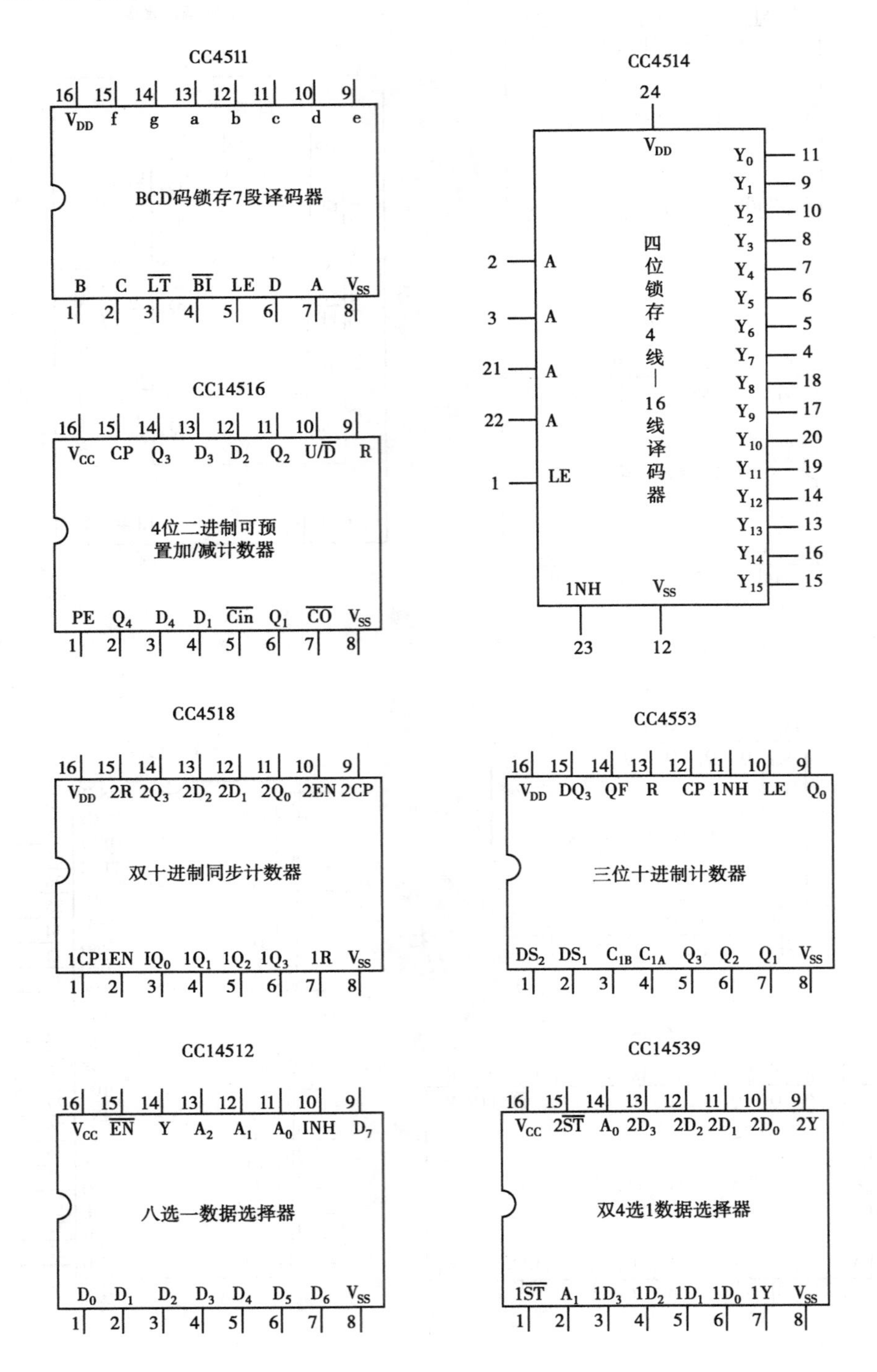
CC4511
16 15 14 13 12 11 10 9
VDD f g a b c d e
BCD码锁存7段译码器
B C LT BI LE D A VSS
1 2 3 4 5 6 7 8
CC4514
24
VDD
四位锁存4线—16线译码器
A A A A LE
2 3 21 22 1
Y0 Y1 Y2 Y3 Y4 Y5 Y6 Y7 Y8 Y9 Y10 Y11 Y12 Y13 Y14 Y15
11 9 10 8 7 6 5 4 18 17 20 19 14 13 16 15
1NH VSS
23 12
CC14516
16 15 14 13 12 11 10 9
VCC CP Q3 D3 D2 Q2 U/D R
4位二进制可预置加/减计数器
PE Q4 D4 D1 Cin Q1 CO VSS
1 2 3 4 5 6 7 8
CC4518
16 15 14 13 12 11 10 9
VDD 2R 2Q3 2D2 2D1 2Q0 2EN 2CP
双十进制同步计数器
1CP1EN IQ0 1Q1 1Q2 1Q3 1R VSS
1 2 3 4 5 6 7 8
CC4553
16 15 14 13 12 11 10 9
VDD DQ3 QF R CP 1NH LE Q0
三位十进制计数器
DS2 DS1 C1B C1A Q3 Q2 Q1 VSS
1 2 3 4 5 6 7 8
CC14512
16 15 14 13 12 11 10 9
VCC EN Y A2 A1 A0 INH D7
八选一数据选择器
D0 D1 D2 D3 D4 D5 D6 VSS
1 2 3 4 5 6 7 8
CC14539
16 15 14 13 12 11 10 9
VCC 2ST A0 2D3 2D2 2D1 2D0 2Y
双4选1数据选择器
1ST A1 1D3 1D2 1D1 1D0 1Y VSS
1 2 3 4 5 6 7 8

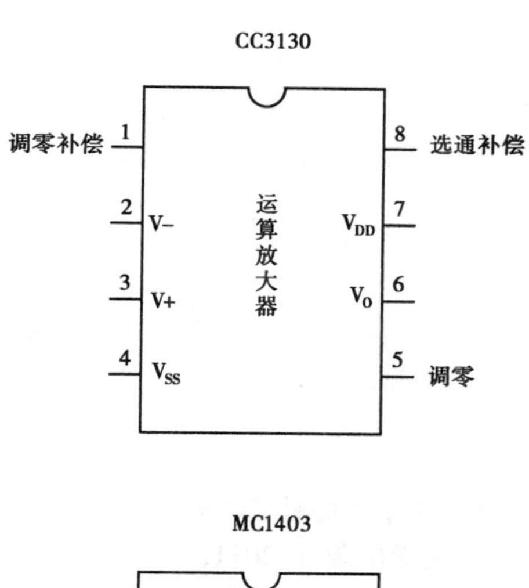
CC3130
调零补偿
选通补偿
运算放大器
V−
V+
VSS
VDD
VO
调零
1
2
3
4
5
6
7
8

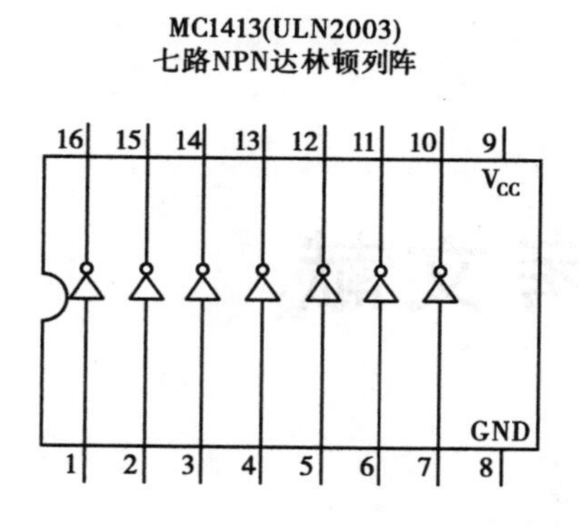
MC1413(ULN2003)
七路NPN达林顿列阵
VCC
GND
16
15
14
13
12
11
10
9
1
2
3
4
5
6
7
8

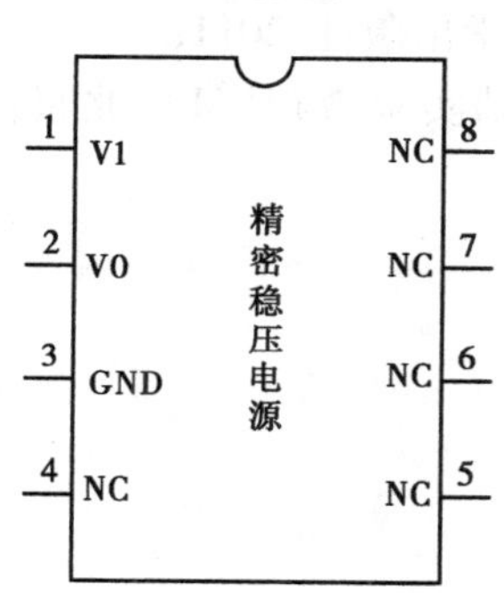
MC1403
精密稳压电源
V1
V0
GND
NC
1
2
3
4
5
6
7
8

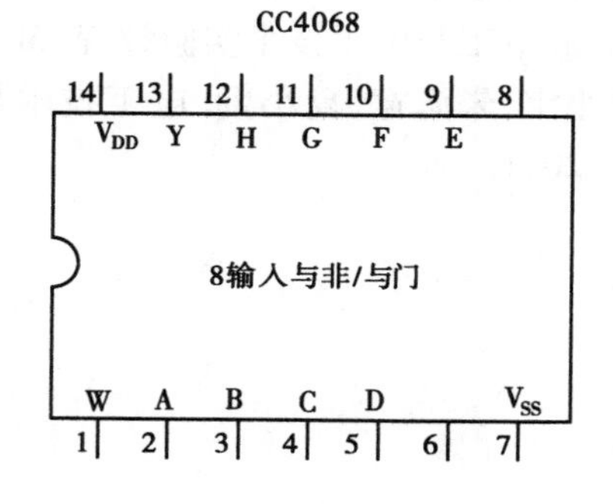
CC4068
8输入与非/与门
VDD
Y
H
G
F
E
W
A
B
C
D
VSS
14
13
12
11
10
9
8
1
2
3
4
5
6
7

参考文献

[1] 魏伟,何仁平. 电工电子实验教程[M]. 北京:北京大学出版社,2009.

[2] 彭瑞. 电工与电子技术实验教程[M]. 武汉:武汉大学出版社,2011.

[3] 章小宝,朱海宽,夏小勤. 电工技术与电子技术基础实验教程[M]. 北京:清华大学出版社,2011.